本书由山东省一流学科曲阜师范大学中国语言文学学科资助

从"静观"到"介入"

审美经验的
当代建构与复兴

孟凡生 ◎ 著

中国社会科学出版社

图书在版编目（CIP）数据

从"静观"到"介入"：审美经验的当代建构与复兴/孟凡生著.—北京：中国社会科学出版社，2020.11

ISBN 978-7-5203-7366-1

Ⅰ.①从… Ⅱ.①孟… Ⅲ.①审美意识—研究 Ⅳ.①B83-0

中国版本图书馆CIP数据核字（2020）第186970号

出 版 人	赵剑英
责任编辑	慈明亮
责任校对	刘 娟
责任印制	戴 宽

出　　版	中国社会科学出版社
社　　址	北京鼓楼西大街甲158号
邮　　编	100720
网　　址	http://www.csspw.cn
发 行 部	010-84083685
门 市 部	010-84029450
经　　销	新华书店及其他书店

印刷装订	北京明恒达印务有限公司
版　　次	2020年11月第1版
印　　次	2020年11月第1次印刷

开　　本	710×1000 1/16
印　　张	17
插　　页	2
字　　数	263千字
定　　价	96.00元

凡购买中国社会科学出版社图书，如有质量问题请与本社营销中心联系调换
电话：010-84083683
版权所有　侵权必究

序 一

王　峰　华东师范大学中文系教授

　　这本书从审美经验入手对审美经验进行了梳理和研究，这既有理论史的梳理，又有当代建构的理论设计。在凡生看来，当代审美经验研究无疑有些寂寥，这一状况源自静观美学的缺憾，但审美经验自有其发展的线索，在静观美学的寂寥之中，介入式审美经验旁逸斜出，正可以将被分析美学击毁的静观式审美经验复兴到介入式的审美经验上去。这是本书为近200年来审美经验的发展理出来的一条线索。审美经验是美学研究的一个大话题，它存在多种可能的线索，这里的线索无疑是有力的一条。在书中，康德和维特根斯坦的意义显得尤为重要，康德美学被视为此前审美经验理论的集大成者，而维特根斯坦则开启了对康德主义静观式审美经验的瓦解，如果说审美经验的当代沉寂与分析美学息息相关的话，那么，如何从分析美学对静观式审美经验的破解当中复兴起来，则是本书提出的一个任务。

　　从康德那里，我们知道审美实际上是感性的。没有感性，就不可能有美的产生，美必须首先是可感的，因而审美经验必然与我们外在的和内在的感觉密切相关。然而，审美经验并不是某种可有可无的附属性经验，在康德那里它执行着特殊的任务，也就是说，在审美经验当中绽放着连接认识与理性的可能性，而这一可能性在此书看来是一种结构性的或者说是静观性的可能性，因而，审美经验在这里最终指向了一种静观的美学。这样的一个线索明显与审美无利害相关。康德的确要把审美经验归入形式性的探讨当中，将具体的、质料性的东西排除于纯粹审美之外，这造成了当代美学当中的审美纯粹性的追求。这一追求当中包含着一种不平衡，它起于感性，缘于质料而发，但它不以感性或质料为目标，而是把脱离具体感性或质料的纯粹的形式树为目标，这样就造成一种变的轨迹，并且目标在变的过程中被处理为目的，处理为表层质料的根源，而审美则成为起点和目标之间的桥梁。这样一来，变的动态过程就成了结构，美最终也就成为纯形式的东西。从结构和最终结果来看的静观美学在以维特根斯坦为开创者的分析美学那里受到强烈的批评，因为强调一种深深的内在性的美学，实际上为审美赋予了一种神秘的、无法推论的色彩。审美经验趋向形式性和目的性，与所谓的绝对目的相连，虽然为审美经验带来了理性的高度，但同时为审美经验设置了不必要的限制，切除了活生生的实际经验，同时为其树立了一个形式性标准，按照这一标准去清除审美杂质，更为重要的是，康德从感性的经验开始，建立起一个合目的性的静观美学大厦，这一美学大厦的整体性和形而上学性质也是分析美学所不满的。分析美学质疑这种整体性的形而上学美学，将静观美学大厦的审美经验根基"解构"为外在的公共事务，它不必包含内在的结构性，从而审美经验的深层本质被瓦解掉，而审美经验却得以幸存。在本书看来，这一瓦解本身是消解意义上的，同时造成了审美经验的沉寂，因而提出，既不能采取康德的道路，也不能采取维特根斯坦式的分析美学道路，而要在参与性的、介入性的活动当中重建审美经验的实践维度，这样一来，既复活了活生生的感性，又增加了实践维度，这样的美学观念在当代美学实践中，的确是具有很高的价值的。

我基本同意此书的观念，唯一要补充的是，分析美学并不像一般美学观念中所认为那样，是瓦解性的，是技术性的学术，而是有更多的整体性学术观念和视野的。的确，康德式的静观美学是分析美学的主要对手，这一点不假，但是，它并没有导致审美经验的沉寂或消解，它消解的是那种具有深深内在基础的形而上学式审美经验，进而将这种审美经验归入公共实践的领域，从实践中把握规则，因而，它实际上只是消解了静观和形而上学，反而解放了生活之维，美国学者卡维尔、理查德·罗蒂、理查德·舒斯特曼都起于分析哲学和美学，最终走向实践性的日常生活、伦理与身体感受，而这与进入生活、进入实践的审美经验并没有本质性的区分，因而，从分析美学走向实践性的美学道路并不是切断了，而是敞开了。在他们看来，审美经验都是活泼而生动的，同时又都具有公共性质的，这一点可能导向更加深入的审美经验复兴的道路。

当然，美学史的讨论道路千条万条，每一条道路都表征着一种观看视野，我们不能强求某种观看视野与自己的一致，此种要求虽屡见不鲜，但研究价值如何却不易衡量，最好的做法是同情式地进入研究语境，体察一种观看视野之所见，从中体会其意义的轨迹。实际上，凡生也注意到了分析美学向当代实践性审美经验过渡的轨迹，他提出实用主义、现象学和分析美学三条通道，当然，我们还有可能另列其他途径，更为主要的是，审美经验史的梳理是为当代审美经验的复兴而服务的，这一复兴体现在环境美学、生活美学和身体美学当中。当然，实用主义式的审美经验不只这三种美学形式，它们只是介入式美学的代表。如何介入生活，而不是远离生活，这应该是20世纪下半叶以来的美学实践的主流，因而，我们也期待着更多的实践性质的审美经验的诞生。

本书是凡生在博士学位论文基础上改写而成的，可以看到，凡生通过博士四年的学习，已经打下了扎实的学术基础，毕业工作之后，在忙于教学和家务的同时，也一直不忘修改打磨博士论文，这几乎是青年教师的一个缩影，一边为生计奔波，一边不忘学术，只盼望我们的学术评价机制对青年教师宽容一些，让青年学者可以从容一点做学术。这一稿与博士论文相比，质量上已经得到了较大的提升，作为凡生的博士导师，我是满意的。我记得博士论文中有一篇余论，讨论当代生活中出现的虚构现实与新型审美经验问题，这是一个非常新的话题，但在这一修改稿中却未见到，希望凡生以后也能够沿着这一话题再出新论，学术之道越走宽阔，越走越深入。

是为序。

序　二

何志钧　南昌大学人文学院教授

己亥暮秋，凡生博士将他的第一部著作《从"静观"到"介入"——审美经验的当代建构与复兴》的电子版书稿发送给我，嘱我为书稿写一个序言，我建议他找大家作序，但他执意要我来写一篇序言，只好勉力为之。

凡生曾在我指导下攻读硕士学位，从那时起就开始对日常生活对审美经验的影响、西方美学的新动态、审美经验的当代建构等问题进行思考和探索，积年累月，他的思考积淀成了长长短短的文章。凡生读书勤勉刻苦，勤于钻研探索，硕士研究生阶段已是同级和低年级研究生公认的学霸，还曾斩获研究生国家奖学金。研究生毕业后他又到华东师大攻读博士学位，这部书稿就是他在博士论文基础上修缮而成的。

纵观审美实践的历史轨迹，大致说来，它经历了古代世界中附庸于宫廷或神祇的他律审美到强调美感与快感对立的自律审美，再到消弭审美与日常生活界限的泛化审美的"三部曲"。回首往昔，在中国美学界，20世纪80年代的人们似乎还颇热衷于审美自律、审美独立、审美超然物外，在那时，"审美"俨然是超拔于世俗红尘之上的理想化的诗意化境，令人心向往之。然而，90年代随着金亚娜从俄文中引入"审美文化"一说，又似乎是一夜之间，国人纷纭论说审美文化，恍如大梦初醒，领悟到所谓审美事实上乃是一种精神性与物质性杂糅的日常文化实践，而不仅仅是纯粹的观念意识、精神趣味。在重视文化应当提升到审美层级的同时，更关注审美应步入红尘、巷陌，审美由此成了尘世中习染人间烟火气息的"文化"。我曾将这种变化概括为由注重审美超越、审美理性的"审"美理想到情绪化、体验化、欲望化、感性意味十足、注重现场互动的"感"美趣尚的转型。但是，无论审美实践和美学研究的天宇中风云如何变幻，审美经验却始终是其灵魂所在、枢纽所系。凡生的这部著作牢牢抓住了美学研究和审美实践的这个核心，在系统研究审美经验概念的演变及其基本内涵、审美经验的多元阐释与突破、分析美学与审美经验的沉寂后，把当代美学与审美经验的建构及复兴作为自己研究的突破点，所做的努力是很值得肯定的。正如他在《从"静观"到"介入"——审美经验的当代建构与复兴》一书中所强调的，"略微夸张一点说，一部美学史在一定程度上就是审美经验概念的发展史"。我很赞同他关于美（Beauty）、审美经验（Aesthetic Experience）、艺术（Art）是现代美学三大核心范畴的判断。唯如此，文艺和审美问题也一直是我关注的重要问题。我曾在近年的多篇文章中论及当代审美的世俗化、消费化、拟像化、"全觉"化态势，特别是高度关注数字技术、网络游戏、AR 与 VR 所创生的沉浸体验、虚拟审美和有别于意境美的灵境美。

在《从"静观"到"介入"——审美经验的当代建构与复兴》的结语部分，凡生也论及了网络传播对当代艺术、审美产生的深刻影响，认为"数字艺术"和"VR（虚拟现实）艺术"的出现和盛行使艺术的连续性、介入性、功利性空前凸显，对现代美学崇尚"距离""静观""无功利"的审美取向形成了冲击。审美经验的这些新变化确实已成为当代美学研究无法回避、必须正视和积极应答的重要问题，值得深入研究。例如，数字化时代的拟像和传统的影像、意象已大为不同，影像的背后总有一个物象作为它的"原型"，总有一个隐在的参照系。但数字化的拟象看似富有视听冲击力，感性具体，栩栩如生，但它是没参照物的无根的浮萍，只是空洞的能指，与具有深度意义、指向传统的形而上意义世界的意象大为不同。数字化拟象的感性只是数码形式的虚张声势的空洞的形式化，是非肉身的，感性形式与感性内容是割裂的。感性形象的冗余、夸饰一方面造成了形象的过度繁荣，另一方面则使意义枯萎，欲望抽空，使真实与虚假、表象与内蕴的对立失去意义。缤纷陆离的"超真实"拟像以其技术高清性开辟了一个有别于传统的实物审美、真实美学的拟像审美、虚拟美学的新维度。同样，如果说在传统文艺美学中，意境范畴作为东方抒情文艺传统的产物一直是中国古典美学的核心范畴，那么，在数字化文娱、虚拟审美兴盛一时的今天，仅仅从意境美的角度言说当前的数字审美显然会捉襟见肘。在虚拟现实和数字审美中我们遭遇的不再仅仅是基于二维平面存在方式、特定上下文语境和心灵作用在头脑中勾画出的"意境",而是一种可以身在其中、沉浸操控、与行为同步一体、几可乱真的多维灵境。在这方面,从20世纪90年代开始,伴随着数字媒体技术、数字化生活在世界各国的蓬勃发展,数字化审美研究和数字美学的异军突起尤其值得我们高度重视。在数字审美知觉研究方面,罗伊·阿斯科特对赛博知觉、界面知觉正在取代个体感知的论述,迈克尔·海姆对界面作为技术系统所显示的有别于传统的屏幕艺术的意义表征机制的新的文化意味的论述,都能带给我们多方面的启示,引导我们关注数字审美感知的新特点、新机制。智慧传播、声控传播的出现和生物技术、信息技术与文艺、审美的交汇也势必使艺术和审美的信息传播、创作接受、存在形态呈现出全新的特点。钢铁侠、终结者、蝙蝠侠等艺术形象已经和我们今日的审美经验融会贯通。人机一体化也势必使当代审美经验具有新的特征。

　　美学自从在18世纪中期由鲍姆嘉通命名至今,已经走过了二百多年的风雨历程。作为一门学科,它在日渐成熟的过程中也不断出现固化、封闭的症结,不断寻求打破和重构自身的新思路、新视角。凡生在书中提到的19世纪到20世纪审美经验研究由天上到人间,由主体化到极端化为抽象地谈论主体情感或形式意义的空气稀薄的玄虚之学,远离了鲜活审美经验的大地,作茧自缚,再到20世纪初在现象学、实用主义和分析哲学的影响下大举突围,获得多维的视角和多样的方法,也导致了新的副作用。这一路走来,显示了突破既有套路,不断熔铸新机,适应启新,重塑自身,是美学研究不断焕发生机活力的不二法门。非此,美学研究不能与时俱进,不断回应时代提出的新课题。相反,故步自封,死守教条,只能丧失美学研究的活力和介入当代社会文化的在场感。由此观之,凡生的这部著作对于培植美学研究的新生长点颇有益处,提供了积极的启示。其眼光和问题意识值得赞扬。虽然其论述还有稚嫩之处,但显示出的、自觉追求的那种前瞻性的眼光、散点透视式的视角、反思性地言说问题的思路是值得进一步发扬的,这对他今后的学术发展也将大有裨益。

　　跨学科、跨领域、跨文化、跨媒介也是当代美学研究必须正视的情势。凡生的这部著作对分析美学、实用主义美学、现象学美学、接受美学、自然美学、环境美学、生态美学、生活美学、身体美学、城市美学、媒介美学等都投以关注的目光，广取博收，显示了年青一代学者的敏感和开放心态，这对学术研究是很有裨益的。

当然，新与旧没有绝对的分野，尤其是在维特根斯坦和其后的英美分析哲学家质疑、贬低审美经验这一概念的情势下，对"审美经验"问题进行新的辨析、审视乃至重构又成为一个亦新亦旧的工程。在这里，"守旧"和"趋新"变得难解难分，也显示了学术研究在传承与创新之间穿行的"宿命"。在此也期望凡生以本书为起点，在今后的研究中能一如既往地辩证看待和协调处理"新"学与"旧"理，保持学术研究的定力，咬定基础理论研究领域的重大问题，孜孜以求，并从新的视角切入，以新的眼光观照，结合现实中的新现象与新动态予以深究细释。如此坚持下去，学术研究定能不断精进，臻于佳境。

也需要指出，《从"静观"到"介入"——审美经验的当代建构与复兴》这部著作还不是尽善尽美的。本书对中国古往今来的审美实践和审美探究中涉及审美经验的丰厚资源还关注得不够，发掘得不够，在论述审美经验的雏形、古代人对"美"的感知时主要关注的是自古希腊以来欧美各国关于美的论述和争辩，这势必也会影响中国当代审美经验建构的思考、探究和论述。本书结语部分多处已提及虚拟现实对审美经验的影响，但限于篇幅，尚未能展开论析。期望凡生在今后的著作中进一步关注本土审美经验的丰厚资源、当代审美经验的新现象和新变化，逐步对此进行专门性的研究，不断推出这方面的新著述。

凡生目前已在曲阜师范大学指导硕士研究生，不时有新作见诸报刊。在这里，我除了祝贺他学术上取得了新的进步外，更希望他沿着自己选定的人生道路坚定求索，行稳致远。在将来能为繁荣、发展我国文艺学美学研究做出更大的贡献。

己亥冬月于黄海之滨

目 录

绪论 ………………………………………………………………… (1)

第一章 审美经验概念的演变及其基本内涵的确立 ……………… (3)
 第一节 审美经验问题的浮现与争辩 ……………………………… (5)
  一 审美经验的雏形:对"美"的感知 …………………………… (5)
  二 问题的浮现与争辩 …………………………………………… (10)
 第二节 审美静观的确立与发展 …………………………………… (22)
  一 "鉴赏判断"的界定 …………………………………………… (22)
  二 鉴赏判断与审美经验的静观内涵 …………………………… (25)
  三 审美经验的过度阐释 ………………………………………… (34)
 本章小结 ……………………………………………………………… (41)

第二章 审美经验的多元阐释与突破 ……………………………… (43)
 第一节 杜威与审美经验的实用主义改造 ………………………… (44)
  一 杜威对"经验"的改造 ………………………………………… (44)
  二 以"经验"为内核的艺术哲学 ………………………………… (51)
  三 从"一个经验"到审美经验 …………………………………… (58)
  四 审美经验的实用主义维度 …………………………………… (62)
 第二节 审美经验的现象学阐发 …………………………………… (67)
  一 现象学美学的方法革新 ……………………………………… (68)
  二 意向性理论与现象学美学的基本框架 ……………………… (75)
  三 作为意向性活动的审美经验 ………………………………… (79)
 第三节 审美经验的接受美学分析 ………………………………… (101)

    一　"审美经验"问题研究的缘起 …………………………（102）
    二　接受美学的取向：交流之维 …………………………（103）
    三　审美经验的基本范畴 …………………………………（107）
    四　理解的历史性与"历史的审美经验" …………………（116）
  本章小结 ………………………………………………………（117）

第三章　分析美学与审美经验的沉寂 …………………………（119）
第一节　分析美学的方法与模式 ………………………………（120）
    一　分析美学的方法 ………………………………………（120）
    二　"治疗性"：作为"语言分析"的美学 …………………（124）
第二节　审美经验概念的消解与建构 …………………………（129）
    一　审美经验的批判与消解 ………………………………（130）
    二　审美经验的澄清与建构 ………………………………（138）
    三　"统一性"："审美经验"之辩的核心 …………………（143）
  本章小结 ………………………………………………………（149）

第四章　当代美学与审美经验的建构及复兴 …………………（153）
第一节　环境美学与作为"场"的审美经验 ……………………（154）
    一　环境美学与自然的鉴赏 ………………………………（154）
    二　作为美学挑战的"环境" ………………………………（160）
    三　审美经验的参与性内涵 ………………………………（166）
第二节　生活美学与审美经验的"功能"维度 …………………（171）
    一　审美经验的来源：从艺术到日常生活 ………………（172）
    二　审美性：日常经验中被忽视的维度 …………………（178）
    三　生活美学与审美经验的新维度 ………………………（185）
第三节　身体美学与审美经验的"感性"回归 …………………（192）
    一　"审美经验"的终结与复兴 ……………………………（194）
    二　艺术理论的建构与审美经验的重构策略 ……………（201）
    三　身体美学与审美经验的"身体介入" …………………（216）
  本章小结 ………………………………………………………（226）

结语 "介入"之维的遮蔽与凸显 …………………………………（229）
    一　当代艺术的"介入"之维 …………………………………（230）
    二　当代美学与"介入"之维的凸显 …………………………（233）
    三　审美经验的"介入"之维 …………………………………（236）

参考文献 ………………………………………………………（246）

后　记 …………………………………………………………（256）

绪　　论

美学在 18 世纪中期作为一门学科而出现，在经历了现代美学思想与美学流派的洗礼及丰富之后日益走向成熟；与此同时，美学也逐渐在其自身内部衍生出一种明显具有排他倾向的封闭性和自律性，现代美学随之被固定在狭窄的艺术领域之内。由此，现代美学逐渐发展成一门具有自律性的独立学科，美和艺术成为其研究的主要领域和对象，它还建构出一套属于美学自己的、独特的理论话语和体系，美（Beauty）、审美经验（Aesthetic Experience）和艺术（Art）构成了现代美学的核心范畴。因而，在现代美学的发展以及艺术研究过程中，审美经验始终都是一个无法绕过的概念，它与美、艺术曾一度被看作是美学的研究主题。略微夸张一点说，一部美学史在一定程度上就是"审美经验"概念的发展史，塔塔尔凯维奇在《西方六大美学观念史》中就把审美经验作为其考察的主要对象之一。

值得注意的是，这种理论现状在 20 世纪 30 年代发生了戏剧性的转变，不仅"审美经验"这一概念的理论价值和地位遭到了怀疑，甚至它的存在本身都受到了极大的质疑。这主要源于维特根斯坦对作为一个学科的"美学"的批评和质疑，他致力于澄清思想，并从语言分析的角度来审视美学和它的诸多概念。他基于概念分析基础上所做的美学批评，在一定程度上消解了审美经验的理论价值和意义。因而，在维特根斯坦影响之下的英美分析哲学大都轻视、贬低审美经验这一概念，有的哲学家甚至将其弃而不用。尽管审美经验在这一时期受到英美哲学的贬低和批评已是一个不可否认的事实，但是这也从相反的方向暗示了审美经验的重要性——审美经验一直都是美学的主要议题之一。更重要的是，当代美学的发展更多的是通过对现代美学的发难而实现的，尤其表现在对

"审美经验"这一概念的重构和复兴之上。

从20世纪后期开始,美学的发展呈现出开放性的诉求和多元化的态势,各种美学思潮(如环境美学、生态美学、生活美学、身体美学、城市美学以及媒介美学等)纷纷在现代美学的理论体系中寻找突破口,并以此为其理论的建构基点和发展契机。尽管这些当代美学思潮之间存在着诸多的不同甚至是相互抵牾之处,但它们对现代美学的发难或反叛几乎都源于或是表现在对"审美经验"这一概念的批评、重构、摒弃或复兴之上。例如,环境美学意在反抗西方自黑格尔以来所确立的那种"作为艺术哲学"的美学思想,它质疑那种仅仅以艺术品本身为对象的审美静观模式——抽空了审美发生的周边情况或环境。因而,它提出要以自然欣赏的态度来丰富、扩展之前的审美模式,这种自然欣赏的态度要求一种融入性的参与和体验,审美对象的延伸和扩充必然使审美经验呈现出新的特性——"参与性"和"介入性"。阿诺德·伯林特认为审美经验应该被看作是一个"场"(语境的相关性)而非将其处理成一个对象化的经验,审美经验作为一个"场"其中蕴含着诸多的相关性要素。因而,必然呈现出一种开放性、相关性和参与性;再如,生活美学则在实用主义哲学的基础上对"审美经验"这一概念的内涵进行重新阐释和建构,它认为现代美学所形成的自律性使其过于关注审美经验的独特性而无视其与日常生活经验之间的联系,因而生活美学重视审美经验与日常经验之间的"连续性"而非仅仅关注区分性(有的甚至将这种区分性演绎为相互敌对的"二分性")。

基于以上线索,本书主要以"审美经验"这一概念为切入点,探讨它的现代内涵,如"无利害""静观"和"形式"等要素,是为何以及如何逐渐地演变为当代美学所倚重的"连续性""介入性"和"交互性"等内涵的,并探讨这一内涵的变迁的哲学根源以及其对美学、艺术所产生的影响,进而深入地探究审美经验内涵的变迁与美学的发展之间所存在的内在联系,从而也为更好地理解当代美学和当代艺术的发展提供新的视角。

第一章

审美经验概念的演变及其基本内涵的确立

在美学的历史进程中，审美经验（Aesthetic Experience）始终都是一个无法绕过去的概念，它与美、艺术构成了美学的三大核心概念，也曾一度被看作是美学研究的主题，塔塔尔凯维奇在《西方六大美学观念史》中就把审美经验作为其考察的主要对象之一。"审美经验"是一个相对晚近的美学概念，在19世纪之前很少使用到这一概念，直到19世纪末20世纪初随着科学主义和人本主义的盛行，"审美经验"这一概念才在美学中流行开来。尽管"审美经验"这个名词是后有的，但在此之前却早已存在着关于审美经验的讨论，也就是说，"审美经验"这一概念的内涵和内容是早已存在的，尤其表现在18世纪的经验主义者对"趣味""趣味判断"和"美感"等概念的讨论之中，而在18世纪之前的美学中具有这一内涵的替代性概念则是"美的感知"或"美的经验"，这些概念所讨论的现象基本与现代美学的审美经验之内涵基本相符。其实，一直以来关于美和美感的论述就不曾中断过，对它们的争辩可以追溯至古希腊甚至更早时期。如果以现代美学学科和理论作为参照系来对美学学科形成之前的思想和理论进行考察，从中可以挖掘出大量的美学思想，这些美学思想就自然而然地建构出一部源远流长的美学史。毋庸置疑，其中自然会涉及大量关于美感或与审美经验概念之内涵相关的论述和争辩，更不用说在现代美学成立之后的那些关于审美经验概念的系统性论述了。

面对如此卷帙浩繁的争论以及理论主张，要对其进行一一梳理未免显得有些拖沓和呆板，因而本章意不在梳理关于审美经验的各种观点和主张，而是立足于这些论述和理论主张，力图描绘出审美经验的大致演变轨迹，从而为考察当代审美经验的建构与复兴问题建立一个坐标轴。美学作为哲学的一个分支，其自身的发展、变化难免受到哲学的影响，但如果单单以哲学的发展阶段来规定审美经验的演变，多少会有些牵强附会乃至有削足适履之嫌，毕竟审美经验这一概念的具体内涵与哲学这一学科的发展相差甚远：它们不仅处于不同的等级、次序之中，而且还拥有着各自独立的话语体系。既然是在考察审美经验的演变史，那么其中就必然预设了它的转变甚至是突变的情形，毕竟审美经验的演变不可能是直线式的上升或向前这么简单。既然哲学的发展态势无法恰当地涵盖审美经验自身的变迁，那么从其他角度为审美经验的演变寻求一个或几个转捩点则显得尤为必要。因而，本书在考察审美经验概念的演变过程中将其置于哲学思想的发展与变迁的大背景之中，将哲学发展中的"本质论""认识论"和"语言论"等阶段作为讨论审美经验的内在肌理而不是外在的划分标准，并以康德和维特根斯坦两位哲学家作为考察概念演变的参照点。选择这两位哲学家作为讨论的参照点并不是任意的、偶然的：康德的美学思想就像一座蓄水池，之前的思想都流入其中，之后的哲学家则从蓄水池中不断地汲取养分。也就是说，审美经验概念的基本内涵和现代内核最终在康德那里得以确立，并在其影响之下不断地向前推进，此后关于审美经验的各种著述、理论无不以康德的美学思想为摹本或把其视为理论建构的靶子。尽管现象学的异军突起为审美经验的发展注入新鲜的血液，其实现象学家对审美经验的建构并未摆脱康德的影响，其在本质上还是对康德以来确立的审美经验概念的一种修补或矫正；维特根斯坦哲学出现之后情形就发生了转变，作为现代美学之主要议题的审美经验受到了前所未有的冲击，其自身的合法性受到了极大的质疑，其面临着被取消的命运。因而，康德的美学思想和维特根斯坦的哲学思想在审美经验概念的演变过程中产生了重要的影响，以他们两人的思想作为参照点进行考察发现：审美经验概念的演变经历了从繁杂争辩到基本确立，再从深入发展演变为逐渐衰变，最后直至当代美学对其进行重新建构。

第一节　审美经验问题的浮现与争辩

自从古希腊哲学家对美的追问发生以来，关于美的本质和本源性问题就被提出来并作为美学的核心问题，而对现代意义上的审美经验问题的讨论则主要是将其视为一种对美的感知能力，即获得美的方法、途径或是一种必要的状态。简而言之，在18世纪之前对审美经验的讨论相对来说较为浅显、狭窄，一般主要停留在"对美的感知"以及"如何获得美的经验"等较为有限的层面之上。也就是说，美感问题一直附属于美的本质这一问题之下，并未真正地独立出来进而成为一个自足的问题。"自19世纪后期伊始，西方对审美经验的讨论越来越多，并取代了传统上对美的本质问题的重视。"[①] 随着在欧洲大陆发生的文艺复兴运动对"人"发现以及启蒙运动对"理性""主体"的肯定与张扬，审美经验这一问题在现代美学中才逐渐凸显出来，并由此成为美学研究的主题和关键所在。塔塔尔凯维奇不无遗憾地感慨道："相对于一个至少被讨论了两千年之久的现象而言，'美感的'经验真算得上是一个姗姗来迟的名称。"[②]

一　审美经验的雏形：对"美"的感知

美一直是哲学所关心的主要问题之一，所以自古希腊哲学诞生以来，就一直存在着关于美的诸多论述和争辩，这些论述主要聚焦于美的本质、美的根源等问题，也就是把美看作一个客观对象，然后去分析、讨论它的本质之所在，而关于美的其他问题（如美的表现、美的感知、美的作用）则只是用来说明或印证这一本体性问题的，并不具有独立自足的特性。因而，在18世纪之前的美学史中关于审美经验的讨论一般都是在这一特定范围内进行的，审美经验被简单地理解为或等同于对美的知觉能力或是关于美的感觉能力。在表面上看，此一阶段的讨论与现代意义上的审美经验理论相比似乎呈现出简单化、片面性的特点，或许可以将

[①] 张宝贵：《西方审美经验观念史》，上海交通大学出版社2011年版，第1页。
[②] ［波兰］塔塔尔凯维奇：《西方六大美学观念史》，刘文潭译，上海译文出版社2013年版，第356页。

其弃之不顾。其实不然，这些相关的讨论是不容忽视的，它们不仅为审美经验概念的出现奠定了基础，同时也为考察这一概念的演变提供了一个有效的理论参照点。

(一) 对"美"的感知与审美经验辨析

18世纪之前的美学大致处于本体论哲学的笼罩之下，美学则主要体现为对美的本质的追求：从最初的毕格拉斯学派的"美是和谐"到柏拉图的"美的理念"再到圣·奥古斯丁的"美在上帝"，这种本体性的诉求从未间断过。"美"本身也就成为美学的主题，与之相关的美的经验、美的感觉以及美的作用则只是"美"本身的附属品。对美的感知就是主体在面对美的事物时所产生的一种感觉、经验，而对这种经验或感觉所做的探讨与分析已然接近于现代意义上的审美经验，尽管它们之间极为相似，但这二者并不完全相同。

具体来说，对美的感知所存在的范围局限于美的事物范围之内，它是在专注于美的事物的过程中所产生的一种经验或体验，因而在本质上它是"美"的产物；与之相比，作为现代意义上的审美经验（美感经验）概念则发生了某些偏转，审美经验从"美"的范围中溢出，"美"的本质问题让位于主体的理性与认识问题，也就是说，审美经验的重心偏向了"主体"这一端，"美"不再具有本体论上的规定性。如果说对美的感知所占有的领域是以本体意义上"美"为圆心，以美的事物为半径画出的一个规范的圆形的话，那么审美经验所辐射的范围则不仅越出了美的事物的范围之域，还挣脱了"美"本身所固有的那种牵制。从严格意义上来说，对美的感知或美的经验并不完全与审美经验这一概念重合，但这并不影响对其进行考察、分析，指出这一点只是为了更清晰地呈现出审美经验内涵的变迁。

(二) 美的经验之问题

与具有本体论性质的美学理论追寻美的本质不同，对于美的感知或美的经验的探讨则主要集中于它的产生与获得的过程之上即如何才能获得这种美的经验，而不是去探求美的经验之本质这一问题。原因就在于，美的经验在此阶段的美学史中并不是一个独立自足的东西，它只不过是"美"的衍生物，它的本质在于"美"。在古希腊时期关于美的知觉的讨论基本都是在这一前提和框架之中进行的，在美的经验的根源这一问题上所持的观点基本是一致的。也就是说,美的经验来源于对"美"以及它的"分有者"(美的事物)的感知与欣赏,但对于如何获得这种美的经验的看法却有些不同,这集中表现在"凭借什么去感知美"以及"如何去感知美"这两个方面。通过对美学史的考察我们发现,对这一问题所持有的见解主要跟各自的美学观点相一致,大致可以将其分为两种取向:一种是从外部感官的认识出发,认为只要通过凝神、专注等方式即可获得美,主要以亚里士多德为代表;另一种则主张内在的心灵或灵魂才是感知美的真正途径,主要体现在柏拉图和中世纪的神学家思想之中。

在苏格拉底之前的古希腊哲学家们都十分重视感官的作用,大都把感官看作获得知识的来源之一。最早对美的现象进行描述的当数毕达哥拉斯学派,他们认为数是万物的本源,而美则在于数的比例与和谐,因而美的经验就产生于对这种比例与和谐的感知。他们认可感官在获得美的过程中的重要作用,"无论是谁,都必须把他的眼光集中在它的上面"①。也就是说,感官的注意和专注是极为重要的。尽管对于如何感知比例、和谐这些要素并未进行过直接的论述,但在论述手工艺者们的艺术创造时,他们认为必须把握事物的合适比例才能创造出美的东西,"要学会在一切种类动物以及其他事物中很轻便地就认出中心,这不能凭仗初次接触,而是要经过极勤奋的功夫,长久的经验以及对于一切细节的广泛知识"②。这种具有客观性的认识倾向启发了亚里士多德,他系统地论述了美和美的经验的获得。亚里士多德继承了古希腊哲学的传统观念,他将匀称、秩序看作美的本质,"美的主要形式'秩序,匀称与明确',这些惟有数理诸学优于为之作证。又因为这些(例如秩序与明确)显然是许多事物的原因,数理诸学自然也必须研究到以美为因的这一类因果原理"③。然而,亚里士多德所谈论的"美"不再是第一哲学意义上的美,而是可感事物或审美意义上的美。与柏拉图把感知美的能力看成一

---

① [波兰] 塔塔尔凯维奇:《西方六大美学观念史》,刘文潭译,上海译文出版社 2013 年版,第 357 页。
② 北京大学哲学系美学室:《西方美学家论美和美感》,商务印书馆 1981 年版,第 13 页。
③ [古希腊] 亚里士多德:《形而上学》,吴寿彭译,商务印书馆 1997 年版,第 271 页。

种灵魂能力不同，亚里士多德则专注于审美态度的论述，他认为外在感官是获得美的主要方式，但这种对美的感知不同于一般的感知活动。具体来说，他首先将这种感官感知区别于动物的感觉，"这种感觉虽然源于感官，但全不靠它们的敏锐：动物的感官通常比人类的感官要敏锐得多，但是动物并不因此就能感受到这一类的经验"[①]；其次，这种感知又不同于人类的一般的感官感知，对美的感知是一种从注视或倾听中得到的强烈的快感的经验，这种经验非常强烈却不会让人生厌或恐惧；最后，这种经验来源于感官感觉本身，却与其所指涉的事物没有直接的关系，"感觉可以以自身为理由而被享受，或因为它们所关联，激发乃至期待的事物而被享受"[②]。如果以现代意义上的审美经验理论来看的话，亚里士多德关于美的经验的论述主要集中在主体（旁观者）的审美态度之上，但他的论述已经触碰到美的经验的某些特质，尤其是最后一点几乎接近于康德所说的"无利害关系"，只是还有些混乱和模糊不清。亚里士多德的这一观点在中世纪时期得到了进一步的发展，阿奎那在其基础上进一步阐释了美的经验的独特性，他认为对美的经验与感知所产生的快感不是来自对具体的事物的占有而是从感觉印象的和谐中得到的。因而，这种经验的产生是与维持他的生存活动无关的，同时也只有人可以单从对象的美中得到乐趣。此后，这种通过主体的外部感官对审美态度和美的感知进行论述的方式，被不断地深化、提升，主体所应有的那种简单的凝神专注式的观赏态度演变为一种"无功利的审美静观"，而那种关于美的经验可以与事物本身相分离的模糊想法则被进一步地深化、发展成一种"无利害关系的自由愉悦"。

在古希腊时期还存在着另外一种声音，那就是真正的"美"只存在于理念之中，因而仅凭外在感官的感知是无法获得美的，这主要体现在柏拉图的理论之中。柏拉图关于美的学说直接受惠于苏格拉底的哲学思想，苏格拉底认为事物之所以美并不存在于事物之中，而是因为"美本身"，后来柏拉图将其称为"美的理念"，"美本身把美的性质赋予一切事

---

① ［波兰］塔塔尔凯维奇：《西方六大美学观念史》，刘文潭译，上海译文出版社2013年版，第358页。
② 同上。

物——石头、木头、人、神、一切行为和一切学问"①。"美本身"把它的理念加到一件东西上,才使那件东西成为美的,美的事物之所以美在于它"分有"了美的理念。柏拉图在《斐多篇》和《大希庇亚篇》中讨论了美的本质、美的理念等问题,他认为理念美是永恒的、真正的美,而事物的美则是不纯粹的、变动不居的,美的理念或绝对美是先于和独立于美的事物、美的德行的,因而这两者在本质上是不同的;他认为真实的美并不存在于美的事物之中而只存在于美的理念之中,因而对美的事物的感知所产生的快感或愉悦并不是真正的美的经验,真正的美的经验应该源自对美的理念的把握和认识。然而,美的理念是不能由感官来感知的,它只能由内在的心灵去把握。在《会饮篇》中,柏拉图具体论述了捕获美的理念的过程,他认为对美的理念的把握和认识是一种不断向上引导的结果,"从个别的美开始探求一般的美,他一定能找到登天之梯,一步步上升——也就是说,从一个美的形体到两个美的形体,从两个美的形体到所有美的形体,从形体之美到体制之美,从体制之美到知识之美,最后再从知识之美进到仅以美本身为对象的那种学问,最终明白什么是美"②。也就是说,对美的体验要历经形体美、伦理美和理智美三个阶段,最为关键的是还必须通过"凝神观照"才能达到"美"本身即美的理念。这种"凝神观照"与亚里士多德所主张的那种感官式的专注和观照具有本质上的不同,它已不是停留在感官层面上的感知经验,而是超越感官和经验本身的,它在本质上是一种"迷狂"状态。也就是说,柏拉图认为真正的美的知觉或美的经验是灵魂在迷狂状态中对美的理念的回忆。

这种把对美的感知归为一种灵魂状态或心灵能力的论述在普罗提诺那里得到了进一步的发挥。与柏拉图不同,普罗提诺并不否认美的感性形态,他认为色彩、形态和体积等只是美的表现方式,但美的真正根源并不在事物之上而在灵魂、精神之内,感性美只是对灵魂中固有的美的

---

① [古希腊]柏拉图:《柏拉图全集·大希庇亚篇》(第 4 卷),王晓朝译,人民出版社 2003 年版,第 42 页。

② [古希腊]柏拉图:《柏拉图全集·会饮篇》(第 2 卷),王晓朝译,人民出版社 2003 年版,第 254 页。

一种提醒而已。因此,他认为只有那种具备了美的灵魂的人才能感知到美,而只有凭借灵魂的美才可以欣赏到那些由灵魂所赋予的外在事物的美。在中世纪的神学美学中,关于感知美的能力在于内在心灵的观点得到了再次响应,出现了诸如"灵魂内感"或"精神的视觉"等较为相似的提法。尽管这种把对美的感知能力归于灵魂的主张使审美经验蒙上了一层神秘的面纱,从而使其显得有些玄虚,但它却在一定程度上暗示出了审美经验本身所固有的那种难以言说之性状。与此同时,它还丰富了审美经验的内涵,比如审美经验所蕴含的"形式"与"合目的性"等因素都与这一观点有着一定的联系。最后,这种从内在感知的角度来谈论审美经验的主张也启发了现代美学从心理机制、内在情感等方面去分析审美经验。

由此看出,在18世纪之前的美学中关于美的感知的讨论是在有限的范围之内和较低的层面上进行的,对于审美经验的探讨关注的不是其概念的界定、内涵等问题,而是关注其凭借何种手段以及如何获得此种经验等外围性的问题,而且审美经验只是被当作美的衍生物而没有成为界定、分析美的关键因素。尽管这些讨论具有诸多的缺陷和不足,并且对于美的感知的论述也相对简单、模糊,但这些观点和理论已经触及了审美经验的某些特质,也为深入地研究这一概念提供了有益的参照。

二 问题的浮现与争辩

中世纪之后的欧洲社会发生了巨大的转变,从14世纪开始的文艺复兴运动打着复古的旗号,大肆宣扬个人主义,提倡个性解放,从而发现了大写的"人"并肯定了人的价值;而始于16世纪的宗教改革运动则解决了个人的信仰问题,肯定了人的独立性和决断能力;紧接着18世纪的启蒙运动则以"理性"为核心,肯定了人的主体性和认识能力,崇尚科学主义和理性主义。这三次思想解放运动彻底解放了人们的思想,确立了人文精神和理性主义的统治地位。因而,人们对世界、自然和主体的认识也发生了转变,这突出地表现在哲学思想之中。与传统哲学关注事物本质、追问"是什么"这一问题不同,近代哲学关注的则是人的认识能力问题,即作为主体的人如何去认识作为客观对象的世界、自然。对于这一问题的解决呈现出两种不同的倾向:经验主义和理性主义。经验主义关注的是如何通过合理地运用人的感性经验来认识世界、形成知识，而理性主义诉诸逻辑、推理、判断等理性能力来解决认识和知识问题。虽然两种倾向截然相反，但它们都是以作为主体的人与作为客体的世界之间的对立为前提的，并以主体的认识能力为中心，最终来寻求认识世界、把握客观事物的方法或手段。所以说，哲学从本体论阶段转向了认识论阶段，而这一时期关于"审美经验"的讨论和考察也是在认识论的背景中并沿着经验主义和理性主义两条路径进行的。有一点需要指出的是，将近代思想清晰地划分为经验主义和理性主义截然相反的两个类别，并非意味着它们之间是泾渭分明的，更不是用其来严格限定某个人的思想，因为这两个术语只是用来标示近代思想中存在的两种代表性的思想倾向。

关于审美经验问题的探讨必然会受到哲学认识论转向的影响。两千多年以来，对"美是什么"或"美的本质"这一问题的追问过于沉重，人们厌倦了这种无休止的追问和争论，开始把焦点从"美的本质"转移到了有关"美的认识"这一问题之上。因而，人对美的知觉、感觉能力即美感经验或审美经验成为美学的核心问题，审美经验的发生、机制、特征等问题步入了美学的前景之中。与哲学中针对认识问题而发生的分歧情形相似，关于审美经验的讨论也突出地表现为这两种相对立的倾向：它们都是以主体为中心，但一种倾向是以感性经验为基点，从心理学的角度来研究审美经验的发生和机制；另一种倾向则以理性能力为立足点，从人的认识能力以及知识的角度来考察审美经验这一问题。

（一）经验主义与"趣味"

一般来说，对审美经验的专门讨论和系统分析始于英国经验主义。18世纪的英国理论家们对于美学的论述主要集中于美的类型、美之所在以及美的体悟方式之上。因而，他们对审美经验的讨论也就集中在审美经验得以产生的心理机制之上。尽管在经验主义内部存在着彼此不一致的见解，但他们有着一个共同的主题即我们从美中所获得的愉悦感究竟来自哪里。具体来说，他们无一例外地把对审美经验问题的探讨置换为审美主体和审美经验的心理分析，将美和美感经验归到感性认识之内，探讨审美经验得以形成的心理功能。经验主义者认为人有一种特殊的官能或能力，通过它就可以感知或欣赏美，他们一般将这种能力称为"趣味"（Taste），正是借助这种特殊的心理功能我们才得以领会、认知到美，总的来说这种论调具有相当浓厚的主体性色彩和先验论论调。

最早对趣味进行分析和论述的是夏夫兹博里，作为伦理学家的他在论述道德、伦理等问题时涉及美的问题，由此他对美的论述主要是与道德、善紧密联系在一起的。夏夫兹博里认为美本身就具有强烈的道德色彩，而且美也是完善道德的主要方式。从本质上来看，美与善是统一的、一致的，这种一致既表现在内容上即内在的心灵感受，也表现在判断标准上即心灵的和谐或平衡。人对美和善的判断有一种特殊的能力，这种能力是相通的，甚至是共享的，他将这种感知、判断的机能称为"内在之眼"。也就是说，美和善是被同样的方式且为同一种机能或能力所把握，当这种能力运用于人的行动和性情时所产生的是一种道德感，而当其运用于自然或艺术等外在对象时所产生的则是美感。对于这种"内在之眼"即审美趣味的来源，他则将其归为一种先天的能力，人们判断美丑和善恶的能力是天赋的结果。尽管夏夫兹博里的有些论述还比较粗略、模糊甚至还存在一些矛盾之处，但他"对趣味问题的论述最终使得趣味成为18世纪美学的核心范畴，此后许多关于美的重新解释和阐述都是沿着他所划定的路线而进行的"[1]。哈奇生则在此基础上做出了更为清晰的论述，他将感知美的心理功能从道德感中分离出来，并将这种心理功能称为"内感官"（Internal Sense），其所具有的感知美的能力就是趣味。他强调这种内感官的独特性，认为美感只与人的内感官有关，与人的心灵密切联系，并对此做了具体的分析：首先，许多人有很好的视觉和听觉，但他们却很难从音乐、建筑中感受到快感，因而他们缺少一种可以感知美的能力或趣味，也就缺少"内感官"；其次，对美的知觉并不是依赖于外在感官的，因为并非所有的美的客体都是外部感官的认识对象，比如我们可以从数学公理或道德中获得美感；再次，美感之中并不包含理性，它是纯感性的；最后，如果从对象来看，美感来源于其自身的某种"多样性中的统一"（Uniformity Amidst Variety）在人的心灵中激发了美、和谐的观念，正是事物的这一属性产生了美的观念而非美的属性。也就是说，

---

[1] Dabney Townsend, *Hume's Aesthetic Theory: Sentiment and Taste in the History of Aesthetics*, London: Routledge, 2001, p.47.

由"内感官"感知到的美并不是关于认识对象的一种客观属性,而是从对象的"多样性中的统一"中所认出来的与心灵的某种符合或一致,即美感。哈奇生试图找寻的是对象之中所存在的能够激发我们关于美与和谐的观念的诸种性质,而这种性质主要存在于令人愉悦的形式关系之中即他所说的那种多样性的统一。哈奇生和夏夫兹博里都把对美的认识的心理功能看作一种自然天赋的"内感官",并都把审美经验看作由对象所引起的某种主观上的心理认识活动而并非认识对象的客观属性。关于审美经验的认识并不需要与客观对象相符合,但必须与主体的某种观念、情愫或心灵状态相符合。他们之所以把审美经验看成是关于主体自身的某种认识,根源在于受到了洛克经验论哲学的影响,"洛克在趣味问题上没有任何兴趣,但是他却为经验主义提供了一个理论框架,他们在这个框架之内创造出了各自的理论"[①],尤其是洛克所提出的"新的观念方式"的思想,即经验是建立在简单观念之上的,对18世纪的哲学和美学的发展产生了具有极大渗透性的影响。

洛克在《人类理解论》中对主体的经验认识做了详细的论述,尤其是对"第一性的质"(A Firstly Quality)和"第二性的质"(A Secondary Quality)的区分为经验论美学提供了基本的理论框架。物体的"第一性的质"指的是"不论在什么情形之下,都是和物体完全不能分离的;物体不论经了什么变化,外面加于它的力量不论多大,它仍然永远保有这些性质"[②],如广延、形状、运动等;"第二性的质"则是"能借其第一性质在我们心中产生各种感觉的那些能力。类如颜色、声音、滋味等等"[③]。也就是说,我们一般所认为的通过感官所认识到的事物的属性其实并不是事物的"第一性的质"如颜色、声音、味道等,而是它们作用于我们感官之后进而在心中所呈现出来某种感觉。因而,可以将其归为主体的某种心理属性。正是因为受到洛克经验论的理论框架之影响,夏夫兹博里和哈奇生才将"美""丑"等观念归于"第二性的质"之内,即人的主

---

① Berys Gaut, Dominic Lopes, *The Routledge Companion to Aesthetics*, New York: Routledge, 2000, p.38.
② [英]洛克:《人类理解论》(上),关文运译,商务印书馆1983年版,第100页。
③ 同上书,第101页。

观观念,并由此断定审美经验并不是客观事物的属性,而是主观情感、心灵的某种性质,其指向的只是在个人心中所呈现的一种主观认识或主观反应。从表面上看,经验主义对审美经验的认识与柏拉图将对美的感知能力归为一种"心灵能力"或中世纪的神学家们所提及的"灵魂内感"极为相似,但他们在本质上是截然不同的。柏拉图所说的"心灵能力"是服务于美的理念这一本体的,而且它还凌驾于主体能力之上,对于美的知觉最终是要与美的理念相符合的;而经验主义者所说的心理功能则是发生在认识论框架之中的,它是一种超越了客观事物本身的主观的感性认识能力,体现了人的认识能力和主体性,体现了一种审美自我意识的觉醒。同时,这种经验认识不必与客观事实相符,只需同内心情感相一致。

关于审美经验的性质和内涵,夏夫兹博里最早对其做了阐释,最突出地表现在他强调了审美经验的无利害性:尽管那些来自对曾感知的快感的注意而反映出来的欢乐与快感,可被解释为源自自我的激情和有利害的关注,但原初的满足只可能是对外在事物中的真理、比例、秩序和对称的爱。此外,他还对崇高这一美学范畴做了较多的论述,分析了由对自然的无限特征的有限感受和领悟而产生的一种审美经验。他的这些论述后来成为康德美学思想中的关键内容。随后,哈奇生则对审美经验做了比较系统且深入的分析,他认为美是用来表示源于我们心中的观念的,而美感则是我们接受这种观念的力量。他否认之前的美学家将"美"规定为比例、和谐等,因为美感的产生并非来自任何关于原理、比例、因果的知识,或者关于对象的效用而是"自然而然的""不可避免的"和"直接的",并且没有增加任何知识。也就是说,关于对象的任何知识、理性认识或实践都不能增加我们对于美的感知和欣赏。他明确地指出了美感的独特性即美与利害无关、与习俗无关、与教育无关,最重要的是他揭示了美感与联想之间的关系以及美感的普遍性特征。具体来说,不同的人对于同一个对象产生不同的美感,甚至同一个人在不同的时间对同一个对象也会产生不同的美感,原因就在于人们在面对对象所产生的那些观念上的联想,观念的联想也使对象给人愉快或不愉快的感觉。他承认美感具有一种普遍性,但这种普遍性在根本上存在于主体之中而非客体之上。人们对事物所产生的不快或厌恶之情并不源于事物本身,而是与人们的期望有关，事物缺乏人们所期望的那种美，但当对事物有了进一步的了解、熟知之后，那么这一情形就会发生改变。哈奇生对美以及美感的认识体现出鲜明的主观性和先验性，尽管在论述中显得有些主观甚至是武断，但他对审美经验的阐释无疑对康德的美学思想产生了重要的作用。

夏夫兹博里和哈奇生等人将感知美的这种心理功能称为"内感官"，并认为这是一种自然天赋的、先天的审美能力，不免使其带上了某种神秘色彩和先验论的倾向。伯克对此进行了批评和修正，他认为这种观点只注重从心理结构着手分析美，却忽略了美的客观性。因而，他在《论崇高与美两种观念的根源》中认为审美经验的来源并不仅仅是人的心理结构，而且还承认了美的客观性。美是物体具有的那种能够引起"爱"或类似于爱的情感的性质。"我把美叫作一种社会的性质，因为每逢见到男人和女人乃至其他动物而感到愉快或欣喜的时候……他们都在我们心中引起对他们身体的温柔友爱的情绪，我们愿他们接近我们。"①

需要指出的是，伯克并没有将美感经验等同于那种社会性的生活情欲或是从生存需要的维度来看待审美经验，进而将其简单地归为一种生理性的需求。其实，伯克在这里主张的是一种无利害的美学观念，他认为对美的爱不涉及肉欲或欲望。他将"一般社会"的情欲区别于"性的社会"的情欲，前者指的是那种以美作为对象的爱，后者则是与肉欲混在一起。正如对美的爱是不涉及利害关系一样，对崇高的欣赏依赖于对痛或危险的观念的经验，而不存在任何实际的威胁。如果说哈奇生从人的"内在感官"出发论述了审美经验的心理功能，那么伯克则从客观事物所具有的美的属性出发论述了审美经验的生理特性；前者强调的是一种关于美的内在感官，后者强调的则是美感的生理机制；尽管各有偏颇，但还是富有一些建构性的意义的，他们都从主客分离的关系以及与主体的诸认识能力间的区别中来研究审美判断能力，体现出较强的主观性和认识论色彩，这一点最终在康德美学中得到了系统化的阐述。

休谟对趣味的探讨受到了夏夫兹博里和哈奇生的启发，但他又明显

---

① [英]伯克：《崇高与美：伯克美学论文选》，李善庆译，上海三联书店1990年版，第59页。

不同于一般的经验论者，他从主、客统一的角度论述了审美趣味的相对性和差异性；更重要的是，他认为审美趣味虽然千差万别，但还是具有普遍的判断标准和一致性的。休谟认为趣味是判断自然美和道德美的基础，当判断一件艺术品是美的或一种行为是善的时候，我们更多依赖我们的趣味而非理性能力。休谟毫不讳言趣味的相对性和千差万别，"和千差万别的观念一样，世上流行的趣味，也是多种多样的，人人都会注意到这个明显的事实"①，他从心灵、内在感官、想象力、气质、年龄、时代和国家七个方面分析了趣味的差异性。在强调趣味的主观性和相对性的同时，还论述了影响趣味的客观性条件，并且更为明确地指出了审美鉴赏之中存在着客观性，"鉴赏或感觉，虽然纯粹是一种感受，却可以同快感和不快感一起受到一定性质的结构形式和关系的影响"②。但趣味的千变万化和反复无常并不意味着趣味判断就没有普遍的标准，在鉴赏活动之中还是存在着一些像褒贬之类的一般原则的。因而，"寻求一种趣味的标准是很自然的，它是一种能够协调人们各种不同情感的原则；至少，它是一种判断，能够肯定一种情感，谴责另一种情感"③。休谟批评了那种类似于"口味面前无争辩"的观点，这一谚语认为在口味面前的争论是徒劳无益的，但休谟认为他们把身体上的感受问题挪用或者是扩大到了精神层面之上是有问题的，毕竟我们还能对一些好的或坏的作品达成一致的看法。休谟又以艺术法则为例，说明这种一般性的原则、标准并非来源于先天的推理或者是理智的抽象，而是来源于经验的总结，它们只不过是对普遍存在于各个国家和各时代中的人们的愉悦之感所做的概括。因而，他认为趣味判断的标准和一致性主要体现在典范之中，那些建立在不同国家、不同时代和一致同意之上的典范和法则是具有普遍性的。在论述到趣味的普遍性时，休谟认为趣味不仅可以分析而且还可以进行培养，趣味具有一种稳定性；与片面地强调趣味的感性特质不同，休谟还认为趣味中包含着一定的理性因素，理性纵然不是审美鉴赏力的

---

① ［英］休谟：《论道德与文学》，马万利、张正萍译，浙江大学出版社 2011 年版，第 92 页。
② ［英］鲍桑葵：《美学史》，张今译，商务印书馆 1985 年版，第 236 页。
③ ［英］休谟：《论道德与文学》，马万利、张正萍译，浙江大学出版社 2011 年版，第 95 页。

主要因素，但至少对于审美鉴赏力活动也是必要的成分。休谟最后将趣味的标准概括为"只有良好的判断力和敏锐的情感结合在一起，在实践中提高，在比较中完善，清除所有的偏见，批评家才能获得这样有益的品格，如此情形下，无论他们给出怎样的断言，都是趣味和美的真正标准"①。

从总体上来看，"休谟的论述在系统性和清晰程度上都远远超过夏夫兹博里等人，但其美学思想中的许多主题都已在夏夫兹博里那里得到了较多的关注和思考"②。与夏夫兹博里等人所主张的"内在感官"所体现出来的神秘性、先验性不同，"休谟转而向我们展示了情感、激情是如何像理性、推理那样运作的，并在这一过程中如何把美学变成了认识论的一部分"③。休谟将经验论哲学彻底地贯彻到对美的分析之中，体现出鲜明的主体性和人本主义的倾向，他对美的本质和趣味的论述则显示出一种理性主义的分析精神。因而，休谟关于美的分析和论述不同于他的哲学思想，我们不能将其简单地归为一种绝对的主观主义。

总的来说，"经验"这一概念在英国经验主义这里意味着感官经验，意味着那种可以不经过任何中介而直接可以感知到的东西。因而，它们构成了知识的直接而又可靠的来源，知识的形成是主体的认知活动的必然结果即作为主体的人将这些经验元素安排、归纳到他们的认知模式之中从而产生关于对象的知识。在这种经验主义学说中，经验就不仅仅是一种描述性的东西，而是带有极强的主观基础和主观相对性的。更为隐蔽的是，其中暗含了二元论的分离模式即将主体与客体世界的区分不加分辨地强加给经验本身，并预设了经验的不连续性，从而一方面导致了经验的主观基础被过分夸大，掩盖了经验中所存在的客观基础，甚至简单地将其等同为主观反应；另一方面经验被理所当然地看作不连续的、碎片化的，从而更为突出地表现了主体认知的作用。受前者的影响，关于审美经验的讨论主要围绕着主体自身的能力机制；后者所包含的那种

---

① [英]休谟：《论道德与文学》，马万利、张正萍译，浙江大学出版社2011年版，第107页。

② Dabney Townsend. *Hume's Aesthetic Theory: Sentiment and Taste in the History of Aesthetics*, London: Routledge, 2001, p.46.

③ Ibid..

不连续性的先入之见则在对审美经验的讨论中突出地表现为一种区分性，这种区分性在康德的美学中得到了最显著的论述。尽管经验主义者们的论述存在一些主观偏见和先验色彩，但他们致力于研究美的类型与感受美的方式以及心理功能等问题，由此确立了主体、心灵在美感之中的重要作用。经验论者从美感的直接性和相对性出发，将美、审美经验的发生逐步拉回到了主体自身以及主体的认识之中来，对美感能力的认识也从最初的自然天赋发展为一种特殊的审美机制和能力即审美趣味，从而逐渐地转移到了主体自身，体现出了鲜明的主体性和人本主义色彩。

（二）理性主义与"低级"的经验

如果说经验主义是以个人的感觉、感受为理论的出发点，并宣称要从这种感受出发进而推导出实在的理论的话，那么大陆理性派则是以人的理性和认识能力为出发点，追求世界以及事物背后的理性体系和必然联系为代表的抽象的普遍性，而感受、感觉则仅仅被看作一种含混或混乱观念。因而，理性主义的这一理论倾向决定了美以及美学的基本性质。由此，理性主义视域下的审美经验观也就呈现出与经验主义极为不同的特征。

1. 从"前定的和谐"到"关系"

理性主义始于笛卡儿，但使得理性主义真正对美学和艺术产生影响的则是莱布尼茨，这主要表现在受他影响之下的德国美学。吉尔伯特认为莱布尼茨的思想对美学的产生和发展起到了奠基性的作用，"在莱布尼茨的著作中，孕育着使鲍姆嘉通（Baumgarton）在1750年成为'美学'的正式奠基者的思想萌芽"[①]，"人们甚至认为他的思想部分地预示了康德（Kant）的学说"[②]。虽然莱布尼茨的思想是从人的理性出发的，认为世界上的一切都是合乎逻辑、合乎理性的，但他认为人的认识需要借助混乱、杂多的感性。因而，美感被看作把握美的初始，但最终还应从美感深入到其背后所隐含的规律上。莱布尼茨认为美存在于一种抽象的基本结构之中，这种结构是一种"前定的和谐"。然而，人们对它的把握大多是一种混乱的或模糊的认识，原因在于我们的理性能力不够，所以我们只是

[①] [美]凯·埃·吉尔伯特、[德]赫·库恩：《美学史》（上），夏乾丰译，上海译文出版社1989年版，第301页。

[②] 同上。

凭借模糊的感性感觉到美。也就是说，美并不是不能被理性所把握，只有当理性足够强大时才能真正把握住它。总的来说，莱布尼茨把美和美感归入理性认识的框架之内，认为美、美感是由背后的某种逻辑结构决定的因而是可以分析的。在理性主义框架之内，美感不再被看作一种神秘的、难以言说的情感体验，而只是一种混乱的、朦胧的感觉，是微小感觉的一种结合体。莱布尼茨将知识分为四等，而美感则是属于最低的那一等级，美、美感被归入了混乱、朦胧的知识之列，正是这一基本的论断成为鲍姆嘉通对美学进行讨论的基点和框架。

莱布尼茨把美归为一种"前定的和谐"，多少具有了一些先验的色彩，他的学生沃尔夫则对其思想进行了充分的展开和具体化，他用"完善"取代了"前定的和谐"，从而把美看成一种由感性所认识到的"完善"：从客观上来说，美是事物自身所体现出来的一种完善之特征；从主观上来说，这种完善又必须引起人的快感或愉快之情。尽管主体的感性认识得到了注意，但"美"最终还是落在了作为主体的人所认识到的那种客观的"完善"之上，而美感只是面对这种"完善"所产生的一种快感。狄德罗认为沃尔夫把美和由美所引起的快感以及完善三者相混淆了，因为快感的产生并不仅仅来源于美，不美的事物也能引起快感；从根本上来看，完善的性状则是针对所有事物而言的，因为任何事物都有臻于完善的可能。

狄德罗在《关于美的根源及其本质的探讨》一文中批评了前人关于美的不当论述，诸如把美限定为事物的秩序、和谐和比例等性质，尤其对哈奇生的美学观点进行了详尽的分析和批评，并在此基础上提出美的根源在于"关系"的论点，具体地区分出"美的根源"和"美的本质"。他认为美作为一种标记事物的品质不可能是构成事物独特性、差异性的某一特性，否则，美的事物也就成为某一类事物；因而，美的事物中所共有的这个品质，"美因它而产生，而增长，而千变万化，而衰退，而消失。然而，只有关系这个概念能产生这样的效果"①。具体来说，狄德罗认为"凡是本身含有某种因素，能够在我的悟性中唤起'关系'这个概念的，叫作外在于我的美；凡是唤起这个概念的一切，我称之为关系到

---

① [法]狄德罗：《狄德罗美学论文选》，张冠尧、桂裕芳译，人民文学出版社1984年版，第25页。

我的美"①，前者是物体所具有的形式，是一种真实的美，而后者则是对前者的感知，是一种见到的美。也就是说，"关系"只是我们"称之为美"的一种性质，是以美这一概念作为标记的一种品质，它不仅仅是和谐，还包括多种丰富的关系，如矛盾、冲突等。狄德罗认为美的根源在于人面对事物时所产生的一种"关系"，这种关系能够引起关于"美的概念"的一切，但这并不是说美就是"关系"，而只是在强调美是有客观根源的。所以说美本身不是"关系"，而只是我们用来称呼某种关系的一个字眼，是运用于物体之上的一个抽象的概念，其必然也就不是事物本身的客观属性。而美的本质在于对这种关系的感觉即悟性上把握（狄德罗指的是理性或知性上的认识），与其根源是客观的关系不同美的本质因而是主观的。由此，美感的千差万别和相对性来源于这种复杂多变的"关系"，他具体分析了影响美感差异的客观因素。他关于美感的理论是从"关系"范畴中通过逻辑思维推理出来的，这种对美感的理性认识明显地不同于经验派从心理学或心理功能上对审美经验做出的分析。

总体来说，狄德罗所论述的美以及美感是理性认识的产物，美在本质上是一个抽象的理性概念，他并不是把美直接与感性相联结而是把美与"关系"范畴相联结，"等到悟性判定物体是美的以后，快感才会产生"②，"关系"其实是属于理性认识领域之内的，因此只有在理性认识的基础之上才能真正地把握到美。尽管他对美的根源和本质的论述还存在一些矛盾之处和循环论证的倾向，但他把美的根源归于"关系"并把美看作对这种"关系"的理性把握，从而清除了莱布尼茨和沃尔夫等人所主张的"和谐""完善"等理论中遗留下来的本体论色彩，体现出了鲜明的主体性和理性主义色彩。

2. 美学的"施洗者"

在18世纪的德国，对审美经验的考察与英国经验主义的心理分析不同，他们把审美经验归为一种混乱的、模糊不清的感官或感性的认识，直到鲍姆嘉通的论述才将其看作一门科学。一般来说，鲍姆嘉通1750年

---

① ［法］狄德罗：《狄德罗美学论文选》，张冠尧、桂裕芳译，人民文学出版社1984年版，第25页。
② 同上书，第26页。

出版的《美学》标志着"美学"作为一门独立的学科而诞生，鲍姆嘉通因此也就被称为"美学之父"。然而，有一些西方学者则持不同的意见，比如克罗齐则批评鲍姆嘉通对感性认识的理解过于含混，而且并未摆脱理性认识的束缚，因而美学在他那里不具有独立性；保罗·盖耶则认为他只能算作美学的"教父"，"鲍姆加通的命名只是为这个领域举行的成人礼而已"①，言外之意则是说鲍姆嘉通只不过是美学的命名者而非这一学科诞生的标志，他对美学的意义犹如教父对孩子所施行的成人礼，他只是美学的"施洗者"即命名者而已。原因在于鲍姆嘉通虽然用美学来命名了这一门新的学科，但他并未彻底地打破理性主义的束缚；相反，美学还是处在理性认识的阴影之中，其被看作一种"类理性"（Analogue of Reason）。因而，保罗·盖耶用了一个意味深长的比喻来形容鲍姆嘉通之于美学的意义，他认为鲍姆嘉通更像是犹太人的引领者——摩西，他只是远远地窥见了美学这块"应许之地"而非征服这一领域的"约书亚"。

鲍姆嘉通最初用"美学"这个词来指"那些与感官相关的认识和感性知识，他后来又用它来指涉通过感官所感知到的美，尤其是在艺术中所感知到的美"②。"感觉和经验的世界不可能只起源于抽象的普遍法则，它需要自身恰当的话语和表现自身内在的、尽管还是低级的逻辑，美学就是诞生于对这一点的再认识。"③ 美学建立之初的研究对象就是那些比较杂乱、含混的感官经验、感觉、情感等可感知的对象，后来才将其具体到美和艺术领域之中，这些感性认识的性质则是一种"类理性"，相对于理性认识来说感性认识则是低级的、含混不清的。在鲍姆嘉通看来，"美学作为自由艺术的理论、低级认识论、美的思维的艺术和与理性类似的思维的艺术是感性认识的科学"④，而美的目的则在于"感性认识本身的完善"，这种完善主要体现在思维的内容、次序和表现含义等三个方面

---

① Paul Guyer, "18th Century German Aesthetics", *The Stanford Encyclopedia of Philosophy*, (Spring 2014), http://plato.stanford.edu/entries/aesthetics-18th-german/.

② Gaut Berys and Lopes Dominic, *The Routledge Companion to Aesthetics*, New York: Routledge, 2000, p. 181.

③ ［英］特里·伊格尔顿：《审美意识形态》，王杰、傅德根、麦永雄译，柏敬泽校，广西师范大学出版社2001年版，第4页。

④ ［德］鲍姆嘉滕：《美学》，简明、王旭晓译，文化艺术出版社1987年版，第13页。

的和谐。这种美学观念直接来源于沃尔夫的理论，他们都是在"多样性之中的统一"的意义上使用"完善"这一概念的，但鲍姆嘉通对沃尔夫的理论做了进一步的修改和推进：他把沃尔夫所说的"凭借感性所认识到的完善"修改为"感性认识本身的完善"。尽管其只是被作为一种低级的认识，但感性认识却由此得以独立出来，他把感性认识本身作为根本而不再是那个客观的完善。也就是说，鲍姆嘉通把美学看作逻辑学的"姊妹"，它是一种次一级的推理，美学的任务就是要以类似于真正的理性运作方式把这个领域整理成明晰的或确定的表象。

尽管鲍姆嘉通只是在名义上确立了美学的独立地位，并且他对美的理解和论述在根本上还是处在理性主义的框架之内的，感性认识并没有突破理性主义的基本原则，但是他所产生的影响却不可小觑。在鲍姆嘉通命名"美学"之前，经验派理论家大都把趣味、艺术等问题归于鉴赏力之下，主要讨论鉴赏力的心理基础、分析趣味的心理原因，对于美的问题则只是敷衍几句；虽然理性主义者讨论到美的问题，但大都将其与善、伦理等道德问题相联系。因而，在美学没有被命名之前关于美的讨论过于杂乱，美与认识、伦理道德等问题纠缠不清。然而，在鲍姆嘉通对其进行命名之后，审美趣味、鉴赏力以及美感等概念则被归入美学这一新的科学之下，从而使其区别于一般的理性认识以及伦理道德等领域。鲍桑葵认为后来的德国哲学家对美学的态度无一不受到鲍姆嘉通的启发和影响，吉尔伯特对其评价也很高，他认为鲍姆嘉通"把各种尚未展开的认识汇集起来，精心拟定了一种体系；这种体系能够从理性上证明不完全的哲学家和文艺批评家的种种'瞥见'，而且，它还能够为一百年之后它的制高点——即康德的《判断力批判》指出方向"[①]。

第二节　审美静观的确立与发展

一　"鉴赏判断"的界定

正如康德的思想被看作哲学上的"哥白尼式"的革命一样，他对美

---

① ［美］凯·埃·吉尔伯特、［德］赫·库恩：《美学史》（上），夏乾丰译，上海译文出版社1989年版，第383页。

学问题的讨论与之前相比也发生了根本性的转变，尤其体现在对鉴赏判断（The Judgment of Taste）的讨论之中。一直以来，对趣味的讨论往往被简化为两种极端的倾向：一是趣味被看作仅仅是主观性的、私人的，另一种则把趣味看作客观性的，认为它有一些客观的标准。直到18世纪末，经验主义和理性主义这两种不同的观念才在康德这里得到进一步的调节与综合，他认为趣味问题不能被简单地归于主观或是客观，既不能将其看作仅仅是个人的感觉和情感，也不能将其看作受到某种客观规则和标准规定的东西。趣味在某种程度上只是用来解释为什么一些审美判断是正确的，而另外一些则是错误的，因而，我们不可能通过概念为审美判断规定任何标准和规则，而只能在审美判断的普遍可传达性之中看出某种一致性。康德在根本上转移了美学讨论的焦点，把重点从"客体本身"转移到了"关于客体的判断"，他用审美判断的分析取代了仅仅关于客体性质的相关解释或是对主体的心理机制的说明，从而避免了纯粹主观化或客观化的极端倾向。通过聚焦于判断行为本身，审美判断的讨论既包含了客体、主体等因素，也包含了主客之间的关系，更重要的是它强调在一定距离之外对判断客体以及二者关系的反思。由此，康德关于审美的讨论显得更为全面、深入。

以鲍姆嘉通为代表的理性主义者将美学看作一种有待完善的感性认识，它只是认识活动的初步阶段，并且与理性认识相比它则是次等的、低级的。同时，美学又被看作一门关于美的科学，他认为可以通过理性、概念为美以及美学确立一些规则，因而感性、美等问题与理性、认知活动是紧密地联系在一起的。康德则极力反对这种观点，他在批评以鲍姆嘉通为代表的理性主义者的观点的基础之上，进一步界定了鉴赏判断的性质和内涵。

康德首先表达了对鲍姆嘉通用"ästhetik"（德语词，英文为 aesthetics，中文译为美学，更确切的含义是感性学）来命名关于美的科学的不满，"唯有德国人目前在用'ästhetik'这个词来标志别人叫作鉴赏力批判的东西"[1]。他在《纯粹理性批判》中把"aesthetics"的含义限制在了"先验感性论"的领域之中，从而清除了其中所蕴含的情感和情绪以及审

---

[1] ［德］康德：《纯粹理性批判》，邓晓芒译，杨祖陶校，人民出版社2004年版，第26页。

美等因素。也就是说，康德认为真正的感性应该是一种先验的感性，他反对鲍姆嘉通将其用作指称关于美、鉴赏力等问题的名词。后来，康德在《判断力批判》中做出了较大的让步，他认为可以在两种不同意义上使用"ästhetik"（aesthetics）：一是在先验的意义上使用这个词，即讨论感性认识的先验感性论；另一个则是在心理学的意义上使用这个词，即讨论美、感性经验等问题。也就是说，康德在第三批判中承认了鲍姆嘉通在应用"ästhetik"这个词上的合理性，将这两种含义打通了并运用于他的第三批判之中。

其次，康德反对把"感性学"（美学）看作一门关于美的科学，"把对美的批评性批判纳入理性原则之下来，并把这种批判的规则上升为科学。然而这种努力是白费力气"[①]。康德认为这种企图把美、鉴赏等问题纳入到了认识能力本身的完善之中，并用理性的概念如完善等来规定美的理论愿望是不恰当的。因为，在康德的哲学中只有先验的感性论才算得上是关于感性知识的科学，而所谓的美的科学是不存在。尽管在《判断力批判》中康德论述了鉴赏判断的先天根据——"共通感"，并认为美有一种"合目的性"，但美的先天原则并非理性原则，"合目的性"的原则也只是一种类比、象征，其发挥的是一种引导作用而非规定性的。因而，在康德的美学思想之中，美始终只是一个鉴赏的问题而非一门科学。

再次，康德在《判断力批判》中明确地指出"鉴赏判断并不是认识判断，因而不是逻辑上的，而是感性的［审美的］"[②]，因为我们在判断事物美或不美的时候，不是通过知性能力把表象与客体相联系从而形成关于客体的知识，而是通过想象力把表象与主体及其愉快与不快的感情相联系。也就是说，美学不是认识论，同时鉴赏判断也不是认知判断，鉴赏判断拥有属于自己的独特的研究对象和领域，他在《判断力批判》中将审美看作一种独特的领域并切断了其与认识活动的直接联系，美、美的理念、崇高与艺术等概念成为其美学思想中的主题。

最后，康德还辨析了"感知"（Empfindung/sensation）这一词的双重含义即与情感相联系的感觉和作为认识能力的感官感受。"如果对愉快和

---

① ［德］康德：《纯粹理性批判》，邓晓芒译，人民出版社2004年版，第26页。
② ［德］康德：《判断力批判》，邓晓芒译，人民出版社2002年版，第37—38页。

不愉快的情感的规定称之为感觉,那么这个术语就意味着某种完全不同于我在把一件事物的(通过感官,即通过某种属于认识能力的感受性而来的)表象称之为感觉时所指的东西"①。在后一情况下,表象与客体相关,其还是形成知识的必要条件;而在前一情况下,表象不是关于对象的知识而仅与主体相关,并且其对形成知识不起到任何作用。康德认为美学关注的应该是那种与快适或不快的情感相联系的感觉,而不是那种构成认识活动的感觉或感知。因而,美学研究的对象是一种特殊的感觉即对美的满足感,但它永远无法形成知识。

康德在《判断力批判》的开篇就界定了鉴赏判断的性质,他认为"鉴赏判断是审美的"②。这句话强调了鉴赏判断的两个关键维度:一是鉴赏判断本身而非审美客体是审美的,二是鉴赏判断的性质是一种审美的行为而非认知活动。前者意在说明一个物体被看作美的或者具有美的价值的根源在于它成为鉴赏判断的客体,因而鉴赏判断才是美的分析的重点而非鉴赏判断的对象或客体;后者意在强调鉴赏判断是一种独特的审美活动,其目的是要反对大陆理性主义者将审美看作是一种不完善的感性认知,从而将其归入认识活动之中。

二 鉴赏判断与审美经验的静观内涵

美是存在于客观事物之中的某种东西或属性,正是这些属性使客体必须被称为美的,还是存在于主体自身的能力或心灵状态之中,正是这种能力使得我们可以把对象称为美的?康德认为这种划分过于简单、机械,他转变了思考问题的方式,认为我们应当追问的是"一个对象被称为美所需要的条件是什么",他将这些条件称为"契机"。《判断力批判》的第一部分集中分析了鉴赏判断的性质和特点,分别从质、量、关系和模态四个契机对鉴赏判断进行了论述,这四个契机并非仅仅只是鉴赏判断的外部特性,而是对把一个对象称之为美需要什么这一问题的回答,它们是判断力在其反思中所注意到的。

康德认为鉴赏判断的第一个契机是"无利害性"(Disinterestedness),

---

① [德]康德:《判断力批判》,邓晓芒译,杨祖陶校,人民出版社2002年版,第41页。
② 同上书,第37页。

即规定着鉴赏判断的愉悦或不悦之情是不带任何利害关系的,当且仅当人们对一个物体没有任何利害关系却可产生愉悦之情时才称其为美的。利害关系则指的是其与对象的实存的表象相联系,并伴随着一种欲求能力或受欲求能力的规定。康德分析了对"快适者""善者"和"美者"的三种愉悦:对快适者的愉悦直接使得主观感觉产生愉悦之感,并由此而激发起对对象的实存的一种欲望和追求,因而其是与利害关系直接相关的;对善的愉悦与快适不同,它掺杂了理性的考虑,因而它是与利害关系直接相关的,尽管那种最高的善(至善)与利害关系无关,但其却产生某种兴趣;唯有对美的鉴赏判断是有一种无利害的、自由的愉悦,"我们只想知道,是否单是对象的这一表象在我心中就会伴随有愉悦,哪怕就这个表象的对象之实存而言我会是无所谓的"[①],它既没有直接的感官上的利害关系,也没有间接的理性上的利害关系。总之,无利害观念强调的是主体在感受、知觉美的时候所应具备的一种能力,一种立足于对象自身思考对象而不去考虑更深层的目的之能力。也就是说,在"审美判断不反映一个人的欲望"这一意义上来说,审美判断是无利害的,对美的愉悦之感与对象的实存性无任何关系。

康德通过"无利害性"把审美活动与以实用、功利等为目的一般行为相区别,从而凸显出了审美鉴赏的特殊性。关于美的鉴赏判断不是一种单纯的感官感知能力,也不是从理性、概念的规定之中获得的一种愉悦之情,而是一种具有反思性的判断行为。康德通过将审美经验区分于日常经验、感官愉悦,从而有效地将其从一般性的社会活动之中抽离了出来,并逐渐削弱甚至抹去了审美感知本身所带有的物质性基础,最终使其脱离了实际的现实生活而演变为一种非物质化的、抽象的形式主义理论。"无利害"观念作为一种与众不同的经验模式被纳入了审美经验概念的基本内涵之中,其指向的是关于一个对象的形式的知觉而排除实用性、功利性等其他目的,因而必然要求审美对象与其周围的环境相分离,这种诉求较为明显地体现在现代艺术之中。

美国著名的美学家杰罗姆·斯托尔尼兹(Jerome Stolnitz)在《论"审美无利害"的起源》(On the Origins of Aesthetic Disinterestedness)一

[①] [德]康德:《判断力批判》,邓晓芒译,杨祖陶校,人民出版社2002年版,第39页。

文中详细地考察了"审美无利害"观念的起源和发展，发现它是一个源于18世纪的美学概念，在经过了夏夫兹博里、哈奇生和伯克等人的论述之后，最终在康德的美学思想中发展为审美经验的根本含义。英国的哲学家大都把美看作对象的属性，而美学的任务就是找到并确定这一属性，但美这一属性并不存在于物理材料之中，而必须由精神来提供。因而，问题的关键也就被转化为如何来领悟这种美的属性。由此，我们就需要有一种特别的注意才能领悟到美，这种特别的注意就是需要我们从对象自身来考察它并排除其他目的的存在。康德延续了这一美学思想，他通过把审美与功利性目的、实践关切分离开来，从而使审美感知与其他感知相区分，审美对象也就被视为一个独立自足的存在。从此之后，区分性的现代美学观点得以形成，即审美对象是与周围环境相分离、相互区别的，我们只有采取一种特殊的态度才能对其进行适当的欣赏。审美无利害的观念的具体内涵最终在康德美学中得以正式确立，并在其审美理论中占据了一个不可或缺的地位，其中蕴含了距离、静观、形式和区分性等审美因素，这些都构成了审美经验这一概念乃至整个现代美学的基本内涵。

紧接着，康德又指出了鉴赏判断的另一个契机即鉴赏愉悦的"普遍性"（Universality）。这种普遍性指的是当我对某一对象做出鉴赏判断并宣称它是美的，同时也意味着这样的一种可能性，即所有人都应该会做出如此的判断。康德认为我们无法从概念中得出鉴赏愉悦的普遍性，因为在概念与愉快不愉快的情感之间不存在任何过渡，因而我们不能从任何客体之中推出普遍性而只能从主体的情感之上得出这种普遍性。与理性或概念相关联的愉悦具有一种规定性和目的性，而鉴赏判断则是一种反思性的判断力，当我们依据概念来评判对象是否美的时候，美的一切表象必将会被烙上功利的、实用的等个人色彩，从而也就失去了那种主观上的普遍性；即便存在某些概念或原则可以让我们对美与不美做出判定，那么这种判断就不再是鉴赏判断而是成为逻辑判断，美学最终也沦为了知识或认识，这正是康德所反对的观点。其实，鉴赏判断是一种不以概念为中介而在愉悦的情感之上达成的普遍性的同意，它并非预先假定每个人都赞同，而只是要求每个人都应赞同，这种普遍的同意只是有一种可能性或者说只是一个理念而已。既然鉴赏判断不同于依赖于概念的认知判断，也就不存在任何形式的、客观的规则可以用来作为判断的标准，因而这种普遍的愉悦感应该从主观情感中寻求根基。那么鉴赏愉悦的这种主观普遍性的根源究竟在哪？这一问题是第四契机所要回答的，康德在这里所要强调的是鉴赏愉悦的普遍性即一种"无概念的普遍性"，而美则是一种无须概念而被表现为一种普遍的愉悦之客体的东西。

康德认为鉴赏判断的这种愉悦的普遍性可以从两个方面推导出来：一方面，可以从"无利害性"之中推出来，既然在鉴赏判断的愉悦之中不存在利害关系，那么人们的鉴赏愉悦趋于一致就成为一种可能甚至是必然；所以当我们谈到美时，"就好像美是对象的一种性状，而这判断是（通过客体的概念而构成某种客体知识的）逻辑的判断似的"①，而这种类似于客观性的倾向其实是一种主观的普遍性。当然这并不是把美看作客观事物的属性或美就是客观的，人们只是借助于这种客观的说法来追求一种主观的普遍性，而这种主观上的普遍性的达成好像是基于大家共同承认一个客观事实，然而它是通过一种先天的共同情感所导致的。从"无利害性"中推出来鉴赏愉悦的这种普遍性并不是外在的或外加于它的东西，而是其本身所固有的、内在的东西。另一方面，鉴赏愉悦的普遍性还可以从它的主观条件——内心状态的"可传达性"——中推导出来，"正是被给予的表象中内心状态的普遍能传达性，它作为鉴赏判断的主观条件必须为这个判断奠定基础，并把对对象的愉快当作其后果"②。与知识通过概念具有普遍可传达性类似，鉴赏判断所依据的知识的表象也具有可传达性，只是它并不依据任何确定的概念而是依据由诸表象力之间的关系（知性和想象力之间的自由游戏）所激发起来的那种内心状态，这种表象力之间的自由协调活动具有一种普遍可传达性。"知识作为那些给予的表象（不论在哪一个主体中都）应当与之相一致的那个客体的规定性，是唯一的对每个人都有效的表象方式。"③ 对于认知活动来说，诸认识能力的协调活动形成的知识具有普遍有效性和传达性，但由于其统

---

① ［德］康德：《判断力批判》，邓晓芒译，杨祖陶校，人民出版社2002年版，第46页。
② 同上书，第52页。
③ 同上书，第52—53页。

一于概念之下，因而不是自由的而是必然的；对于鉴赏判断来说，知性和想象力之间的协调活动只是一种知识的表象，且它们并不依赖于某一确定的概念，所以它们具有自由的可传达性。然而，这种主观的统一性只能凭借感觉（愉悦或不悦的情感）而不是概念才得以体现出来，并通过鉴赏判断宣称对每个人都有效。也就是说，正是这一普遍可传达的主观条件（知性与想象力之间的自由协调活动）先天地保证了鉴赏愉悦的普遍性。与前者根据第一契机对其普遍性进行消极的推论相比，后者的解释则是一种更为积极、更为有效的说明。

康德是从量的范畴来考察鉴赏愉悦的普遍性的，他指出了鉴赏判断虽然是个人的，但却有一种普遍性，因而我们还须从量的范畴上（单一性、多数性和全体性）来考察鉴赏判断，这点也是经常被忽视的。鉴赏判断既然不是凭借客体的概念而做出的判断行为，那么其普遍性所指涉的就不是一种关于客体的量的普遍性，而只是一种主观的普遍性。具体来说，鉴赏判断的有效性是针对主体的量而言的并不关涉客体对象的量，它所要强调的是"它与这种愉快或不快的情感的关系"对于每个主体而言是普遍有效的。既然鉴赏判断与概念以及客体无涉，它只是从快适与不快的情感层面上去把握对象，那么那些判断不可能具有客观普遍性上的判断的量。当我通过鉴赏一朵玫瑰花之后断言"这朵玫瑰花是美的"，这一断言就是一种审美判断；但当我在比较许多玫瑰花之后而做出"玫瑰花一般是美的"的判断，那么后者就不再是审美判断，而只是基于审美判断基础上的逻辑判断。所以说"在逻辑的量方面，一切鉴赏判断都是单一性判断"[①]。

康德进而考察了鉴赏判断的另一契机"合目的性"（Purposiveness）。前面的第一契机从质的范畴考察了规定着鉴赏判断的愉悦是不带任何利害关系的；第三个契机则从关系的范畴再次审视了鉴赏判断的愉悦，只是这次是从目的关系的角度来探讨规定着鉴赏判断的愉悦的依据。同时，它还在更深的层次上解释了第二契机所说的鉴赏愉悦的"无概念的普遍性"，在第二契机中论述了鉴赏愉悦的普遍性依赖于主观条件或内心状态的普遍可传达性，但康德当时并未解释为何"内心状态"（知性与想象力

---

① ［德］康德：《判断力批判》，邓晓芒译，杨祖陶校，人民出版社2002年版，第50页。

之间的自由协调活动）会与愉快的情感相结合，而第三契机所说的"合目的性的形式"则具体地解释了这一点。

康德先界定了"目的"和"合目的性"，"目的就是一个概念的对象，只要这概念被看作那对象的原因（即它的可能性的实在的根据）；而一个概念从其客体来看的原因性就是合目的性"[①]。简单来说，"目的"指的就是客体的概念本身包含着该客体的现实依据，这个概念就是这个客体的先在的目的，而这个客体则是按照这一概念所实现了的目的；而"合目的性"指的就是目的关系中各种成分之间的协调性，"合目的性的形式"则意味着即便剔除了这个具体的目的，这些成分之间仍然表现出这种协调性。也就是说，"合目的性"所关注的仅仅是它们好像趋向一个目的一样的形式，它只是被用来解释和理解对象的可能性的。如果一切目的被视为愉悦的一种根据，那么其必然跟一种利害关系相联结，因而鉴赏判断不能立足于主观经验的目的；同时，鉴赏判断也不能基于一个客观的目的表象如善的概念，因为它是一个审美判断而非知识判断，它也不涉及关于客体的任何性状的概念，那么鉴赏判断所依据的就应该是"一个对象（或其表象方式）的合目的性的形式"[②]，也就是说，构成鉴赏判断的规定根据的是一个对象借以被给予我们的那个表象中的合目的性的单纯形式。

那么是否就意味着我们可以由这种先天的根据推导出愉悦或不悦的情感呢？在康德看来，合目的性与愉悦的情感之间并不是因果关系，因为那将是一种后天的、经验性的关系，愉悦并非先天根据的原因性结果而只是对它的直接体现。这就回到了鉴赏判断的愉悦的普遍性所依据的主观条件这一问题上了，"内心状态"即知性与想象力之间的自由协调活动所表现出来的就是一种形式上的合目的性，而对这种形式合目的性的感知或意识就是愉悦本身。也就是说，对知性与想象力的自由协调活动所体现出来的这种合目的性形式的感知或意识就是愉悦的直接体现，这种愉悦既不像出自快适的生理学根据的愉快，也不像出自表象的善的理智根据的愉快，它不包含任何实践的形式。但这种愉悦本身毕竟是有原

[①] [德]康德：《判断力批判》，邓晓芒译，杨祖陶校，人民出版社2002年版，第55页。
[②] 同上书，第56页。

因的,原因在于它不需要借助于进一步的意图而保持表象本身的状态和诸认识能力的活动,它只是流连于对美的观赏,因而也就体现出了一种无目的的合目的性。

康德的形式主义美学原则暗含着对经验派的批评,他认为"纯粹的鉴赏判断是不依赖于刺激和激动的"①,他并不否认刺激或激动能够对鉴赏的愉悦产生积极的作用,但坚决反对把它们自身冒充为美,把愉悦的质料冒充为形式。因为从真正意义上来说,美应该只涉及形式,"只以形式的合目的性作为规定根据的鉴赏判断,就是一个纯粹鉴赏判断"②。纯粹的鉴赏判断排除任何经验性的愉悦,例如单纯的颜色、声音,唯有就其纯粹性(即表现出一种统一的、均匀的形式)而言才称得上是美的,因为我们不能假定感觉本身的质在所有主体之中是一致的,而只有形式才具有这种普遍可传达性。康德以"装饰"为例进一步说明了纯粹鉴赏判断不是以任何作为审美判断的质料的感觉作为规定根据的,只有将那种杂多的内容统一为单纯的形式才能达到鉴赏判断的要求,而那种质料上的杂多只会削弱鉴赏判断,甚至使其沦为一种后天的感官刺激。

康德借着"合目的性的形式"这一契机对鉴赏和"完善"做出了明确的区分,从而又批评了理性主义的美学观点。理性主义者认为美在于感性认识本身的完善,这集中体现在了鲍姆嘉通的美学思想中。康德认为美作为某物表象中的形式的东西,根本没有使我们认识到任何客观的合目的性,审美判断"绝对不提供关于客体的任何知识(哪怕是一种含混的知识):这种知识只是通过逻辑判断才发生"③,而在鉴赏者那里存在的只是一种关于表象的主观合目的性。完善性概念并不像理性主义者所幻想的那样是纯粹的、没有任何目的的,这一概念本身还隐含着某种客观的合目的性。他们把鉴赏判断当成一种含混不清的低级认识,但无论概念是含混的还是清晰的,它的能力都是知性,因而审美判断也就被划入了逻辑判断之中。鉴赏判断当然需要知性,但毕竟不是把它当作对一个对象的认识能力,而是作为按照判断的表象与主体及其内部情感的关

---

① [德]康德:《判断力批判》,邓晓芒译,杨祖陶校,人民出版社2002年版,第58页。
② 同上书,第59页。
③ 同上书,第64页。

系来规定判断及其表象（无须概念）的能力。

康德对"合目的性的形式"这一契机的论述最为详细，原因不仅在于关系范畴是四组范畴中最为重要的；还在于他要为鉴赏判断寻求一个先天的根据；更重要的是，康德对这一契机的论述构成了他的形式主义美学思想的基本原则，同时也奠定了现代审美概念的核心内涵即抽象的形式。

最后，康德从"模态范畴"的角度论述了鉴赏判断的第四个契机即鉴赏愉悦的必然性何在，这是对第二契机（非概念的普遍性）所做的进一步追问。一般来说，快适在我们心中会引起一种现实的愉悦之情，知识则可能会与愉悦相结合，但对美的鉴赏的愉悦我们则会说其具有一种必然性。康德认为这种鉴赏愉悦的必然性具有特殊性：既不同于理论的客观必然性，即我们可以认识到别人对此也会感到愉悦；也不同于实践的客观必然性，即那种以一种客观法则规定了行动的必然性；而鉴赏愉悦的必然性则是一种典范性的，其通过典型的示范而需求一种普遍的赞同，"即一切人对于一个被看作某种无法指明的普遍规则之实例的判断加以赞同的必然性"[1]。这种必然性不能通过逻辑上的规定，也不能通过经验上的总结，因而只能通过主观上的原则表现出来，这种主观原则只能被视为"共通感"，它"只通过情感而不通过概念，却可能普遍有效地规定什么是令人喜欢的、什么是令人讨厌的"[2]。在第二契机中康德曾指出鉴赏愉悦的普遍性表现为主观的，但这种主观普遍性并不能在逻辑中寻求根据，而只能在主体的先天根据中找寻，康德认为这是先验哲学所要探讨的问题即揭示出我们认识能力的某种属性。当时他并未提出"共通感"的理念，其实先天根据指的就是现在所预设的"共通感"的理念，"某种属性"则指的是判断力的反思性，它能从鉴赏对象上反思到主体自身中的先天根据。那么预设存在一种共通感的根据是什么？共通感的作用又是什么呢？

康德从一般的认识活动中为共通感的预设寻求根据，知识不仅是客观的，而且是必须能够普遍传达的，否则就会成为怀疑论者所说的那样

---

[1] ［德］康德：《判断力批判》，邓晓芒译，杨祖陶校，人民出版社2002年版，第73页。
[2] 同上书，第74页。

最终只不过是诸表象力之间的纯然主观的游戏。知识的可传达性源于作为主观的认识条件的比例,"那么内心状态即诸认识能力与一般知识的相称,也就是适合于一个表象(通过这表象一个对象被给予我们)以从中产生出知识来的那个诸认识能力的比例,也应当是可以普遍传达的"①。既然这种相称必须能够普遍传达,而且相称不相称只能由主观情感来规定,因而伴随着相称或不相称的感觉即情感也应该是可以普遍传达的,但一种情感的普遍可传达性是以一种共通感为前提的,所以说这种共通感就将能够有理由被假定下来。康德以先验哲学为理论依据,通过运用先天范畴和先天直观形式论证了诸认识能力之间的协调活动及其情感的可传达性,因而为同样是由诸认识能力的自由协调活动而发生的鉴赏判断提供了先天的根据。作为一个被假设出来的理念,共通感"正如"一个客观原则那样发挥普遍性的规定作用,其实它并不是在断言鉴赏判断的一致性,而只是用来解释我们为何会认为别人也应当做出这样的判断,应当与其协调一致。共通感绝非一种经验、知识,更不可能作为经验可能性的构成性原则,而只能是"有一个更高的理性原则使它对我们而言只是一个调节性原则,即为了更高的目的才在我们心中产生出一个共通感来"②。因而,他认为美学既不应被看作心理学的一部分,也不应被看作科学的一部分,他为鉴赏判断找寻一个先天的根基从而使其区别于心理学或科学。

与质、量、关系和模态四个契机相对应的则是审美鉴赏所具有的无利害关系的愉悦、无概念的普遍愉悦和无目的的合目的性形式以及主观的必然性等特征。前两个契机对鉴赏判断的主要特征做了详细的论述,后两个契机则追溯了这两大特征的先验根据。康德所说的鉴赏指的是评判美者的能力,因而鉴赏判断也就是审美判断,鉴赏判断的契机和鉴赏判断的愉悦所内含的就是对美的感受、鉴赏能力和审美判断所凭借的主观条件等因素,这些内容与现代意义上的审美经验概念的内涵基本一致。可以说,康德对鉴赏判断的契机的论述确立了审美经验这一概念的基本内涵和现代意义。

---

① [德]康德:《判断力批判》,邓晓芒译,杨祖陶校,人民出版社2002年版,第75页。
② 同上书,第76页。

康德通过"无利害性"和"无目的的合目的性"剔除审美活动中的实用、功利等目的，从而使审美经验区分于日常经验、感官愉悦，同时它们从另一方面说明了审美活动是一种非功利的静观式的模式；"形式的合目的性"和"无概念的普遍性"则使审美经验演变为一种非物质的、抽象的形式上的愉悦，并逐渐削弱甚至抹去了审美感知本身所带有的物质性基础，走向了一种形式主义美学。以上这些特征将审美对象、审美活动与其周围的事物、环境相区分，使审美活动、美学从一般性的社会活动中抽离了出来，这突出地表现在了现代艺术之中。审美经验的无利害的特性、形式化的诉求以及审美静观等基本内涵在康德这里得以正式确立，并在之后的美学理论中占据重要的地位，其中蕴含的无利害、静观、形式、距离和区分性等审美因素成为审美经验的基本内涵，同时这些要素也建构了现代美学的基本特征。

在康德美学中，美被看作一种只能通过判断行为而不是单纯通过感官感知或根据一个概念而使主体感到愉悦的产物，因而鉴赏判断就是根据愉悦或不悦来判断或再现一个对象的能力，它是无利害的、无目的的。康德在对鉴赏判断的分析中，对美、快适、善以及认识做了明确的区分，并为审美判断找到了一条先天的原则，从而使美学拥有了自己独特的研究范围和领域，更重要的是他对鉴赏判断的论述确立了审美经验的基本内涵。但是，康德的美学理论容易招致一些批评，比如审美判断的普遍性和无利害性在当代美学中受到了极大的挑战。总之，康德关于美的诸多论述使美学自身的诸多概念、范畴趋于明晰并使其基本内涵得以确立，美学的界限和领域也得以具体地区分和划定，由此美学作为一门独立的学科在康德这里得以真正的建立。

三 审美经验的过度阐释

由康德所奠定的现代美学的基本内涵，在19世纪至20世纪初的理论家那里得到了普遍的坚持和维护，但他们对审美经验的探讨始终没有突破康德美学对其所做的界定。在美学理论上，理论巨人的后裔们表现出了一种过分的虔诚和保守，他们对康德的美学理论进行了有选择性的过度阐释，尤其是对审美的无利害、形式化特性进行了系统的演绎。由此，美学自身的独特性和区分性被无限地放大，最终使得美学成为一门与社会生活相隔绝的、自律的学科门类。19世纪是科学主义大肆盛行的时期，自然科学的研究方法被引到哲学、美学领域中来，因而以经验为基础的实证方法成为这一时期美学研究的主要倾向之一，如费希纳建立的"自下而上"的实验美学。他们大都把审美经验置于科学的框架之内进行研究，与18世纪的哲学家专注于美感经验的发生机制和心理维度相比，这一时期的研究趋于科学化、实验化和实证化，审美经验的问题也因此成为美学研究的核心问题。尽管许多哲学家对审美经验问题进行了更为具体的分析和更为深入的探讨，但从根本上来看，他们大多是对现代美学所确立起来的审美经验概念之内涵的某一方面的投射或无限放大。19世纪中后期，为了抵制科学主义对美学领域的入侵，在传统美学内部滋生出了另一股较为强大的思潮——人本主义。人本主义思潮转向了主体自身，关注主体的深层心理结构如情感、意志和生命等，其总体上呈现出一种反理性、重情感的倾向，如利普斯的"移情说"。

受到科学主义和人文主义两大思潮的影响，19世纪的美学研究要么诉诸经验事实的佐证和实验研究的科学方法，要么基于主体的心理结构从而转向分析审美的情感特质。因而，这一时期就美、美感经验等美学问题形成了诸多相互联系或相互对立的学说以及流派，正是基于对审美经验概念的不断探讨和推进，才使得这一时期的美学呈现出多样性和复杂性。从根本上说，19世纪的美学思想并未摆脱康德美学的影响；相反，它更多的是对康德美学思想中的某一或某几方面内容所做的实验论证或科学阐释。因而，在康德美学思想的影响之下，19世纪的美学主要呈现出两个突出的特征：具有实证性的科学主义倾向和美感经验的独特性尤其是情感因素之诉求。

（一）科学主义与实证化

康德美学追求的是一种纯粹美，这种纯粹性体现在审美判断的无目的的合目的性和无利害关系的愉悦两个方面之上，康德从先验的角度阐释了这种合目的性和愉悦性，而19世纪的美学则倾向于从科学的角度对其进行论证和阐释，通过实验和抽象的方法分析美的形式、规律以及研究这种形式对人的心理、情感所产生的影响。具体来说，这种科学主义的研究方法主要是立足于心理学的基础和实验研究的方法，因而其首先关注的就是美的形式的物理或心理基础。

在新康德主义者看来，美的形式被看成是一种可以量化的物质形式，它是诸种形象的"集合体"，因而可以将其还原为几种最基本的要素。赫尔巴特认为美感就是来源于这种集合体，其中既有物质的基础，还有客观的数的形式，但最为重要的则是主观心理上的协调性和统一性，这种统一性其实就是康德所说的"诸认识能力的自由协调活动"。由此可以看出，新康德主义者的美学思想还带有一些先验色彩，他们认为在主体自身之中存有一种心理结构或模式，正是这种内在形式先验地决定了美感的产生。这种观点在20世纪初出现的格式塔心理学中得到了较为清晰的阐述，阿恩海姆把人的心理描述为一个知觉力场，这种知觉力场的形成就是"格式塔"（德语Gestalt，意思是完形）。当外在的事物打破了心理上的平衡效应，人的知觉力场就会自然而然地建立一个基本的结构模式来平衡这种外在的刺激，美感在平衡的恢复之中得以产生。美感产生的根源则在于知觉的结构形式和对象的结构形式具有同构性，即异质同构性。阿恩海姆对美的论述主要来源于具体的实验观察和论证，在《艺术与视知觉》中他通过大量的图形、图表对美以及美的形式进行了具体的观察和详细的研究，并由此抽象出了关于美的一些规律。

其次，这种科学主义的倾向还表现在对心理基础的实验研究和理论分析之上，主要以费希纳的实验美学思想为代表。在费希纳看来，以往的美学都是一种"自上而下"的美学：它们运用思辨的方法提出某些理论，并根据这些理论来解释诸多美学现象和艺术，所以说这种做法并不是立足于现实根基之上的，其追求的是形而上的思辨性和体系的完整性；针对传统美学理论过于形而上因而缺乏经验的实证根据等问题，费希纳提倡一种"自下而上"的美学研究方法，即通过科学实验的方法对大量的事实经进行研究，由此从个别逐渐上升到一般，最终使美学成为一门具有实证基础的科学。受康德美学的影响，费希纳认为美是一种纯粹的形式，其关键并不在于客体之上，而是在于主体自身的心理之中；同时，由于受到科学主义的影响，费希纳以实验心理学为基本方法，通过实验观察和仪器测试来归纳、总结主体心理中所隐含的美的规律或美的法则，并最终建构出了一套独特的美学理论体系。随后，这种科学主义的倾向在某些美学家那里被彻底理性化、科学化，如美国的数学家伯克霍夫曾为审美价值计算出了一个公式即 $M = O/C$（M是审美价值，O是审美对象的等级，C是审美对象的复杂程度），后来英国的埃森克又对这一公式进行了修改。可以看出，对美学的科学化诉求最终趋向于一种简单的理性化和公式化，完全无视美学的感性特征，也背离了美学的初衷。因而，这种违背美学自身特质的理论观点注定只能流行一时，其并不能改变美学自身的发展走向。

可以说，费希纳的美学理论是科学主义的集中体现和代表性观点，其为美学以及美学研究提供了有益的参考和研究方法。然而，通过科学实验的方法研究美的形式存在很大的局限性，其只流于形式的物质基础研究和外部特征的观察与分析，而忽略了形式本身的丰富意蕴和内涵，因而在19世纪末20世纪初质疑和批判的声音不断涌现，许多美学家与此同时转向了形式的内部，开始探讨形式的内涵和其本身所蕴含的意义。

（二）美感经验的独特性

在人本主义思潮的影响之下，19世纪的美学还呈现出非理性主义的倾向，它逐渐把美学的研究视角从物质、心理等客观基础方面转向了主体自身，更为强调审美的情感特质以及美感经验的独特性和区分性。为了与科学主义相对抗，具有人本主义倾向的美学在一定程度上借鉴了科学主义的研究方法，以具体的经验、感受作为研究的出发点，从而也就抛开了形而上的理论思辨性诉求。因此，在这一思潮影响之下的美学研究从更为具体、生动的审美感受即美感经验出发，突出地强调审美的直接感受，但它并不诉诸科学仪器的测量或实验研究，而是撇开抽象的理论思辨直接地呈现出最为原本、真实的审美感受，并从这些具体的经验感受中寻找关于美的具体规律。所以说，这种美学取向在很大程度上继承了英国经验主义的理论思想，它着重于审美经验的描述与分析而不是美学理论上的建树。

在这一时期内，利普斯的"移情说"是比较特殊的：一方面其既有科学主义的诉求，他把美学看作一门心理学学科，其根本任务在于描述和阐释审美对象的形成条件及其所产生的那种特殊效果；另一方面又体现了人本主义的色彩，他认为美学研究的重点是审美欣赏，而审美欣赏在本质上是审美主体的移情。具体来说，审美活动中的移情现象指的是审美主体把自身的情感、思想、意志等投射到对象之上，正是在这一过程之中客观事物才成为审美对象，审美主体也由此获得了美感。利普斯的"移情说"突出了主体自身的价值和意义,表明了美感产生的根源并不在客观事物之上而是来源于主体自身的情感投射,审美欣赏本质上是对主体自身价值的一种肯定。移情被看作美感经验的基本特征,它联系着主体和客体两个方面,在审美过程中知觉和情感是浑然一体的。此后,德国的谷鲁斯和英国的浮龙·李等人都对这一学说做了进一步的阐释和演化。总体来说,"移情说"最大的贡献是把美学研究的重点真正地转移到了主体的经验、情感之上,突出了情感、想象等因素在审美经验产生的过程之中所发挥的作用,同时它也为现代美学的发展开辟了一个新的方向。

与英国经验主义者专注于对美感经验的界定不同,19世纪的美学家则着重于美感经验的描述和解释,更重要的是,他们对其所做的论述在一定程度上摆脱了认识论的束缚,美感经验也因此成为美学自身的核心要素,并被作为美学的本质性问题得以直接地探讨。对美感经验这一问题最为直接和简单的论述当属快感论,即把美感经验看作一种单纯的快感。美国哲学家乔治·桑塔耶纳认为美感是一种特殊的快感,但它与普通快感有着质上的区别。在他看来,审美快感的特殊性在于它是一种"客观化了的快感"(Objectified Pleasure),所谓"客观化"指的就是审美快感可以被当作事物的属性,因而它是与主体差异无关的。康德在《判断力批判》的第一契机中论述了快适之愉悦、善的愉悦以及美的愉悦三者之间的区别,他重点强调的是美的愉悦是与对象无涉的无利害关系,而桑塔耶纳则将审美快感客观化为对象的属性,于是其便与主体性的差异性无关,从而审美快感也就具有了一种客观上的普遍性和绝对性。这种描述性的分类和解释并未能明确地阐明"客观化"的理论依据,它只是从诸多审美现象与非审美现象的对比中抽象出来的一个原则,而且这种基于经验之上的理论主张显得过于简单化和绝对化。

对美感经验的论述较为深入的当数布洛的"心理距离说"和叔本华的"审美观照说"。与"移情说"的主体投射相反,这两者都强调审美主体与对象之间的距离,他们认为审美快感来源于被我们所观看到的对象而非主体自身的情感,其关键之处在于主体的观看方式即主体必须与对象保持适当的距离。所以说,美感经验是一种专注的经验,是主体自身主动地臣服于美的一种经验。布洛从心理学的理论出发,认为当我们欣赏对象时应该与对象保持一定的"心理距离","它的'特殊性'在于这种关系中的个人特征已经被过滤掉了。它已经被从其吸引力中清除了实践的、具体的特性,但是并没有因此失去它的本源构造"①。"心理距离"是用来描述感知主体和审美对象之间所独有的关系的隐喻性词语,它在本质上指的是康德称之为无利害性的东西。布洛所强调的是一种心理上的距离而非一般意义上的空间距离,这种心理距离其实指的是一种情感上的关系,其目的在于摆脱或消除主体对审美对象所产生的实用目的或利害关系,从而以一种静观的态度去欣赏对象。也就是说,审美快感的产生来源于主体与对象之间的心理距离,但这种距离既不能太近也不能太远,布洛将这种关系称为"距离的矛盾":距离太近则是"差距",即主体沉浸于与对象之间的利害关系而并不能自拔,因而不能用审美的眼光去对待事物;距离太远则是"超距",即主体对客体过于冷淡,因而无法产生切身的感受和体验。总之,心理距离的作用在于消除主体对客体的实用目的以及二者之间的利害关系,从而使主体用一种审美的或静观的态度来欣赏对象。此外,布洛的"心理距离说"还很好地解释了审美趣味差别的问题,正是"距离的矛盾"的存在使得审美距离具有了一种可变性,它的恰当性可以因人而异,所以说正是心理距离的不同导致了审美趣味的千差万别。

叔本华把审美看作主体的一种注视或观照,美感经验是在审美观照之中得以产生的。他的美学思想与其意志哲学息息相关,他将世界看作主体自身的表象,世界在本质上是由主体创造并为主体而存在的,因而叔本华对美的论述也必然从主体自身即美感经验出发,他甚至否认美的客观性或美的理论的存在,认为美学在本质上是一种"审美观照"理论。叔本华认为意志与表象之间还存在着"理念",理念其实是意志的直接的客体化,它超越了一般的个体性或因果关系而具有永恒性和普遍性;而表象则是意志的间接客体化和个体化呈现,它受制并服从于一般认识的根据律。也就是说,我们的一般认识只是对个别事物或表象世界的把握而不能认识到普遍的理念,只有当主体处于一种纯粹的观审状态时才能

---

① Edward Bullough, "Psychical Distance as a Factor in Art and an Aesthetics Principle", *British Journal of Psychology*, Vol. 5, May, 1912, p. 91.

把握到作为意志的直接客体性的普遍的理念。这种状态"是在认识挣脱了它为意志服务（的这关系）时，突然发生的。这正是由于主体已不再仅仅是个体的，而是认识的纯粹而不带意志的主体了。这种主体已不再按根据律来推敲那些关系了，而是栖息于，沉浸于眼前对象的亲切观审中，超然于该对象和任何其他对象的关系之外"①。从主体来看，主体仅仅是作为一个"纯粹的主体"即抛开了对认识对象的实用态度，遗忘了主体自身的个性、意志从而全身心地沉浸于或自失于客体之中，"好像仅仅只有对象的存在而没有觉知这对象的人了"②；与此同时，客体也摆脱了一切外在的关系和一般规律的束缚而成为"纯粹的客体"，因而"所认识的就不再是如此这般的个别事物，而是理念，是永恒的形式，是意志在这一级别上的直接客体性"③。也只有在这种观审状态中作为认识对象的客体才能成为审美对象，才称其为美的，因而"美"仅仅存在于主体的审美关照状态之中。叔本华的美学思想是编织在他的哲学理论体系之中的，突出了主体的观照状态在审美中的根本性，体现出了鲜明的主体论色彩；更重要的是，他的美学思想还体现出对审美无利害关系与审美非理性化的突出，审美活动是主体对理念的一种关注与观照，而这种主体的观照行为是需要摆脱现实利害关系的束缚，由此产生的愉快之情即是审美的愉悦。与康德美学思想的驳杂、深奥相比，叔本华的美学思想显得过于简单但却又十分中肯。总之，布洛的"距离说"和叔本华的"审美观照说"是从不同的理论框架出发的，因而他们的切入角度也极为不同，但二者的理论最终却是殊途同归即强调审美的无利害关系之特性，这一切都源自康德的美学思想。

此外，这一时期关于审美经验的学说和流派层出不穷，他们从各自的理论出发探讨审美经验的内涵与意义，相互之间的观点既有相似也有不同，甚至还相互冲突。如克罗齐认为审美经验更多的是一种"直觉"，一种精神的综合，从这一点上来看，他是继承了鲍姆嘉通的美学观点即

---

① ［德］叔本华：《作为意志和表象的世界》，石冲白译，商务印书馆1982年版，第249页。
② 同上书，第250页。
③ 同上。

把美感经验看作一种认知活动,他的美学理论是对审美经验的认知维度的考察;与其相反,一些美学家如朗格、哈特曼等人则将美感经验看成是想象或幻想的结果,从而将想象这一要素从美感经验之中抽离出来并加以过分地夸大。塔塔尔凯维奇较为精确地描述了近两百年中美感经验理论的复杂性和矛盾性,"一种理论主张美感经验是认知,另一种认为它是幻想;一种主张它是一种主动性的经验,另一种又认为它是被动的经验;一种将它视作一种理性的经验,另一种又将它视作情感的经验"①。然而,无论是利普斯的"移情说",还是布洛的"心理距离说"和闵斯特堡的"孤立说"以及叔本华的"审美观照说",其本质上都是对康德审美静观、审美无利害关系等审美内涵的进一步阐释与具体化。

本章小结

概而言之,以审美经验为内核的美学思想是现代美学理论的产物,它最初始于 18 世纪,随着现代化进程的不断推进并于 19 世纪至 20 世纪初的美学中成为强势。从 18 世纪中期到 20 世纪初的近两百年时间里,美学作为一门独立的学科日趋成熟,同时这一时期的美学思想也为美学的现代转向和发展奠定了基础。19 世纪是一个理性发生显著变化的时代,这种变化影响了包括美学、文学、艺术等在内的所有领域:现代美学把美从高高在上的理念或上帝那里拉回到了作为主体的人,从而转向主体自身去寻求美的特性或标准,美学不但通过而且只能凭借主体经验来辨识美,对美的研究主要是立足于主体中心的地位、主体的能力、情感、想象等要素。美被看作对象的特殊性征,但这需要主体的心灵为其提供某种意义或秩序。因而,主体自身的这种感性经验成为界定美学的关键要素,但这种主体化的倾向后来过于极端化以至于掩盖或取消了美学的感性特质,美的理论让位于情感、意义和交流的学说,甚至被认为是对感情的具体体现的象征。美感经验问题的讨论从最初对感受经验的直接表达和分析,逐渐演变为一种关于主体情感或形式意义的学说,直接的、

---

① [波兰] 塔塔尔凯维奇:《西方六大美学观念史》,刘文潭译,上海译文出版社 2013 年版,第 372 页。

鲜活的经验感受被悬置了起来。直到20世纪初,这种研究现状才得以转变,对审美经验的探讨也逐渐突破了原初的窠臼和束缚,这种新的美学思想和观念是在现象学、实用主义和分析哲学的影响下得以产生的,这些哲学思潮或流派的观点为重新审视审美经验这一概念提供了多维的视角和多样的方法。

第 二 章

审美经验的多元阐释与突破

从18世纪到20世纪初,关于审美经验的学说和思想相互争辩、异彩纷呈,尽管各种理论、学说之间存在较大差异,甚至有些理论显得过于牵强,但它们的的确确把这一研究推向了较深的层面。与传统美学的研究不同,这一时期的研究使得美学问题更加具体和清晰:从美的本质论问题逐渐过渡到了审美主体、审美经验等问题的研究中来,主体的心理和审美的机制等问题得到较为详细的探讨。直到20世纪中期前后,对审美经验的理论探讨才发生了一些新的变化,并在一定程度上突破了原初的窠臼和束缚,这些观念主要是在实用主义、现象学和分析哲学等思潮的影响之下得以产生的,这些哲学思潮或流派的观点为重新审视审美经验这一概念提供了多维的视角和多元的方法。他们纷纷从各自的理论视域出发,或对审美经验的基本内涵进行扩充,或对审美经验的发生结构、发生机制进行新的解读,或对审美经验这一概念进行批判、质疑。总之,这一时期对审美经验的探讨摆脱了由康德美学思想所奠定的现代美学观念的束缚,丰富、深化了关于审美经验的理论阐释:他们多以艺术、文学领域为研究对象,尤其是艺术成为审美关注的焦点,因而这一时期的审美研究更加具体化、细致化,呈现出一种鲜活的实践维度。与此同时,现代审美经验的基本内涵在审美合法性上的垄断性地位遭遇极大的挑战和质疑,从而为当代美学的审美经验重构和复兴提供了契机。杜威的美学思想立足于一元论的自然主义,对审美经验这一问题进行了实用主义式的阐发,他在《艺术即经验》一书中重新阐释了"经验"的特性和内涵,从而为建构审美经验的内涵提供了新的基础和方法,同时也使其更加注重这两者之间的"连续性"而不仅仅只是区分性;杜夫海纳则用现象学的方法具体而微观地考察了审美经验这一概念,他在《审美经验现象学》中一方面将审美经验和审美对象综合起来进行考察,并将其置入世界、现实生活这一大背景之中;另一方面把审美经验看成一个动态的过程,并将其分为紧密相连的三个阶段:呈现、构成和评价;而作为接受美学的代表性人物的姚斯则另辟蹊径,它以文学作品为审美分析对象,运用解释学的诸多原理将审美经验创造性地区分为创作、感受和净化三大类。

第一节 杜威与审美经验的实用主义改造

众所周知,杜威在哲学上的贡献和地位在于他对实用主义哲学思想的完善和最终确立。然而,杜威的哲学之路并非如此的简单明了,其哲学思想在几经周折和转变之后才最终走向了实用主义哲学;同时,他在通往实用主义哲学之途中始终伴随着对传统哲学的思考、批判和改造。可以说,杜威的哲学思想始于对传统哲学的反思和批判,他力图打破西方哲学中长期存在的二元论思想以及在此基础上形成的哲学认知和哲学思辨等模式,以便更好地发挥哲学应有的社会价值和功能,而他对传统哲学的批判与改造的基点则落在了"经验"这一基本概念之上,"从杜威哲学事业的初期起,发展出一套尽可能具体丰富的经验理论便成为他关注的根本问题,并以此来处理哲学上那些被忽略的基本问题"[1]。也就是说,对"经验"概念的批判和改造是杜威哲学的理论基点和其哲学的本质之所在,而艺术和美学领域则是其经验理论得以展开并深化以及施行经验改造之行为的主要场所。因而,作为艺术和美学领域中的重要范畴同时也是经验的典范形式的"审美经验"这一概念的基本内涵也在杜威的哲学改造工程中得以重新阐释和建构。

一 杜威对"经验"的改造

杜威认为传统哲学尤其是认识论哲学中存在着一个根深蒂固的思维

---

[1] Thomas Alexander, *John Dewey's Theory of Art*, *Experience and Nature*: *The Horizons of Feeling*, Albany: State University of New York Press, 1987, p. 57.

模式即"二元对立",它不仅仅包括心、物或身、心之间的二分对立,还包括现象与本质、自然与经验以及理论与实践等两两相对的诸多范畴。也就是说,这种哲学上的"二元论"的思维模式已然演变为一种文化上的"二元论"。因而,深深地渗透到我们的社会、文化与日常生活之中,同时也潜在地控制着我们的观念和思考方式。尽管它只是一种人为的建构,却被哲学家们作为不假思索或默认的信念,甚至已经内化到人们的思想和行为之中。杜威对这一现状深为不满,因为这种二元论的思维模式一方面将世界、认识等区分为截然对立的两个部分,同时又试图通过各种手段来联结这两个分裂或对立的部分;另一方面又赋予其中的一部分以绝对的优势和高度。这种人为的"二分"不仅带来长久以来的心与物或身与心之类的对立;更为严重的是,它使得人们更加关注其中的一极而忽视甚至是压制另一极的存在与意义,这种影响尤其体现在理论与实践之间的二元对立以及重理论轻实践的倾向之上。

杜威通过对知行关系的分析指出了这种哲学诉求的深层原因,他认为这种"重知轻行"的哲学诉求的根源在于人们对确定性的寻求,"人们把纯理智和理智活动提升到实际事物之上,这是跟他们寻求绝对不变的确定性根本联系着的。实践活动有一个内在而不能排出的显著特征,那就是与他俱在的不确定性"[①],在传统哲学那里完全确定性的寻求只能在纯粹认知活动中获得。杜威一方面反思、批判传统哲学中的"二元对立"之思维模式,另一方面则试图通过重构"经验"来消解这种二元论思维并弥合"二元论"所带来的人为分裂和对立倾向。之所以选择从经验入手来解决这一问题,因为在杜威看来,经验这一概念是一切哲学的基础性问题,通过对经验概念的澄清和内涵的重建可以解决传统哲学中存在的诸多问题。总之,经验这一概念是杜威用来改造传统哲学的基点,它也是揭示杜威哲学思想的最佳视角。

(一) 对传统"经验"的反思与批判

一直以来,经验这一概念都被看作哲学的初级问题,然而,正是它所具有的基础性的构成作用以及哲学本身的终极诉求使得经验本身受到轻视和贬低。在古希腊哲学中,经验被看作具体的生活和实践活动的产

---

① [美] 杜威:《确定性的寻求》,傅统先译,上海人民出版社 2005 年版,第 3—4 页。

物，它是"逐渐构成木匠、皮匠、领港者、农民、将军和政治家之技巧的各种实际行动、遭受和感知所积累起来的结果"[1]，也就是说，经验是与具体的实践活动相联系的。在柏拉图看来，这种具体经验是与有限、变动的现象世界相对应的，他推崇的则是那种更具真实性和永恒性的且指向真理的理性知识。因而，经验由于与有限的现象界相连而被看作低级的、充满虚假性甚至是诱惑性的东西，这种由柏拉图所开启的对经验的偏见尤其表现在对待艺术的态度上。杜威认为古希腊哲学家对经验的态度奠定了此后经验在哲学中的角色和地位，经验与理念世界相分离的模式以及理性知识相对于感性知识所具有的优越性和真理性也在此得以凸显，之后的哲学家基本将其作为不必分辨的结果而接受下来，而近代认识论哲学则在理论上确立了这种经验观——经验与自然或感性与理性的"二分"模式以及对经验的偏见和贬低。

与古希腊的经验观相比，近代认识论哲学对经验概念的界定日趋系统化、抽象化，经验被看作主体的直接感受，即主体的感官对外在事物的感知。由此可见，这种经验更加凸显出经验的个体性和主观化。尽管认识论哲学内部对经验概念的界定基本一致，但英国经验主义和理性主义的经验观却大为不同：以笛卡儿为代表的理性主义者受柏拉图的"理念"论影响较大，无论是笛卡儿的"天赋观念论"，还是莱布尼茨的"唯理论"，他们都将知识的可靠来源定位于理性之中。然而，那种由外界对主体感官的刺激而产生的知觉或表象等经验形式，因其自身带有不稳定性和易变性，往往被看作欺骗性的或虚假的。由此，感官经验往往被排斥在知识领域之外。这些表象只有经过主体的反思和审视才能成为经验即作为知识的初级阶段而存在。总之，理性主义者主张放弃直接的、表象的感觉经验，把理性置于优于或高于经验的地位，因而，将其看成是知识的唯一来源；而英国经验主义者则认为知识来源于经验而非观念或理性，洛克提出"白板说"则是对理性主义者的"天赋观念"的直接反对，他将知识还原为观念以及最低级的简单观念，而简单观念就是具体的、单纯的知觉经验或内部经验。也就是说，经验主义者认为只有经验才是具体可感的、真实的以及可靠的，知识最终被还原为简单观念即经

---

[1] [美]杜威：《经验与自然》，傅统先译，江苏教育出版社2005年版，第148页。

验。激进的经验主义者休谟甚至怀疑普遍知识的存在，因为他认为我们所能看到的或确认的只能是这些感觉、印象之类的经验，那些所谓的因果关系等必然性的联系其实只是人们习惯性联想的或暂时的联系。

这两派都把经验置于认识论的框架中进行审视，但由于各自的出发点和理论视域极为不同，因而，最终得出的经验观也截然不同，但他们都为各自的认识论观点提供了很好的说明。杜威认为这两派关于经验与知识的关系的讨论并不是经验问题的根本所在，因而，他无意于评判理性主义和经验主义争辩中的对与错，而是力图揭示出认识论哲学在处理经验问题上所存在的谬误，他将其称为"知性者的谬误"。在认识论哲学中知识问题是最为重要的，他们更倾向把所有类型的经验都视为是认知经验诸种变化形式。因而，经验自身的非认知特性如情感、体验等方面被完全忽视了。更为严重的是，这种关于经验的认知模式还带来了感性与理性、世界与主体等范畴之间的分离与对立，因为无论是经验主义还是理性主义的"经验观"其中都蕴含着一种区分的倾向，"经验"这一概念旨在区分主体与客体、世界与心灵，其内涵所指的就是这种分离的过程。这种人为的对立设置使两者之间存在一个巨大的鸿沟，他们转而还要寻求各种手段来实现两者之间的联结。

正是基于这一根本谬误展开了对经验内涵的批判和建构，杜威力图使"经验"这一概念范畴超越二元论思维的窠臼，从而建构一套彻底的经验的方法论。因而，在杜威的哲学中经验具有了更为深广的内涵与意义，经验并不是指与经验到的东西或经历过的东西相分离的经验过程或经验模式，而是提供了一种指涉经验到的东西与其被经验的方式之间的统一性和完整性。也就是说，"经验"所强调的不再是世界与主体之间的区分或二元对立这一维度，而更多的是在揭示或呈现主体与世界之间的联系、互动以及在此基础上所形成的有机整体性。

（二）自然主义的经验论

在看待经验问题时，杜威的经验论既不同于经验主义的还原论的认知方式，也不同于理性主义的理性认知方式，他把经验置于一个更为宽广、开阔的视野——"自然"——之中进行"全景式"的考察，从而更加突出经验的情境性和交互性。一直以来，"把人与经验同自然界截然分开，这个思想是这样的深入人心，有许多人认为把这两个词结合在一块用就似乎是在讲一个圆形的正方形一样"①。杜威之所以把"经验"与"自然"放在一起讨论,是因为他意识到哲学对这两者之间的关系的认识不够深刻,而且这两者的关系对于理解经验与自然概念来说至关重要,最终则是为了揭示出哲学中的二元对立模式的荒谬性,从而在根本上改造传统哲学。杜威认为哲学需要发展出一套整体性的方法,以此来克服在其演变过程中所出现的那一连串的错误思路,他因此发展出一套具有一元论性质的自然主义理论。世界是作为一个整体而存在的,经验与自然或人类与环境是在这个整体的世界系统中相互融合在一起的。当杜威从自然主义的理论视域出发重新审视这两者之间的关系时,"经验"与"自然"这两个概念的内涵也在这一过程之中得以重建。

在谈论自然与经验的关系时,哲学家们往往过于强调自然这一维度而扭曲了经验的性质,有的人认为"经验对于有经验的人来说是重要的,但它的发生太偶然、太零散了,以致在涉及自然界的本质时它就没有任何重要的意义了。在另一方面,他们又说,自然是完全和经验分开的"②;更糟糕的是,在另外一些人看来,"经验不仅是外面偶然附加在自然身上的不相干的东西,而且它是把自然界从我们眼前遮蔽起来的一个帐幕"③。由此看来,在这一种思维模式下所产生的后果是:要么"自然"被等同于机械的、物质的,要么"经验"被看作某种"非自然的"或"纯经验主义"的东西。杜威认为对这两者之间关系的理解的最大障碍就是那种把人与自然拆开的倾向,他极力反对这种对经验的扭曲以及声称经验与自然相隔离的观点。在他看来,自然和经验还在另一种关联中和谐地共存即"经验乃是达到自然、揭露自然秘密的一种而且是唯一的一种方法,并且在这种关联中,经验所揭露的自然(在自然科学中利用经验的方法)又得以深化、丰富化,并指导着经验进一步发展"④。也就是说,经验并非一种把人与自然隔开的帐幕,而是一种可以持续不断地投入自然的核心地带的手段,它深入和穿透到自然深处。

---

① [美]杜威:《经验与自然》,傅统先译,江苏教育出版社2005年版,第1页。
② 同上。
③ 同上。
④ 同上。

第二章　审美经验的多元阐释与突破 / 49

在反思和批判前人的哲学观和经验观的基础之上，杜威认为"经验既是关于自然的，也是发生在自然以内的。被经验到的并不是经验而是自然——石头、树木、动物、疾病、健康、温度、电力等等。在一定方式之下相互作用的许多事物就是经验，它们就是被经验的东西"①。有机体之于自然的关系就像鱼儿生活在水中那样，不仅仅是在其中而且更是要依靠它而存在。也就是说，有机体不仅仅是在自然之中，而且是由于它并与它相互作用的，它既要面临周围自然环境的危险，同时也要从周围环境中吸取某些东西以便满足自己的需求；自然不是作为一种外在的因素存在的，而是渗透并参与到有机体的生命活动之中的。因而，在这种关系中的"经验"概念就呈现出了不同的内涵和意义，它"不仅包括人们所做的以及所遭遇的东西，所追求的、所爱恋的、所相信的以及所坚持的那些东西，而且还包括人们如何活动以及如何受到影响的，通过何种方式去做、渴求与享受、观看、信仰和想象以及在此之上的遭遇——简言之，可以经验（Experiencing）的过程"②，这一观点在此后的《作为经验的艺术》一书中得到了更为清晰的论述——经验是有机体和环境相互作用的表现形式。具体来说，经验是有机体与环境之间的交互作用关系的过程与结果，它是一个包括"活的生物"与环境以及二者之间的相互作用在内的有机整体。经验不仅有受（环境作用于有机体本身）的一面，还有做（有机体作用于环境）的一面，这两套意义的存在否定了主体、客体之间的截然划界和对立，其旨在强调在这个不可分割的整体中包含着这两个方面。

由此可见，"经验"在杜威哲学中具有双重含义，它既包含经验的过程和内容这两个方面，同时也强调了经验过程中的"做"和"经受"这两个维度的统一。因而，在此"经验"之内涵的基础之上所产生的经验观也不同于以往的观点。具体来说，杜威的经验观否定了将经验隶属于知识或等同于低级知识形式的认知模式。因为经验的内涵不再仅仅是被动的"受"或是主动的"做"而是两者的有机统一，知识则被理解成一种经验的模式。因而，经验的存在不仅仅是为了形成知识，相反，知识

---

① ［美］杜威：《经验与自然》，傅统先译，江苏教育出版社2005年版，第3页。
② John Dewey, *Experience and Nature*, London: George Allen & Unwin, 1929, p.8.

则成为一种加强经验的手段、工具而不是最终目的。此外，杜威的经验观也否定了那种将经验等同于一种偶然的或随机的遭遇。经验不是一种纯粹的刺激反应或人类的前意识活动，因为它们是一种不连贯的行为或不连贯的遭受，这些活动中既没有有机体与环境之间的互动过程，也没有互动的内容。总之，通过对经验中的"做"与"经受"两个环节的强调，其最终目的是要说明传统哲学对经验概念所蕴含的丰富内涵的遮蔽以及由此而产生的诸多分歧与误解。

杜威的自然主义理论受达尔文的进化论思想影响较大，他将生长与变化同样看成哲学中的基本原则，并以此来反对那种所谓的统一的固定模式或逻辑上的必然性。因而，他的经验概念和经验观都深深地烙上了自然主义以及生物进化论的色彩。从经验的产生来看，经验来源于机体与自然环境之间的相互作用，并在这种相互作用中得以不断地生长和发展；在经验的存在意义上来说，杜威强调了经验得以产生的"情境"原则，"没有证据证明无论在任何地方和任何时间都有经验"①，经验不仅是关于自然的更是在自然之中；更重要的是，杜威将生物进化过程中所存在的并得到实验验证的"连续性"原则赋予了经验本身，后来这一原则也成为弥合由二元论所产生的诸多分离的重要策略。

杜威对经验的改造以及他的实用主义哲学思想一直以来饱受非议，批判的矛头主要指向其哲学思想中存在的含混不清和前后矛盾之处，以及在概念的阐述中存在的通俗和简单化的倾向。其实，这些批评所针对的问题主要是源自其哲学中由于术语的运用而出现的诸多歧义和误解。具体来说，杜威在哲学论述中所运用的术语并非像一般哲学那样专业（有的甚至是晦涩），也无严格的或一以贯之的体系；与海德格尔对其理论术语的精心打造不同，他则有意运用哲学上已具有固定意义的术语或生活中的通俗语言，但这些术语所意指的含义实则与此前大为不同，其目的是想重建现有的语言和哲学，而非自编一套新的哲学体系，通过赋予这些熟悉或通俗的语言、术语新的意义来影响民众，以便更好地把哲学融入文化生活之中或是尽可能将生活拉入哲学之中。然而，这种做法是一项十分危险的游戏：因为杜威的观点和思想不仅未能产生应有的社

---

① [美]杜威：《经验与自然》，傅统先译，江苏教育出版社2005年版，第2页。

会功用和现实意义，反而遭到了诸多误解甚至是质疑。旧术语的强大诱惑力足以掩盖其思想的艰深，新颖的见解和思想转而被拉回到了原有的理解习惯和思考模式中来。因而，据此所理解的杜威哲学不是显得过于陈旧、琐碎，就是过于宽泛乃至明显有误。理解杜威的哲学思想，首先必须澄清其所用的哲学术语和概念，只有遵循这些线索才能发现其背后所隐藏的精致和深刻的见解。

二 以"经验"为内核的艺术哲学

从更广的范围来说，杜威的经验理论不仅对其审美理论产生了极大的影响，而且他的艺术哲学思想也是在经验理论的基础上建构起来的。写于20世纪30年代的《作为经验的艺术》一书不仅是其艺术哲学思想的集中体现，更是其经验理论的进一步发展与深化。尽管这本书讨论的主要是艺术、美学等问题，而且一直以来都被看作其美学思想的集中体现，但如果立足于杜威的整个哲学思想和体系来看的话，那么他是想用艺术来阐明那种最完整、最丰富意义上的经验是什么以及经验的意义问题。因而，"经验"这一范畴不仅是杜威艺术哲学思想的理论基点，也是理解其艺术哲学思想的一把钥匙。

为了进一步论证和阐述他对"经验"概念的改造的合理性和意义等问题，杜威将研究的重心转向了艺术领域。因为在他看来，"在保存经验的原初质地、个体性和深度等方面做得更为公允的不是哲学或科学，而是艺术"[①]，艺术是对经验的一种理智性的、创造性的挪用与转换，从艺术的立场可以最为充分地领会经验以及与其相关的基本问题。杜威立足于他所建构的自然主义的经验论和实用主义哲学思想，并通过利用"经验"这一维度来重新审视了艺术以及与其相关的基本问题。在分析艺术问题或面对艺术领域时，传统的理论大都先从艺术的定义入手，然后再以此为依据对艺术进行分类、分析和评价，因而它们关注的是艺术的本质性和区分性。杜威则立足于实用主义的实践立场，并从经验的角度讨论了艺术以及与其相关的诸多问题如艺术的定义、艺术的特点以及艺术

---

① Thomas Alexander, *John Dewey's Theory of Art*, *Experience and Nature*: *The Horizons of Feeling*, Albany: State University of New York Press, 1987, p. 19.

的意义与价值等。在展开具体的论述之前，杜威认为有必要澄清一个前提性的或方法上的问题，处理艺术问题时的"出发点"应该放在何处，是艺术作品还是经验或是其他？因为这个出发点的最初设定关系着甚至是在一定程度上决定了与艺术有关的所有问题的内容、范围以及最后的解决。

（一）经验：艺术哲学的出发点

在艺术领域中存在着一个多少具有讽刺意味的现象，艺术理论所依赖的艺术作品的存在形式成为其发展道路中的阻碍。因为艺术作品通常被看作处于人的经验之外的某种物质性的存在，实际上，艺术作品是一种运用经验并在经验中得以实现的东西，一旦将其从经验之中剥离出来也就很难被人理解。此外，"当艺术物品与产生时的条件和在经验中的运作分离开来时，就在其自身的周围筑起了一座墙"①，艺术被看作艺术作品的集合，因而，也就被看作一个神圣的、独立自足的艺术王国。也就是说，一旦某件平常之物被认定为艺术作品尤其是经典的艺术作品，那么它就逐渐同它产生时所依赖的主体情况、现实情境以及与生活经验之间的密切联系相分离甚至是相隔绝。杜威将这种自我孤立的艺术称为"博物馆艺术"，尽管它在一定程度上说明了艺术的独特性，但这一独特性的凸显却是以牺牲它的可理解性为代价的。

在对艺术的这一现状进行揭示之后，杜威认为，为了更为全面、深刻地理解艺术，我们不得不暂时将艺术作品放在一边，"而求助于我们一般不将其看成是从属于审美的普通的力量与经验的条件。我们必须绕道而行，以达到一种艺术理论"②。也就是说，杜威把考察艺术的出发点放在了"经验"之上而非那些公认的艺术作品之上，他为何要采取这种看似舍近求远的迂回策略呢？一方面，如果单从"博物馆艺术"出发来考察艺术，那么据此而建构的艺术理论难免会带上偏见。在这一情况之下，艺术被看成一个独立自足的审美王国，甚至艺术还被区分为高雅与低俗之别，那么艺术的独特性和价值也就被限定在了这种严格的区分性之上。因而，以此为蓝本的艺术理论也将会成为或至少带上这种区分性或规定

---

① ［美］杜威：《艺术即经验》，高建平译，商务印书馆2013年版，第3页。
② 同上书，第4页。

性的色彩。同时，这种艺术理论也是一种极易走向衰败或萎缩的理论，因为它切断了艺术与其他非艺术领域尤其是日常生活之间的连续性，这就涉及杜威艺术哲学中的出发点即"经验"这一维度。那么，杜威为何要从经验出发来考察艺术以及经验又是如何避免那种固有的偏见性和片面性的呢？

从根本上说，杜威的艺术理论和美学思想是对其经验哲学的补充和深化，同时也是在这一基础之上发展出来的。杜威反思并批判了传统哲学中的弊端，尤其是那种形而上的本质诉求以及对"确定性"的虚假设定，这使得哲学本身显得过于抽象、思辨进而远离了它的本源即生活世界。更为严重的是，这种形而上的思辨性诉求还导致了那种二元论思维模式即物质与世界、主体与对象之间的二分或对立的盛行，并渗透到了社会文化之中。正是基于这一反思，杜威提出了"哲学的改造"这一总体的构想。在杜威看来，经验才是一切哲学的根基，而正是对经验的认知谬误导致了虚假的哲学问题的出现。与此前的本体论寻求世界背后的本质以及认识论追问知识何以可能的基础不同，他改造了传统的经验观并从经验出发来看待人与世界的关系。因而，在考察艺术活动时，杜威就从更为根源的和基础性的"经验"出发而不是作为物体的艺术品出发。

（二）经验：艺术的源泉

在杜威看来，要考察艺术就必须从它的最初状态开始，而这种最初状态是蕴含在日常生活之中的，"从抓住一个人的眼睛与耳朵的注意力，当他在看与听时激起他兴趣，向他提供愉悦的事件与情景开始：抓住大众的情景——救护车呼啸而过"①。由此可知，杜威所说的艺术的最初状态指的就是那种人的注意力被吸引或抓住时的情景，这种情景在日常生活中是极其普遍和常见的。"如果一个人看到耍球者紧张而优美的表演是怎样影响观众，看到家庭主妇照看室内植物时的兴奋，以及她的先生照看屋前的绿地的专注……他就会了解到，艺术是怎样以人的经验为源泉的。"② 尽管这些日常活动的背后隐藏着理性的诉求和功利的目的，但他们此时的情感更多的是由活动的过程本身所推动的，正如一个匠人对手

---

① ［美］杜威：《艺术即经验》，高建平译，商务印书馆2013年版，第5页。
② 同上。

工制品的精心设计和用心打造一样，他对材料和活动本身倾注了真正的情感，这本就是一种艺术的投入。因而，"当所选择与区分出来的艺术品与一般行业的产品具有紧密联系之时，也正是对前者的欣赏最为通行和强烈之时。而当这些物品高高在上，被有教养者承认为美的艺术品之时，人民大众就觉得它苍白无力，他们出于审美饥渴就会去寻找便宜而粗俗的物品"①。杜威极力反对将艺术与普通经验的对象相对立起来的做法，这种区分与对立的偏见并不是来源于艺术自身而是其他外部力量。其实，那些被高高供奉起来的艺术作品已经脱离了它们得以产生的根源，也从它们得以产生出来的诸种条件中孤立了出来。或许它们在最初的情境中只是被用于改善、丰富日常生活以及显示生活的节奏和形式，但现在它们却从普通的经验之中分离出来，被用来区分某种趣味或证明一种特殊性，因而，也就成为美的艺术的一个"标本"。与纯粹的个人欣赏不同，"审美理解必须从在审美上可赞美的事物得以出现的土壤、空气与光线开始。并且这些条件正是那些使得日常经验得以实现的条件和因素"②。

经验作为艺术的源泉并不仅仅体现在它们之间的密切联系以及艺术的最初状态之中，其实在经验内部也同样存在着艺术上的诉求。要解决这一问题，首先得从经验这一概念的基本内涵谈起，经杜威改造的经验概念所指的不再仅仅是被动的感受、反应或主体自身的投射，而是有机体与环境之间的相互作用，其中既有主动的"做"，又有被动的"经受"，既包含相互作用的过程又包含作用之结果。也就是说，经验是在有机体与环境之间的失去与恢复、再失去与再恢复的周期性运动中得以出现、发展并不断丰富的，这种失去与平衡的相互作用已经触及审美的性质。经验不再仅仅局限于个人的感受和感觉之中，而是呈现为一种与世界之间的积极交流状态，经验自身之中还包含着一种完成的冲动以及对平衡与和谐的渴望，而正是这种参与的直接性和完满性构成了审美性的根源。此外，艺术的出现早已在生命过程中得到了预示。有机体受到外界环境的刺激或由于自身的需求而导致了一种内在压力的出现，当这种内在与外在的材料相结合时就会产生某种转化，如鸟儿筑巢、河狸筑坝，内在

---

① ［美］杜威：《艺术即经验》，高建平译，商务印书馆2013年版，第7页。
② 同上书，第14页。

压力得以释放的同时外在材料也成为一个满意的状态。人的独特之处就在于可以有意识地控制这种相互作用,并将这种机械的因果关系转化为有意识的表现活动。艺术正是这一表现活动最高形式和具体证明,它将生物的感觉、需求和冲动与有意识的行动相结合,从而将外在的刺激变成了意义的承载者,将本能的反应转化为表现与交流的工具,最终实现扩展生命的意图。

总而言之,关于艺术起源的真谛不会出现在那种渴望跻身于"博物馆"之行列的愿望之中,其潜存于当下的、活生生的经验之流中。"经验是有机体在一个物的世界中斗争与成就的实现,它是艺术的萌芽。"[1]

（三）经验：艺术定义与分类的指向

通常对艺术的界定都只是将其作为一个"物质性的存在物",并从一个名词性词语的角度对其进行说明,艺术也就被看成一个具有特殊性质的客观物体,因而,不仅可以按照不同的类别将艺术区分出来,而且还能够抽象出一个关于艺术的本质属性来。由于这种立足于艺术作品本身而产生的艺术概念具有严格的区分性和本质上的规定性,艺术也就被逐步地建构为一个自律的独立领域。杜威在面对艺术的定义时则极力避免传统的定义模式和思维习惯,他认为那种方法企图通过立足于任意而狭窄的限定性问题以便获得所谓的概念上的确定性和清晰性。实际上,那种确定性和清晰性的程度是大打折扣的甚至是虚假的。因而,他从经验这一概念出发阐释了艺术的定义以及与其密切相关的艺术分类等问题。

在杜威看来,此前的艺术定义旨在规定艺术自身的性质及其界限,"当定义成为目的本身,而不是为了经验的目的而使用的一个工具时,定义的谬误就是严格分类的谬误和抽象谬误的另一面"[2]。也就是说,当艺术的定义作为目的本身而存在时,它要么意在显示出艺术的区分性,从而对艺术进行严格的分类以及区分；要么意在显示出艺术的本质性,从而对艺术进行抽象的、本质的概括。从本质上来看,这种艺术定义仍是拘泥于古老的关于本质的形而上学,依照艺术定义的这种诉求,"如果它

---

[1] ［美］杜威：《艺术即经验》，高建平译，商务印书馆2013年版，第22页。
[2] 同上书，第251页。

'正确'的话，就须向我们揭示某种内在的现实，这种现实是使该事物成为被外在地固定的一物种中一成员的原因"①。杜威从他的实用主义的经验哲学出发，认为这种严格的定义对于具体的艺术体验来说并没有任何帮助，而只有当艺术的定义指向一个方向，从而使得我们获得一个经验时，这个定义才是好的。

在杜威的经验哲学中，"经验"指的是有机体与环境之间的相互作用的过程与结果，它既包括环境作用于有机体时所产生的"经受"（Undergoing）之维，也包括有机体作用于环境时所产生的"做"（Doing）之维。因而，经验是一个包括"活的生物"与环境以及二者之间的相互作用在内的有机整体，它既蕴含经验的过程和内容这两个方面，同时也强调了经验过程中的"做"和"经受"这两个维度的统一。在这种经验观的影响之下，杜威认为艺术是一种"做"与"所做之物"的性质而非存在物本身。然而，此前的艺术定义往往都聚焦于"所做之物"本身的性质——它在忽略了艺术的"做"之维度的同时，还用名词性的词语对艺术进行界定和规定。其实，这种规定或界定仅仅是一种表面上的说明。艺术的"做"之维度还使其具有形容词的性质，当我们说某场演出、棋类游戏或球类活动等是一种艺术时，"我们是在用一种省略的方式说在这些活动的实施之中存在着艺术，并且这种艺术赋予所做和所制成的物以这样的性质，从而导致那些感知它们的活动中也存在着艺术"。② 因而，艺术的根本之所在并不在于它的物质性存在即"艺术产品"，而在于它的经验之中即"艺术作品"。

杜威在这里区分出了"艺术产品"和"艺术作品"的不同，"艺术产品（雕像、绘画，或其他什么）与艺术作品是有区别的。前者是物质性的和潜在的；后者是能动的和经验到的。后者是产品所做和所起的作用"③。也就是说，杜威把艺术作品看作一个动态的、互动的经验过程，它只能是在经验中所达到的东西，而不是静态的、外在的艺术产品。因而，艺术定义的目的不应在于本质性或区分性诉求，而应指向经验的维

---

① ［美］杜威：《艺术即经验》，高建平译，商务印书馆2013年版，第251页。
② 同上书，第248页。
③ 同上书，第188页。

度即它如何在经验中起作用。这样,艺术定义在艺术中的重要性也就被消解了,艺术定义不再是形而上的诉求或目的本身,它只是为我们指向并获得经验的一个工具。正是基于这一理解,杜威认为没有必要也无法为艺术提供一个明确的定义,因为他把艺术看作一种内在活动的"性质"而非物质性的存在。至于"作为经验的艺术"①（Art as Experience）这一提法,其意在强调艺术是具体的、经验性的,但又不是经验本身,因为艺术是作为一种性质存在于经验之中的。

在质疑了本质主义的艺术定义的合法性之后,杜威又进一步批评了由它所衍生出来的另一个问题即艺术的分类问题。如果说艺术所表示的只是外在的物质性存在的话,那么艺术就可以按照不同的类别进行分类;但是,"如果艺术是一种内在的活动性质,我们就不能对它进行划分和再划分。我们只能在它碰到不同的材料,使用不同的媒介时,随着活动的区分进入不同的方式之中"②。也就是说,艺术作为一种性质是不可能对其进行一种严格的分类的,我们对艺术的分类往往过于强调它的区分性而忽略了它的连续性和联系性。杜威具体地分析、批评了几种比较流行的艺术分类模式,以将艺术分为空间的和时间的艺术分类为例。他认为即使这种分类模式是正确的,它也是按照事件并根据外部因素所作的区分,是以艺术产品作为外在的存在所具有的特征为基础的,对于理解艺术作品的审美内容没有任何启示作用。严格的艺术分类对于理解艺术的经验意义没有任何积极的作用,它的任务只不过是将不同的艺术形式按照某一外在的标准将其归入鸽笼式的格子之中,至于它们之间的相互联系和相互作用则被完全忽视了。如果出现了某些例外的艺术形式,则将其归为混合的艺术形式。然而,正是这种混合艺术的说法无疑可以使整个严格的分类工作归于谬误。

---

① "艺术即经验"这一翻译十分精练、准确,但对于初学者而言往往容易产生误解:其一,主观地把其看作是对艺术的定义,通过杜威对经验的改造可以看出,他反对那种对艺术进行严格的定义和分类;其二,将经验狭隘地认为是审美经验或是直接把艺术等同于审美经验。杜威所说的经验不仅仅是审美经验,而审美经验只是"一个经验"的集中与强化,它与经验没有本质性的区别,他的美学旨在说明审美经验并非艺术所专有,因为任何经验都具有成为审美经验的可能性,因而本文有时会直接译为"作为经验的艺术"。

② [美]杜威:《艺术即经验》,高建平译,商务印书馆2013年版,第249页。

杜威反对那种将各艺术门类完全分开的倾向，也反对将它们完全归到一起去的做法。这并不意味着要完全否定艺术的分类，他只是指出严格的分类对于理解艺术来说是不适当的，因为它往往使我们误入歧途，将我们的注意力从审美的重要之处即经验的连续性和综合性转移开来。"甚至在艺术门类之间存在这种巨大区别的情况下，我们所面对的仍是一个谱系而不是各自分离的类别。"① 尽管杜威在艺术定义、分类等问题上没有做出具体的理论建构，但他对艺术基本问题的批评与思考却产生了重要的影响和意义。

三 从"一个经验"到审美经验

（一）"一个经验"

既然经验产生于有机体与环境之间的相互作用，那么在有机体的生命过程之中经验就会不停息地出现，但这些在日常生活中的所获得的经验之流却存在着很大的差别。因为在日常生活中存在着诸多矛盾比如所思与所求、思想与活动之间的不调和，在这种心神不定的状态下"所获得的经验常常是初步的，事物被经验到，但却没有构成一个经验"②。也就是说，这些经验由于外在的干扰而没有达到一种自我的完满，或是由于内在的分裂而没有形成一个完整的整体。现实生活中存在的内在或外在原因使得经验没有发展成为真正的"一个经验"（An Experience），而只有当"我们在所经验到的物质走完其历程而达到完满时，就拥有了一个经验"③，其作为一个整体具有自身的个体化性质和自足性。杜威把"一个经验"作为经验的典范形式，这个概念的重点在不定冠词"一个"（An）之上，它意味着一种连续性、综合性和完整性。

具体来说，"一个经验"的独特性体现在以下几个方面：首先，一个经验具有一种异质间的连续性。一个经验是一个时间上发展的事件，它像河流那样流动，但又不是同质性的或不变的，"每一个相继的部分都自由地流动到后续的部分，其间没有缝隙，没有未填的空白。与此同时，

---

① ［美］杜威：《艺术即经验》，高建平译，商务印书馆2013年版，第265页。
② 同上书，第41页。
③ 同上。

又不以牺牲各部分的自我确证为代价"①,各个阶段、各个部分之间相互联结、相互融合,因而,也就没有机械的联结或僵化的中心。其次,正是这种连续性的存在使得经验具有了内在的完整性,这种完整性确保它拥有了一个名称,"那餐饭、那场暴风雨、那次友谊的破裂。这一整体的存在是由一个单一的、遍及整个经验的性质构成的"②。再次,一个经验还具有一种向着自身的完满性发展的可能性。连续出现的行为带着一种不断进展的意味,累积性地走向作为过程之完成的目标,这种完成不是突然的中断或纯粹的结束,在它趋向完满的过程之中世界向我们展现自身,同时也展示出被感觉或被感受到的意义和价值。最后,一个经验具有一种独特的结构、模式。经验都产生于有机体和环境之间的相互作用,而一个经验则将这种"做"与"经受"组织成一种关系。也就是说,将行动本身与其后果在知觉中结合起来,而这种关系则为一个经验本身提供了具体的内容和意义。

(二) 一个经验的审美维度

在论述了一个经验的基本特征之后,杜威接着指出"任何实际的行动,假如它们是完整的,并且是在自身冲动的驱动下得到实现的话,都将具有审美性质"③。也就是说,一个经验本身就蕴含着审美的性质,这审美性来源于它自身所拥有的内在的且通过有规则和有组织的运动而实现的完整性和完满性,而这种完满性和完整性天生就是审美的因素,同时它也是一个经验的根本所在。因而,经验如果不具有审美的性质,就不可能是任何意义上的整体,也就无法成为一个经验。总之,经验所力求的完整性或完满性成为审美性的重要标志,但杜威所说的"完整性"与"完满性"具有审美性的依据或合理性又在哪里?

面对这一可能存在的质疑,杜威转而从亚里士多德那里寻求理论的支撑点:他认为亚里士多德运用"比例中项"来对审美的特性进行说明,在形式上来看是正确的。但是"比例"和"中项"并非自明或不需要解释的,也非在先天数学意义上被采用的,而是一些属于一个经验的属性,

---

① [美] 杜威:《艺术即经验》,高建平译,商务印书馆2013年版,第42页。
② 同上书,第43页。
③ 同上书,第46页。

这一个经验具有朝向其自身的完满状态发展的运动趋势。接着，杜威又从反面论证了一个经验具有审美性的可能性和合理性，他认为非审美的东西就存在于经验的两极界限之中，其中一极是松散的连续性，它既不从某一特别的地方开始，也不在任何特定的地方——从中止的意义上——结束；其另外一极则是抑制和压缩，在那些相互只有机械性联系的部分间活动。在这两个端点之中存在着诸多经验，但它们都因自身的缺陷而无法构成一个完满的整体，因而，也就不能被称为一个经验。也就是说，审美的敌人既不是实践，也不是理智。它们是单调；目的不明而导致的松散与迟缓；屈从于实践和理智行为中的惯例。"一方面是严格的禁欲、强迫的服从、严守纪律，另一方面是放荡、无条理、漫无目的的放纵自己"①，它们都是正好在方向上背离了一个经验的整体性。那么，从正面来说的话，审美的状态则是一种处于这两极之间中间状态，类似于中国古代所说的中庸，"这种中庸，不是指政治上的机敏，而是指毋意毋必，维持一种与情境的对话关系。在这种中庸的状态中，保持一种主动性，既不依照外在的绝对命令，也不依照内心的绝对命令行事。在这种状态始终保持着一种情感，但不是被情感所支配"②。在经验的过程中始终伴随着情感因素，但在一个经验中的情感并不仅仅只是一个伴随物，它还具有更为重要的作用。情感是促成经验走向完满性或整一性的关键力量，它起到一种黏合或统一的作用。"他选择适合的东西，再将所选来的东西涂上自己的色彩，因而赋予外表上完全不同的材料一个质的统一。因此，他在一个经验的多种多样的部分之中，并通过这些部分提供了统一。"③

虽然一个经验具有审美的性质，但这并不意味着它必定就是或者必将发展成为审美经验，而只是意味着它有成为审美经验的可能性。杜威是沿着一个经验的方向来理解、阐释审美经验的。因而，一个经验是理解审美经验概念以及他的审美理论的钥匙。杜威之所以在经验和审美经验之间引入了"一个经验"这一范畴，其主要是想通过对一个经验的内

---

① [美] 杜威：《艺术即经验》，高建平译，商务印书馆2013年版，第47页。
② 高建平：《读杜威〈艺术即经验〉（一）》，《外国美学》2014年第1期。
③ [美] 杜威：《艺术即经验》，高建平译，商务印书馆2013年版，第50页。

涵的阐释来澄清审美经验基本内涵与特征，从而打破此前关于审美经验的诸种错误做法——二分化、神秘化或者隔绝化。比如英国经验主义者赋予审美经验某种神秘性，他们由此不得不诉诸所谓的审美感官即"内在感官"来论证审美以及审美经验的独特性。

（三）一个经验与审美经验

杜威之所以选择用"一个经验"作为阐释其审美理论的立足点：一方面，在于一个经验是经验的典范形式，它从经验之流中显现自身因而联系着经验这一端；另一方面，一个经验因自身所具有的完满性和整一性而带有审美的特性，它与审美经验之间既有相通性又有相异性。审美经验"就像一个明显值得纪念的、奖赏的整体——不仅是作为经验而且是作为'一个经验'"[1]。但杜威并没有在这二者之间划分出一个明晰的界限，因为审美经验并不是独立于一个经验或经验之外的另一领域，它本就是存在于其中的。审美经验就像是一座山峰，它不是被安放在大地之上的一个东西，也不是分离于大地因而悬浮于空中的，它就是作为大地而存在的。审美经验的这种连续性并不意味其不能从日常经验中区分出来，如果非要在二者之间做出一些区分，那么我们可以说审美经验是对一个经验的集中与强化，这种集中与强化主要体现在"做"与"经受"的关系、情感以及结构等方面之上。需要注意的是，对这几个维度的阐释并不意味着审美经验是通过拥有某种唯一的、特殊的要素而体现出来的，也不是通过唯一关注某些特殊的范围的方式，相反，它是作为一个统一的整体体现出来的。在这一整体中，人类所有的官能（感觉的、情感的、认知的）得以积极、满意地介入，进而给我们以最大的活力和满足。

经验首先被看作有机体与环境之间的相互作用的结果，"做"与"经受"是经验所内含的两个方面，它们也是所有经验都共有的模式，但只有那些将"做"与"经受"的结果在知觉上进行联结的经验才称得上是一个经验。也就是说，一个经验将"做"与"经受"的行为结果组织成一种关系，而这种关系则为经验本身提供了意义，同时此种关系的范围

---

[1] Richard Shusterman, "The End of Aesthetic Experience", *The Journal of Aesthetics and Art Criticism*, Vol. 55, No. 1, July, 1997, p. 33.

和内容衡量着一个经验的有意义的内容。不管是做得过度了，还是经受得过度了，只要是任何一方的不对称都会使知觉变得模糊，从而导致经验变得偏颇和扭曲。然而，审美经验之中则不存在这种不对称，"做"与"经受"在其中完美结合并得以相互平衡。审美经验始于自我与对象之间的相互作用，但它并不仅仅只是在相互适应的过程中构成一个经验，而是在这一过程中趋向于一种完满的状态，最终则是一种可以感受得到的和谐的建立。审美经验的区分性还可以在情感上表现出来：在一般的经验中，情感只是作为一种伴随物，在"一个经验"中情感则起到了黏合的功用，它将经验的各个方面结合成为一个单一的整体从而使其具有了统一性；而审美经验的情感起到的不仅仅是黏合的功用，它更加突出经验的情感性，但这种情感是融入整体之中的情感而非通过某一元素得以展现出来的，"通过把日常经验中的所有要素以更有热情、更有魅力的方式整合进一个吸引人的、发展着的整体之中，这个整体能够提供某种令人满意的'情感性'"①。

审美经验的这些区分性最终都是体现在其自身的完整性状态之中，自我与对象之间的区分在这种完整性中趋于消失，它将抵抗与紧张以及本身倾向于分离的刺激，转化为一种朝向一个包容一切又趋于完善的结局的运动。也就是说，审美经验是在时间性的过程中得以发生、发展和完成，它的结构具有动态性的生成之特性。因而，审美经验将不会出现在两种可能的世界之中：其一是在一个纯然流动的世界之中，变化无法得以积累，它不是一个朝向终极的运动。因而，稳定和休止也不会存在。另一个则是那种完成了的、终结了的世界，其中不包含中止和危机的特征，因而也就不会提供解决的机会。在一切都已完成之处，是不存在完满的。

四　审美经验的实用主义维度

杜威的美学理论是其哲学改造工程的重要组成部分，也是在其经验理论基础之上的具体化和进一步发展。同时，经他改造后的"经验"概

---

① Richard Shusterman, "The End of Aesthetic Experience", *The Journal of Aesthetics and Art Criticism*, Vol. 55, No. 1, July, 1997, p. 33.

念为审美经验的重新建构提供了新的立足点,因而使得审美经验概念呈现出新的内涵、特征并体现出实用主义的诉求。

(一)作为"整体"的审美经验

此前的哲学大都受二元论思维的影响较大,它们往往将有机体或主体与环境或对象之间看作相互分离以及相互对立的,因而,经验在这种分离的或对立的模式中就难免会被人为地区分为主体与对象这两个要素。在这种经验观的影响之下,审美经验被想当然地拆分、理解为审美的性质加到经验之上,而审美性质最终只能被归入客体或主体抑或是两者之间的综合。当审美性质被归入客体之时,审美经验的根源就被看作客体自身的性质,如"比例""和谐"或"关系"等,因而,主体只是被动地去感受和知觉;当审美性质被归入主体之上时,审美经验往往被看作主体心灵的投射,如"直觉""内感官"或"心理距离"等,因而,审美经验的心理学研究曾经盛极一时;当审美性质被归入对这二者的综合时,审美经验往往被看作或者是人的一种特殊的感知活动如"观照"或"判断力",因而,审美经验的独特性和区分性得到前所未有的高扬。总之,这些审美理论立足于那些在经验的构成中发挥作用的某一因素,并试图将这种单一的成分作为审美经验的核心并以此来阐释审美经验。尽管各种审美理论所选取的成分各不相同,但它们都是在一种分离的模式下将某种预设的或先在的思想、因素想当然地加了经验之上,而不是让审美经验作为一个统一的整体来展现其自身的特性,而这种做法归根结底在于二元论所导致的分离、对立的思维模式。

杜威重新建构的经验概念则力图打破这种先在的、分离的二元设置,他把经验看作是有机体与环境之间的相互作用,它既包括"做"与"经受"这两个方面,也把行动的过程与结果包含在内。传统审美经验的内涵导致了审美上的双重分离即主体与对象、环境以及审美与经验之间的人为分离,而脱胎于"一个经验"之中的审美经验则弥合了这种人为的分离和对立。杜威认为在审美经验中主、客体之间的区分被其自身的完整性和整一性所消解,而这一点也是其最为显著的特征,"没有自我与对象的区分存乎其间,说它是审美的,正是就有机体与环境相互合作以构成一种经验的程度而言的,在其中,两者各自消失,完全结合在一起"①。也就是说，审美经验既不是纯客观的，也不是纯主观的，而是一种主体与客体交互作用的结果。当审美经验被看成主体与对象之间的相互作用之时，主体或对象都不是经验的载体或承担者，主体与对象是作为相互发生作用的因素而被吸收到其所产生之物（经验）之中，它们完全消融在了审美经验之中。此外，审美经验还是一种处于完整性状态的经验，这种完整性是从其性质本身而言的即自身的纯粹性。审美经验是作为经验的经验，它不表示某种经验之外的东西，它将经验中所强调的某些成分和部分（它们一般指向其本身之外的某些东西）融合在自身之中，从而使其不再作为一个单独的成分而呈现出来。

当审美经验被看作是主体与对象之间的相互作用的过程与结果之时，审美经验由主体心灵的投射而带来的神秘性也因此而消失了；当审美经验被看作"做"与"经受"的统一时，那种"无利害"和"静观"对审美合法性的垄断性占有也就因此而终结了。审美经验概念自身所特有的完整性、整一性之内涵一方面消解了审美中所存在的主体与对象之间的区分，因为这两者作为审美经验的构成因素完全消融在了审美经验之中；另一方面，它取消了审美经验与经验之间的强行分离甚至是对立。杜威认为经验的终极目的是审美，人类基本的冲动带着对意义的感知的强化和价值的实现而参与到世界中来，审美则是标志着经验成为积累的表现与内部价值这种可能性的实现。总之，审美经验是一种完满的或本然地让人感到愉悦的经验。

（二）审美经验的"连续性"

杜威美学理论的基本问题就是要恢复审美经验和日常生活之间的连续性。他对审美经验内涵的反思和重构建基于"一个经验"之上，由此发展出来的审美经验理论尤其体现了其经验自然主义中的连续性原则。这种连续性主要源自审美性的存在之普遍性上，审美性不仅仅体现在所谓的审美经验之中，它还体现在其他经验如日常经验、思维的经验等之中。因为在任何活动之中，只要它们是完整的并且是在自身冲动的驱使之下得到实现的话，它们都将具有审美的性质。审美不是通过毫无益处的华丽方式或超验的想象方式从外部闯入经验的入侵者，而是促使每一

---

① ［美］杜威：《艺术即经验》，高建平译，商务印书馆2013年版，第289页。

个正常的、完整的经验的得以清晰且强烈地发展的特性。经验作为一个在物的世界中的斗争与成就的实现，甚至是在它最初的形式之中，也存在着那种作为审美经验的令人愉悦的知觉的承诺。此外，杜威还指出了审美经验所包含的与环境之间的相互作用这一个维度，进而表明审美经验可以在有机体与其环境之间的相互作用的基本形式之中找到根源，这些根本性的生物学上的相互作用包含了审美经验的胚芽。在这里，杜威指出了审美经验的生物学基础，但是他并没有仅仅停留在生物学的层次之上，而且还注意到了环境的物质性和文化性以及个人的独特性等因素。

更重要的是，这种连续性原则还体现在审美经验与"一个经验"以及日常生活领域之间的紧密联系之上。杜威的审美经验概念脱胎于一个经验，它是一个经验的集中与强化，它还是大多数经验尤其是一个经验的内在可能性。正是通过一个经验这一中间环节，杜威将审美经验与日常生活等领域联系了起来。他认为那种将审美经验从现实生活中分离出来并将其安置在远离日常生活的孤立王国中的做法是一种审美"个人主义"的表现，他们出于某些外在的目的而不是经验自身的特性将审美经验区分出来，并将这种区分夸大到怪异的程度，从而否定它们之间存在任何联系。从这个意义上来说，杜威对审美经验的改造和运用不是为了将审美或艺术从生活中区分出来，而恰恰是为了恢复审美经验的连续性和鲜活性，从而打破那种被他称为"博物馆"艺术对审美经验领域的垄断性统治。然而，不能将这种对连续性的强调看成对区分性的完全否定，毕竟审美经验与日常经验之间存在着区别，但我们不能将这种区别无限地扩大并掩盖它们之间的联系。在杜威的审美经验内涵中我们可以看到这种区分性，但它不是通过对某一特殊因素的强调和凸显，也不是通过强调其关注的对象和范围的特殊性，而是将日常经验中的所有要素以更有热情、更有魅力的方式整合进一个吸引人的、发展着的整体之中。

正是基于这种连续性的思考，杜威认为要考察审美经验这一概念就不能仅仅着眼于那些公认的"博物馆艺术"之上，而应该绕道而行即从生活领域中的日常经验出发来考察审美经验。即便是一个普通的经验也比一个从日常生活中分离出来的物体更能揭示出审美经验的内在性质，只有当审美已经被区分化，或者艺术品被置于一个特殊的地位之上而不是作为一个公认的普通经验时，理论才会从公认的艺术作品开始，并由此出发。也就是说，审美经验的源泉存在于日常生活领域中的那些活生生的经验之中，如果仅仅将审美经验限制在美的艺术或者是"博物馆艺术"之中的话，审美经验将会在失去鲜活性和丰富性的同时走向枯萎。

（三）审美经验的指向性

在论述"审美经验"这一概念时，杜威并没有对其进行严格的定义和界定，更没有将审美经验作为定义艺术的内在根据。杜威从实用主义的立场出发，反思并批判了那种具有严格的区分倾向和本质性规定的抽象定义，他认为这种定义的根源在于哲学中所存在的本质性的形而上学倾向以及二元论的思维模式。如果定义的目的在于严格的分类，那么这种定义就显示了二元论影响下的区分性；如果定义的目的在于本质性的抽象，那么这种定义就是对本质的形而上学的一种固守。作为实用主义者的杜威则反对这种传统的定义模式，"当一个定义具有远见卓识时，当这个定义指出一个方向，以使我们可迅捷地获得一个经验时，这个定义就是好的"[①]。也就是说，实用主义者把定义看作一个工具性手段而非本质性的东西，其目的在于经验而非分类或本质。

杜威将审美经验概念置于这一理论视域中进行考察，他认为对于理解审美经验这一概念的内涵来说，严格的分类或本质性的规定是不恰当的，因为它将注意力从审美经验的关键之处——连续性、动态性以及丰富性——转移到区分性、内在性和本质性之上。总的来说，杜威对审美经验做了一种现象学式的阐释和评价性的论述，尽管这一做法对于那些早已习惯于用清晰的概念术语来定义、划分和界定事物的人们来说显得有些模糊甚至是混乱，但他的审美理论确实为深入理解审美经验以及相关问题提供了诸多有益的思考和角度。从本质上来看，经杜威改造后的审美经验概念是一种现象学的和评价性的观念，因而，它的目的不是去定义艺术或证明批评判断的正确性，也不是为了发挥区分的功能即将艺术从其他人类生活领域区分出来，而是旨在修正或扩大审美领域，恢复审美经验的鲜活性和连续性，进而加强我们在生活和艺术中的审美感受和体验。

不可否认，杜威美学思想中存在某些含糊之处或矛盾之处，甚至是

[①] [美]杜威：《艺术即经验》，高建平译，商务印书馆2013年版，第251页。

两者兼而有之,但这并不足以否定他的全部美学思想;更重要的是,我们不能将这些特点无限夸大并将其作为拒绝深入理解其美学思想的理由,海德格尔著作的晦涩、艰深或维特根斯坦的片段式的哲学写作并未使读者望而却步,反而更加激起读者的兴趣和研究积极性。

第二节 审美经验的现象学阐发

现象学(Phenomenology)被看作20世纪最为重要的哲学思潮之一,其影响范围相当广泛且极为深远,至今还活跃在哲学领域之中,甚至是哲学之外的诸多思想领域之内。然而,现象学并不能被看作一个严格意义上的学派,因为其自身内部存在着明显的不同,比如在研究的对象与方法等方面都未曾取得过统一,甚至对某些核心范畴、概念如"意向性"的解读也因人而异,"它的最独特的核心就是它的方法。关于这一点在现象学家中间很少有分歧"[1]面对如此多的不同和分歧,称其为学派则难免显得有些不恰当。因而,赫伯特·施皮格伯格将之形象地比喻为现象学"运动",它是"一种具有能动要素的动态哲学"[2],又像"一条河流,包含若干平行的支流"[3],这些都意在表明现象学本身所富有的动态性、多元性、差异性和丰富性。现象学作为一种哲学方法对美学研究产生了极大的影响:一方面表现在方法论上的革新,现象学的方法是对以心理主义、历史主义和客观主义等为代表的各种形式的自然主义的批判,主观与客观、内与外、身与心等二元对立的思维模式被现象学的本源性诉求所打破,"本质直观"和"意向性"等概念促使美学研究方法和审美理论发生了本质性的改变;另一方面许多现象学家运用现象学方法对审美问题和艺术问题进行了具体且详细的讨论,尤其是英伽登对艺术作品的讨论和盖格尔对审美享受的分析,以及杜夫海纳对审美经验的分析,对美学研究产生了重要的影响,丰富并深化了对美学艺术问题的考察。这

---

[1] [美]赫伯特·施皮格伯格:《现象学运动》,王炳文、张金言译,商务印书馆1995年版,第918页。
[2] 同上书,第35页。
[3] 同上书,第36页。

种方法论上的革新以及其在具体的审美、艺术问题中的理论分析构成了现象学美学的主要内容,同时也体现出了现象学美学的重要特征和独特意义。

同现象学运动本身一样,现象学美学的内部也存在着诸多的差异和争辩,这主要是由他们对现象学哲学的概念、理论思想的理解与阐释的不同而造成的。然而,正是这些奠基在具体概念和范畴上的差异更为清楚地揭示出了现象学美学的基本内涵和自身的发展脉络与嬗变过程。也就是说,现象学美学的基本观点和理论的演变密切联系着现象学哲学的理论内涵及其自身的发展,因而,对现象学哲学的核心概念和范畴的阐释也就成了现象学美学的题中之意,同时也是理解现象学美学的关键之所在。尤其表现在"意向性"理论之上,它是现象学美学的基本前提和本质所在,更是审美经验理论的独特性和创新性之所在。

一 现象学美学的方法革新

(一) 对形而上学的批判

胡塞尔并没有明确提出批判西方哲学中的形而上学之问题,他的现象学始于对心理主义和各式各样的"自然主义"的批判。在19世纪中后期的欧洲思想界大肆盛行的是心理学以及由此而产生的心理主义,它们将意识、感知看作一切人文学科的基础,而哲学不仅研究这些内容还依赖于反观自我的意识活动,因而哲学、逻辑学被看作心理学的一个分支。胡塞尔认为"我们时代存在着极其广泛的将本质事物心理化的倾向"[①],他们将观念、本质看作"心理构成物",从而混淆了逻辑学和心理学之间的根本区别,其根本错误在于没有正确区分认识活动和知识的对象,"把作为经验的实在之物的心理行为与作为普遍的观念之物的意识对象混淆起来了"[②]。很显然,他们都把应属于哲学的研究对象误作为思索哲学问题时所发生的心理过程,这种将观念性的东西进行自然主义和经验主义的还原为实在性的尝试导致了一种"自否性"的怀疑主义。为了克服心

---

① [德] 胡塞尔:《纯粹现象学通论:纯粹现象学和现象学观念》(第1卷),李幼蒸译,商务印书馆1996年版,第158页。

② 苏宏斌:《现象学美学导论》,商务印书馆2005年版,第32页。

理主义，哲学就应该"转向事情本身"，即直接关注观念性的对象本身，并将我们的思考仅建立在实际被给予的东西上即经验性的被给予性，但为此也必须对意识进行研究，因为只有在意识中事物才能显现。因而，现象学是研究意识的显现与构成的学说，它最终的目标是发展成一门严格的本质科学。那些所有关于是否有外在实在的问题被胡塞尔作为形而上学的问题拒斥掉了，现象学描述的对象是以第一人称视角所给予的经验，他感兴趣的是意识的认知维度而非生物学基础。"现象学应该是对所显现之物（无论主观行为还是世俗对象）恰到好处的忠实描绘，并且应该避免形而上学的和科学的预设和抽象思考。"① 此外，从现象学的起源来看，它"可以说是一切近代哲学的隐秘的憧憬"②，这一憧憬意指的就是对现象学的渴求。胡塞尔认为笛卡儿、洛克等人的理论已经迫近了现象学，休谟的经验主义已经踏上了现象学的领域却失之于盲目，"而第一位正确的瞥见它的人是康德，他的最伟大的直观，只有当我们通过艰苦努力对现象学领域的特殊性，获得其清晰认识以后才能充分理解"③。其实，他是在为现象学寻找哲学根基，从而也就指出了现象学得以出现的必然性，它"是由西方二千年来的主流哲学中存在的内部困难和内部问题所引发的一场哲学运动。这个问题简而言之就是个别与普遍、现象与本质的关系问题"④。

其实，胡塞尔对心理主义的批判已经隐含着对形而上学的批判。要想彻底清除心理主义的影响，还须追溯到它的思想基础即"自然主义"之上。这一"自然主义"并非文学上的自然主义，而是指一种朴素的思维模式和认知模式，"在自然的思维态度中，我们的直观和思维面对着事物，这些事物被给予我们，并且是自明地被给予"⑤，它把事物的被给予性看作一个自明的事实，并不关注认识的可能性问题。因而，它产生的认识论上的后果或者是像经验主义那样将知识还原为实在的经验材料，

---

① Dan Zahavi, *Husserl's phenomenology*, California: Stanford University Press, 2003, p. 14.
② ［德］胡塞尔：《纯粹现象学通论：纯粹现象学和现象学观念》（第1卷），李幼蒸译，商务印书馆1996年版，第160页。
③ 同上。
④ 张祥龙：《朝向事情本身：现象学导论七讲》，团结出版社2003年版，第6页。
⑤ ［德］胡塞尔：《现象学的观念》，倪梁康译，上海译文出版社1986年版，第19页。

或者如理性主义那样将其看作某种内在天赋，最终造成经验主义和理性主义的对立。基于对笛卡儿的"我思"的改造，胡塞尔发展出一种先验还原的思想，他排除了心理学上的自我即与物质的实体相对的心灵实体在意识行为中的存在，还摒弃了对于世界存在的设定，从而不再把意识现象看作世界的部分；同时，他的意向性理论也在一定程度上克服和超越了传统哲学的二元对立思维方式，意向性被看作意识活动的根本特征，其自身所具有的对象—指向性也就否定了认识论中的主体与客体相互关联的问题，而且意向对象作为一种观念性的本质存在不同于近代哲学中的客体概念，它是纯粹自我意向性活动的构成物。由此看出，胡塞尔的现象学对自然主义的批判和意向性理论，已经触及了形而上学的基本思维方式即主客对立的二元论模式，而后期的"生活世界"转向则已经预示了他与本质哲学的决裂。

　　如果说胡塞尔还没有明确地提出把批判形而上学作为现象学的任务的话，那么海德格尔则明确地提出了对形而上学的批判。海德格尔认为"哲学即形而上学。形而上学着眼于存在，着眼于存在中的存在者之共属一体，来思考存在者整体——世界、人类和上帝。形而上学以论证性的表象思维方式来思考存在者之为存在者"①。正是基于对形而上学的思维方式的批判，他把现象学改造成了存在论意义上的现象学，从而有别于胡塞尔的现象学。海德格尔认为形而上学的基本问题在于"究竟为什么在者在而无反倒不在？"②。也就是说，形而上学追问的是存在者（此在）的存在根据，而遗忘了存在本身。形而上学的基础和前提是"存在者的存在"这一预设，这一预设遮蔽了存在本身的问题，"存在不是在时间境遇中到场，而是成了无时间的恒常的在场，而这样的在场自然就成为自明的前提，对存在本身的遗忘也就不可避免了"③。形而上学是一种对象性的思维方式，正是由于把人与世界置于一种对象性的关系之中才造成了我们对存在本身的遗忘，因而，哲学需要一种新的非形而上学式的思

---

① ［德］海德格尔：《海德格尔选集》（下卷），孙周兴编，上海三联书店1996年版，第1242—1243页。
② ［德］海德格尔：《形而上学导论》，熊伟、王庆节译，商务印书馆1996年版，第3页。
③ 苏宏斌：《现象学美学导论》，商务印书馆2005年版，第47页。

维方式。海德格尔不仅揭示出了形而上学思维方式对"存在本身"的遗忘，他还指出这一思维方式背后存在着更为本源性的基础，即一种非对象性的理解活动，这一理解活动即此在对存在本身的理解和领悟。他认为"凡是如存在者就其本身所显现的那样展示存在者，我们都称之为现象学"①。存在者总是以各种各样的方式显现出来，但存在却与显现的东西相对，它隐而不露却又构成这些显现的意义与根据，"在现象学的'现象'背后，本质上就没有什么别的东西，但应得成为现象的东西仍可能隐而不露。恰恰因为现象首先与通常是未给予的，所以才需要现象学。遮蔽状态是'现象'的对立概念"②。因而，现象学就成了存在论的研究方法，而存在问题也就成为现象学的研究对象，存在论和现象学并非不同的哲学学科而是分别从对象与处理方式上对哲学本身进行描述。然而，此在对存在意义的把握并不是通过直观活动，而是通过此在的本源性理解和领悟，"通过诠释，存在的本真意义与此在本己存在的基本结构就向居于此在本身的存在之领会宣告出来。此在的现象学就是诠释学"③。也就是说，现象学所谓的"本质直观"其实是根植于此在对存在本身的领会，它才是本源性的东西。由此，海德格尔也就对现象学的方法进行了改造，从而使其转变为存在论意义上的诠释学。

海德格尔抛弃了现象学的意识和意向性等概念，而代之以理解和领悟活动，他认为这些概念还残留着二元对立的印迹，而在理解和领悟活动中则不存在主体与客体或现象与本质的分离和对立，因为只有这样此在把握到的才不是存在者而是存在本身。梅洛·庞蒂则把海德格尔的这种领悟活动归结为"知觉活动"，他通过对知觉活动的现象学分析批判了形而上学的二元论思维模式。他认为知觉活动具有原初性，它是人与世界接触和交往的基本方式，通过它可以揭示出对存在意义的原初的领会。"知觉的主体并不是先验的自我或纯粹的意识，而是肉身化的身体—主体（Body-subject），作为原初经验的知觉活动也不是先验自我的构成活动，而是人在世界中的生存活动，是身体—主体与世界之间的相互

---

① ［德］海德格尔：《存在与时间》，陈嘉映、王庆节译，三联书店2000年版，第41页。
② 同上书，第42页。
③ 同上书，第44页。

作用和交流"①。在梅洛·庞蒂看来,知觉并非单纯的刺激反应行为,也不是纯粹的构成性活动,而是居于二者之间的一种辩证关系,其具有一种模糊性(Ambiguity)。与此同时,身体在知觉中的角色也发生了改变,它不再是对象世界的一部分而是知觉活动的出发点,它具有一种意向性的功能,能够在自己的周围筹划出一定的生存空间。身体与世界之间的关系不是相互分离或对立的关系,而是处于一种相互作用、相互交流的关系之中。梅洛·庞蒂的"身体—主体"这一概念打破了身心二元论,他对知觉活动的现象学分析解构了形而上学所预设的诸多二元对立的概念与范畴,从而将胡塞尔的现象学与海德格尔的存在哲学结合起来。

尽管现象学哲学家在批判形而上学的具体策略上各不相同,但从总体上来看,他们都力图清算形而上学的二元论思维的影响。与康德、黑格尔等人在辩证法的基础上重建形而上学不同,现象学则力图批判形而上学的虚假性从而超越形而上学。辩证法的根本诉求在于肯定对立面的存在,然后从更高的层次上将对立统一起来,而现象学则首先质疑这种二元论的合理性,然后试图回溯到某种本源性的、浑然一体的状态,以便消除这种人为设置的二元对立。尽管在具体的现象学理论中这些本源性的东西各不相同,如"先验自我""存在"和"前反思的意识"以及"知觉",但他们都认为这种本源性的认识中没有二元对立。因而,主体如何与世界发生联系之类的认识论问题也就消除了。

(二)对经验的重视:"面向事情本身"与"描述法"

现象学是一个复杂多义的概念,现象学家所研究的对象和运用的方法也各不相同,但有一个共同的东西将他们维系在一起即"现象学精神",这种精神其实指的就是现象学的基本态度——"面向事情本身"。现象学面向的是活生生的事情本身,它排斥任何间接的中介而直接把握事情本身,在对现象的直观之中蕴含着事情的本质或本源性的东西。现象学的这一口号"是一种宽容精神,是扩大和加深我们直接经验的范围,是对现象的尊重,更充分更如实地倾听现象"②。也就是说,现象学的目

---

① 苏宏斌:《现象学美学导论》,商务印书馆2005年版,第71页。
② [美]赫伯特·施皮格伯格:《现象学运动》,王炳文、张金言译,商务印书馆1995年版,第iii页。

标在于扩大并加深直接经验的范围，它所反对的其实是实证主义所推崇的"奥卡姆剃刀"原则（思维经济原则）以及形而上学所主张的透过现象寻求背后本质的方法。

胡塞尔认为实证主义对待经验或现象的简单性原则实际上损害了他们所提倡的回到经验实证材料的基本纲领。因而，他提倡要面向事情本身，探寻现象本身更细微、更本质的东西。实证主义者遵循简单的经济原则，但要想达到真正的认知，需要的并不是经济原则而是宽容的精神，是对现象的尊重而不是征服。"奥卡姆剃刀"原则对现象进行解释时，尽力将不相干的、非重要的成分剃掉，只保留最基本的原因或架构成分，最终获得的则是现象的普遍性。因而，个别事物的独特性也就被消除了。胡塞尔认为这种做法是一种将复杂现象化约为简单元素的行为，是对现象的非本质特征的减除。而现象学则是要如实地描述现象，施皮格伯格将胡塞尔的现象学比作"刷子"，以便与"奥卡姆剃刀"相对比，"它的功能既是扫除异物，又是刷新真正现象，而无须将现象连根拔除"①。现象学转向事情本身具有积极的作用和意义，它意在显示那些在传统理论视野中被遮蔽的诸多现象。此外，在面向事情的同时还包含着否定的一方面：反对固守承袭下来的旧信仰和理论并将这些理论作为认识事物的出发点。因而，他要求从传统的理论和思想中解放出来，消除理论上的构成物和符号表现形式以便转向纯粹的现象。

面向事情本身之后必然要求一种积极的探索方法即"现象学的描述法"和"现象学还原"。"对于现象学来说，它被看作用现象学态度观察的先验纯粹体验的描述性本质学科"②，作为一种工作哲学，现象学迫使人们去严格地思维和精确地描述，它用本质概念和本质性的陈述将那些在本质直观中直接被把握的本质和建立在这些本质中的本质联系描述性地、纯粹地表达出来。现象学的描述法既不对对象进行理念化的工作，也不试图挖掘现象背后的深层架构，它只是如实地描述对象在其经验中

---

① ［美］赫伯特·施皮格伯格：《现象学运动》，王炳文、张金言译，商务印书馆1995年版，第920页。
② ［德］胡塞尔：《纯粹现象学通论：纯粹现象学和现象学观念》（第1卷），李幼蒸译，商务印书馆1996年版，第181页。

直接呈现的变化,"正如它在体验中流逝着,以规定性和非规定性使该物有时从一侧、有时从另一侧显现,在明晰性或模糊性中,在来回变动的明晰性和断续的晦暗性中显现,如此等等,这些肯定都是它所特有的"①,从而将对象自身的多样性、不稳定性、模糊性等全盘展现出来。现象学的描述法是对人们已经扭曲的知觉能力的重新恢复,以便接纳那些看似不重要的、非实证性的或边缘性的经验、现象,从而使我们的认识能力形成一种极端开放的状态,它体现出对现象的尊崇和无比寻常的坚执。

如果说现象学作为一种特殊的哲学思维态度和精神保证了我们直面事情本身的话,那么"现象学的还原"方法则进一步确保了我们对事情本身的把握。现象学所指的"现象"并非我们一般所说的现象,它是通过还原之后的纯粹现象,是事物自身的显像,通过它我们可以直观到本质。一般来说,现象学还原包括三个步骤:现象的还原、本质的还原和先验的还原。"现象的还原"将我们从外在的客体转向了现象本身即意识活动和意识内容,但这一直观意识只具有个别性而不具有一般性。因而,我们需要通过"本质的还原"从而将意识过渡到本质观念的直观意识,这样意识才具有了稳定性和本质性。这种"本质的还原"清除了经验主义的成分但难免带有主体性色彩,这就会陷入胡塞尔所批判的心理主义之中。因而,"先验的还原"就是要解决这一问题,它意在排除经验主体而回到纯粹的、绝对的即不依赖于人的主体性的先验意识,从而又将客体还原为纯粹先验意识的构造。其实,现象学的还原指的是回到认识的本源之所在即回到先验纯粹意识,但这并不意味否定外在对象的存在,而只是意味着一种观点的转变:将对象的自在存在转变为意识—存在(意识的相关物),将认识问题从对象身上转向认识活动本身和认识与认识对象之间的关系之上。胡塞尔认为现象学作为认识现象的学科具有双重意义,"是关于作为现象、显示与意识行为的认识的科学,在这些认识中,这些或那些对象被动地或主动地显示出来,被意识到;而另一方面是关于如此显示出来的对象本身的科学"②。

---

① [德] 胡塞尔:《纯粹现象学通论:纯粹现象学和现象学观念》(第1卷),李幼蒸译,商务印书馆1996年版,第181页。

② [德] 胡塞尔:《现象学的观念》,倪梁康译,上海译文出版社1986年版,第18页。

二 意向性理论与现象学美学的基本框架

胡塞尔现象学的研究对象是意识行为,正是通过对意识现象的探讨来展开其现象学体系的,而意识的"意向性"(Intentionality)特质则是其意识现象学分析的主要洞见和核心课题,"意向性可以在现象学还原之前和之后被描述:在还原之前时,它是一种交遇,在还原之后时,它是一种构成。它始终是前现象学心理学和先验现象学的共同主题"①,"意向性成为现象学不可或缺的起点概念和基本概念"②,由此建构的意向性理论不仅是现象学的重要理论资源,还是现象学美学的理论基石,尤其为讨论审美经验问题提供了一个全新的视角和独特的方法。因而,在探讨现象学美学之前有必要对意向性理论进行一番梳理和深究。

(一)意识的根本特征:"意向性"

按照胡塞尔本人的说法,意向性概念主要得益于他的老师布伦塔诺,但问题的关键在于胡塞尔对意向性概念的改造,正是这一改造使得意向性理论产生了重要的影响。布伦塔诺首次把意向性引入心理学,他把意向性作为物理现象和心理现象之间的区分特征,"每一种精神现象都是以中世纪经院哲学家称作对象在意向上的(有时也称作内心的)内存在为特征,并且是以我们愿意称作(虽然并非十分明确地)与内容相关联,指向对象(这个对象在这个语境中不应理解为是某种真实的对象)或内在的对象性为特征的"③。在这里,布伦塔诺指出了心理现象的两个特征:"意向的内存在"和"与对象相关",胡塞尔则抛弃了意识的对象的内在性说法,强调并发展了意识的指向性这一特征。

胡塞尔据此指出:"我们把意向性理解作为一个体验的特征,即'作为对某物的意识'。"④ 也就是说,意识的根本特征在于它总是"对某物

---

① [德] 胡塞尔:《纯粹现象学通论:纯粹现象学和现象学观念》(第1卷),李幼蒸译,商务印书馆1996年版,第476页。
② 倪梁康:《现象学的始基——胡塞尔〈逻辑研究〉释要》,中国人民大学出版社2009年版,第116页。
③ [美] 赫伯特·施皮格伯格:《现象学运动》,王炳文、张金言译,商务印书馆1995年版,第78—79页。
④ [德] 胡塞尔:《纯粹现象学通论:纯粹现象学和现象学观念》(第1卷),李幼蒸译,商务印书馆1996年版,第210页。

的意识"即具有一种对象—指向性,这个属性就是"意向性"。意识活动总是意向某些对象,这是由经验自身的结构所决定的,而且这种指向性是直接的并不以任何心灵表象为中介。意识的意向性有两个值得注意的特征:首先,意向性所指向的对象既可以是实存的,也可以是非实在的。意向性不仅是我们对实存对象的意识的特征,还是刻画我们的幻象、预测和回忆等的特征,但被意向的对象本身并不是意识的一部分,也不被意识包含在其中。意向性的重要特征在于它的存在具有一种独立性。从来不是意识对象的存在使得意识活动成为意向性的,意向性并不是当意识受到对象的影响才产生的外在关系,相反,它是意识的内在特征。更重要的是,胡塞尔将意向性纯然导向对象这一特性做了进一步的推进即指出了意向性的构造作用。"'每个意识都是意向的'这个说法有两重含义:一个含义在于:意识构造对象;另一个含义是:意识指向对象。"①意识的意向性具有一种主动的构成作用,这种作用被胡塞尔称为"意向活动"(Noesis),它包括两个因素:感觉材料和意向作用。意向作用通过对感觉材料的激活和立义(统摄)从而产生、构成了"意向对象"。也就是说,意识通过意向作用而构成了意向对象,这一构成过程就是意向性理论所要研究的内容。

总之,胡塞尔指出了被意向的对象不是内在于意识的而是具有外在性,但这种外在性并不等于实存性;他还强调了"意向性"是一切意识活动的根本特征,"对意向性的分析'仅仅'表明,存在一种意识活动——它因其自身的本性而指向超越的对象。这个证明足以克服这样一个传统的认识论问题,即如何使主体和客体相互关联"②,意识由一种对自身中所内含的映像或心像转换为一种跳出意识之外的指向对象的一种对对象世界的全然开放行为,从而攻破了西方哲学所确立的那种自闭性的意识概念;如果说扬弃意向的对象的内在性是改造的第一步的话,那么将意识的纯然指向对象的特征推进为一种对意向

---

① 倪梁康:《现象学的始基——胡塞尔〈逻辑研究〉释要》,中国人民大学出版社 2009 年版,第 116 页。

② Dan Zahavi, *Husserl's Phenomenology*, California: Stanford University Press, 2003, p. 14.

对象的主动的架构性作用则是其对布伦塔诺理论的深入修正和最终发展。"意向性概念及其分析在现象学中发端和展开的历史，清楚而典型地折射出西方哲学在 20 世纪的变化史，它是一个从以知识论为主的理论哲学走向以伦理学、政治学、社会学为主的实践哲学过渡的历史"①。

（二）意向性与审美理论的建构

胡塞尔创立的现象学意在通过对知识领域的探讨将哲学变为一门严格科学，他并没有将其运用到美学领域中来，但现象学的方法和意向性理论却与美学本身有着一种天然联系。现象学在美学中的开拓性工作始于莫里茨·盖格尔，经由罗曼·英伽登并最终在杜夫海纳那里完成了现象学美学体系的建构。胡塞尔的意向性概念把形而上学中的主客关系这一问题做了重新解读，"一方面，对'我思'的分析表明：主体是超验的，就是客体的投射；另一方面，对意向性的分析表明：客体的显现是与针对客体的意向密切相关的。因此，客体对主体的关系，对他的各项来说，就居于首位"②。意向性表明了主体和客体之间相互依赖的关系，主体和客体都不从属于某种较高级的东西，也不会消失在使这二者统一的关系之中。因而，意向性理论排除了认识论中的二元论倾向，也就为重建美学理论提供了一个有益的视角和方法。

以往的美学研究方法大都遵循形而上学的二元论思维模式，无论是在本体论美学中还是在认识论美学中，它们都以主客之间的分裂与对立关系为基础。因而，认识论美学中也就形成了两种截然相反的美学观点：客观论认为美在于客体本身的属性，因而审美活动就被看作主体对于客体的模仿或机械的反映活动；主观论则认为美来源于主体自身，因而审美活动就是主体的一种投射活动。为了克服这种对立的观点，德国古典美学用辩证思维的方法从更高的层次上将审美主体与审美客体统一了起来，但主客体之间的分裂、对立设置并没有得到消除，它们只是在矛盾

---

① 倪梁康：《现象学的始基——胡塞尔〈逻辑研究〉释要》，中国人民大学出版社 2009 年版，第 120 页。

② [法] 米·杜夫海纳：《美学与哲学》，孙非译，中国社会科学出版社 1985 年版，第 51 页。

运动中得到了统一。然而，现象学则提出了另一种不同的解决思路，它力图回溯到主体与客体分离之前的本源状态，并以此来解决主客体之间的对立问题，意向性理论揭示出了这种本源状态即"意识—对象"的共存。在现象学美学中，主体和客体之间的分裂、对立被替换成了意向活动和意向对象之间的相互依赖与相互生成，主体和对象之间的关系以及对这种关系的分析成为现象学美学的主要内容，它不仅是界定种种美学概念的基础和前提，还是生成审美经验以及与其相关的审美对象的基础和源泉。在杜夫海纳看来，"用审美经验来界定审美对象，又用审美对象来界定审美经验。这个循环集中了主体—客体关系的全部问题。现象学接受这种循环，用以界定意向性并描述意识活动（Noesis）和意识对象（Noema）的相互关联"[①]。因而，审美对象和审美经验也就成为现象学美学研究的主要内容。

尽管现象学家对意向性理论的具体理解各不相同，但他们都把审美经验看作意向性活动，这一意识活动连接主体和客体并在此活动中建构出审美对象。作为意向对象的审美对象必然在现象学美学分析中占有优先的地位，不仅因为审美对象更容易接近，还在于现象学方法对研究经验的对象比对研究作为行为的经验本身更合适。此外，还是为了避免心理主义的研究倾向，因为从主体出发会给人一种审美对象从属于审美主体的错误印象，从而使得审美对象显得宽泛而不够精确。出于这几方面的考虑，现象学美学家都从审美对象开始来建构他们的审美理论和美学体系：盖格尔以审美对象为中心提出了审美价值理论，英伽登则专注于分析以文学作品为代表的审美对象的存在方式与结构，杜夫海纳更是从审美对象入手来讨论审美经验问题的。值得一提的是，前两者做的只是对现象学美学的拓荒工作，他们提出了一些美学观点并没有建立现象学美学体系，而杜夫海纳的美学思想则具有代表性意义，他的《审美经验现象学》一书"把前人为了对艺术进行明确的现象学研究在各方面所做的最细微的努力推到了高峰。这部巨著既是现象学美学早期探讨的结果，又是这种探讨的进一步发展，它完成了盖格和茵加登二人的拓荒工作"[②]，

---

① [法] 米·杜夫海纳：《审美经验现象学》，韩树站译，文化艺术出版社1992年版，第4页。
② 同上书，第606页。

建立了比较完备的现象学美学体系。

三 作为意向性活动的审美经验

《审美经验现象学》的英译本译者爱德华·凯西认为现象学方法与审美经验的基本特征之间存在着诸多相似之处,"一方面,现象学还原包含一种把超经验的和超现象的方面——特别是经验现实的实体特征或存在的实体特征——放在'括号'内的心理操作活动,从而终止这些方面在意识经验的过程和内容上的决定性影响。另一方面,在欣赏艺术作品尤其是那种具有戏剧性的作品时,观众自发地拒绝相信这个经验的内容是作为实际存在的或正在发生的"[1]。也就是说,现象学所要求的直观态度和其运用的还原方法与欣赏艺术作品时所要求的态度是相似的,审美活动与现象学的还原活动一样都要求我们要排除那种"存在性的执念"。然而,这种相似性并没有让胡塞尔等人关注与审美经验相关的审美问题,但却引起了此后的英伽登、杜夫海纳等人的重视。他们运用现象学方法对审美经验问题进行了全面的考察,尽管各自的理解存在着诸多的差异,但他们无一不把审美经验看作意向性活动并从审美对象出发来探究审美经验问题。

（一）审美对象：从意向对象到知觉对象

1. 作为意向对象的审美对象

尽管胡塞尔没有明确地提出现象学美学理论,也没有集中论述美学问题,但他在哲学分析中零星地涉及艺术和审美等问题,正是这些有限的论述为现象学美学勾勒出了大致的研究方向。胡塞尔在分析中性变样和想象的区别时,考察了杜勒的一幅铜版画《骑士、死和魔鬼》,他指出"我们在此首先区分出正常的知觉,它的相关项是'铜版画'物品,即框架中的这块板画。其次,我们区分出此知觉意识,在其中对我们呈现着用黑色线条表现的无色的图像：'马上骑士','死亡'和'魔鬼'。我们并不在审美观察中把它们作为对象加以注视；我们毋宁是注意'在图像中'呈现的这些现实,更准确地说,注意'被映现的现实'即有血肉之

---

[1] Mikel Dufrenne, *The Phenomenology of Aesthetic Experience*, trans. Edward S. Casey, Evanston: Northwestern University Press, 1973, pp. xvii – xviii.

躯的骑士"①。由此可以看出,审美对象既不是作为物体的版画,也不是线条所勾勒的图像,而是在图像中所呈现的作为血肉之躯的骑士——"图像客体",这一图像客体其实指的就是审美对象,而它既不是存在的又不是非存在的,"不如说,它被意识作存在的,但在存在的中性变样中被意识作准存在的"②。因而,作为一种意向对象,审美对象的存在既不是主观的也不是客观的,而是一种对其所意指的实在对象进行终止判断后的特殊产物。受其影响,盖格尔把审美客体作为现象来研究,他所说的审美客体(审美对象)并不是那种作为真实物体的客体,"一座雕像作为一堆真正的石头从审美的角度看并没有什么意味,但是,它作为提供给观赏者观赏的东西,作为对一种有生命的事物的再现,在审美方面却是有意味的"③。在盖格尔看来,审美对象并不是作为自在之物而存在的,"只有对于主体而言,它们作为现象才是现象"④,这显然是对胡塞尔的意向性理论的运用。

与盖格尔对意向理论的简单挪用相比,英伽登对意向性理论的解读和运用不仅更加忠实于胡塞尔,而且论述得更为详细而且深刻。英伽登的美学研究最初是受到胡塞尔意向性理论的影响和启发,他认为要把握意向性理论首先要说明意向性客体的存在方式,从而明确实在客体与意向性客体在存在方式和本质上是不一样的,而文学作品则是这种理论阐释的合适对象。于是,英伽登利用现象学方法来解读文学作品,他"研究的主要对象是文学作品特别是文学的艺术作品的基本结构和存在方式"⑤,从而通过对文学作品的本质上的解剖来具体化意向性理论。英伽登所说的"文学的艺术作品"和"文学作品"是有区别的,"'文学作品'这个称呼我是指每一部'美文学'的作品,不管是真正的艺术作品还是没有价值的作品。'文学的艺术作品'这个术语我只是在我要了解那

---

① [德]胡塞尔:《纯粹现象学通论:纯粹现象学和现象学观念》(第1卷),李幼蒸译,商务印书馆1996年版,第270页。
② 同上书,第271页。
③ [德]莫里茨·盖格尔:《艺术的意味》,艾彦译,译林出版社2014年版,第5页。
④ 同上书,第19页。
⑤ [波兰]英伽登:《论文学作品——介于本体论、语言论和文学哲学之间的研究》,张振辉译,河南大学出版社2008年版,第13页。

种是有价值的艺术作品的文学作品的基本的特性的时候才用"[①]。也就是说，文学的艺术作品实则是现象学意义上的审美对象，它是"纯粹意向性的构成物，作者意识的创造性行为是其存在的根源"[②]，而文学作品只是一种物质性的实在之物。文学的艺术作品既不是实在个体，也不是严格意义上的观念客体，而是一种纯粹的意向性客体。因为意向性客体的存在方式和内容取决于意识活动本身，确切地说，它是在一些特殊类型的意识行动中构建出来的，所以文学的艺术作品作为主体行动的产物表现了主体的意识并依赖于主体而存在；更重要的是，它还需要读者的"具体化"过程才能真正成为一个在直观中显现的审美对象。英伽登通过对文学作品的存在方式和结构本身的研究，最终得出审美对象（文学的艺术作品）是一个多层次的、复合的纯粹"意向性客体"。

杜夫海纳批评英伽登把审美对象看作纯粹意向对象，并赋予了审美对象以一种意义的本质，以至于被看作一种图式化的产物，"因此文学对象是他律的。它任凭瞄准它的并构成它的主观活动来摆布。'构成'这个给胡塞尔带来许多麻烦的模棱两可的术语也隐约出现在茵加登的著作中"[③]，由此可见，杜夫海纳对英伽登的批判其实是对胡塞尔意向理论的不同理解和批判。

2. 作为知觉对象的审美对象

杜夫海纳对意向性理论的理解主要得益于梅洛·庞蒂的哲学思想，庞蒂认为知觉活动所包含的意向性与胡塞尔所谓的意向活动的单向性构成活动有着根本的不同，它是一种"身体—主体"与世界之间的相互投射。因而，杜夫海纳把意向活动看成一种基于身体知觉之上的主体与客体之间的原始交流活动，审美对象也就被看作一种知觉对象，严格来说是审美知觉对象。庞蒂的身体—主体的存在方式本身决定了其具有一种模糊性或暧昧性。因而，作为知觉对象的审美对象的存在方式也就表现

[①]［波兰］英伽登：《论文学作品——介于本体论、语言论和文学哲学之间的研究》，张振辉译，河南大学出版社2008年版，第26页。

[②] Roman Ingarden, *The Cognition of the Literary Work of Art*, trans. Crowley and Olson, Evanston: Northwestern University Press, 1973, p. 14.

[③]［法］米·杜夫海纳：《审美经验现象学》，韩树站译，文化艺术出版社1992年版，第243页。

出一种暧昧的特性——既是"为我们"又是"自在的"。

所谓"为我们",指的是审美对象只是作为我们的知觉对象而存在,在知觉活动之前它处于一种可能的或潜在的存在状态;所谓"自在的",指的是它并不是我们意识活动的构成物,它自身现在已经存在着,需要的只是知觉活动的呈现。所以,"审美对象使我们不得不保留发展'自在—为我们'这一公式的两个命题:一方面,有一种审美对象的存在,它禁止我们把它归结为再现的存在;另一方面,这种存在与知觉挂钩并在知觉中完成,因为这种存在是一种呈现"①。正是基于这一特性,杜夫海纳批判"萨特把审美对象归结为想象之物,认为这样就会忽略和否定审美对象的现实性,而茵加登强调审美对象是一种纯意向对象,认为审美对象是他律的,则又否定了审美对象的自在性"②。更重要的是,杜夫海纳对审美对象的特性又做了进一步的推进和发挥,他认为"审美对象远非为我们存在,而是我们为审美对象存在"③,从而把审美对象的"自在性"置于"为我们"之上。他以表演艺术活动为例,指出了并不是我们操纵对象而是对象向我们提出表演的要求,因而"我不能说我构成了审美对象,而是审美对象在我身上通过我瞄准它的行为自我构成的。因为我不是把它放在我之外瞄准它的,而是把我自己奉献给它"④。表面上来看,杜夫海纳对审美对象的"自在—为我们"特性的论述是对庞蒂观点的直接挪用,其实不然,他们之间存在着一个很大的错位,"梅洛·庞蒂说的是,只有更深刻地理解知觉,我们才能重建知觉对象'自在—为我们'的意义;而杜夫海纳说的是,如果我们把知觉对象限制在审美对象这个特定的范畴内,知觉对象就是'自在—为我们'的了"⑤。尽管杜夫海纳背离了庞蒂的初衷,但他对审美对象"自在—为我们"特性的阐发具有重要的意义,更是现象学美学重要的成果。

---

① [法]米·杜夫海纳:《审美经验现象学》,韩树站译,文化艺术出版社1992年版,第260页。
② 苏宏斌:《现象学美学导论》,商务印书馆2005年版,第123页。
③ [法]米·杜夫海纳:《审美经验现象学》,韩树站译,文化艺术出版社1992年版,第260页。
④ 同上书,第268页。
⑤ 汤拥华:《西方现象学美学局限研究》,黑龙江人民出版社2005年版,第194—195页。

由于现象学家对意向性理论的理解和阐释各不相同,关于审美对象的观点也就产生了一些差异。把审美对象作为意向性活动的构成物突出了先验主体的作用,尽管也强调了它的客观性和物质基础,但难免会走向唯心主义的阵营,而且对二元论的反对还不够彻底。然而,把审美对象作为知觉活动的产物则是回到更为本源的状态之中,从而消除了二元对立,同时也突出了审美对象的"自在—为我们"之特性。因而,审美对象从"意向对象"到"知觉对象"的发展是审美对象理论的进一步深化,也是对胡塞尔意向性理论的修正,因为它更加具有彻底性和本源性。

3. 审美经验研究的起点:从艺术作品到审美对象

现象学美学在阐述了审美对象的存在方式之后,还需要进一步对审美对象进行现象学的分析和描述,但作为意向对象的审美对象只有在知觉活动中才得以呈现。因而,我们只能借助于具体分析某种审美知觉活动进而界定、阐释审美对象。现象学美学家不约而同地转向了艺术经验,即以艺术作品作为研究的起点,这一点在盖格尔、英伽登和杜夫海纳的美学思想中得到了具体的验证,尤其是杜夫海纳的美学体系较为鲜明地,也较为突出地体现了这一点。英伽登曾指出要想透彻地说明意向性理论就得指出意向对象的存在方式,他认为艺术作品是最为适合的例子。同样,杜夫海纳也认为要通过艺术作品来界定审美对象自身,这主要在于艺术作品具有典型性和代表性,"由于谁也不怀疑艺术作品的存在和完美作品的真实无伪,因之如果根据作品来给审美对象下定义,审美对象就容易确定了。同时,我们将要描述的审美经验也将是典型性的"[1],他所谓的典型性指的是审美经验的纯粹性。"艺术作品就是这样已经存在在那里,引起审美对象的经验,它就是这样为我们的思考奠定了一个出发点。"[2] 我们可以把艺术作品作为现实中的存在之物来进行考察,而不考虑那种指向该物的知觉行为以确定审美对象,但这并不意味着可以把艺术作品与审美对象相等同。

很显然,作为知觉对象的审美对象既不是实在的又不是观念性的,

---

[1] [法]米·杜夫海纳:《审美经验现象学》,韩树站译,文化艺术出版社1992年版,第7页。

[2] 同上书,第9页。

也就必然不同于作为实在之物的艺术作品。从事实上来看，艺术作品只是构成审美对象的一个代表性的、有限的领域，并不能涵盖所有的审美对象；从逻辑上看，艺术作品作为诱发审美经验的东西，只能是外在于审美知觉活动的，也就与审美对象的构成无关。其实，正是艺术作品和审美对象之间的差异为界定审美对象提供了得天独厚的条件。英伽登把审美对象看成艺术作品的"具体化"，以此来说明了这两者之间的密切联系；杜夫海纳认为英伽登的观点带有心理主义色彩，他更倾向于用它们的"区别性"来强调审美对象的自在性一面，"审美对象乃是作为艺术作品被感知的艺术作品，这个艺术作品获得了它所要求的和应得的、在欣赏者顺从的意识中完成的知觉。简言之，审美对象是作为被知觉的艺术作品"[①]。也就是说，艺术作品是审美对象的结构基础，它的存在不取决于是否被感受，它只有在被审美地感知时才能成为审美对象，"艺术作品就是审美对象未被感知时留存下来的东西——在显现以前处于可能状态的审美对象"[②]。尽管审美知觉是审美对象的基础和必要前提，但它并不创造审美对象，而只是以某种方式来完善或实现审美对象，审美对象只是为了实现自身而被感知的艺术作品。

由此可见，艺术作品必须与审美知觉相结合才能转化为审美对象，但这一转化过程是如何发生的以及艺术作品在这一过程中所发生的变化却正是现象学所要考察的，这也是用艺术作品界定审美对象的核心所在。英伽登和杜夫海纳都从艺术作品的结构入手来进行论述，因为只有在厘清艺术作品的结构层次之后才能更好地说明其在这一过程中所经历的变化。英伽登把艺术作品看作一个多层次的构造，其中包括"字音、语音单元""意义单元"和"图式化层"以及"再现客体层"；杜夫海纳在分析绘画艺术（空间艺术的代表）和音乐艺术（时间艺术的代表）的基础上，将艺术作品的结构概括为"材料""主题"和"表现意义"三个方面。因而，可以将现象学美学的艺术作品结构观概括为"感觉材料""再现对象"和"表现意义"三个层次。由此看出，他们在分析艺术作品的

[①] [法]米·杜夫海纳：《审美经验现象学》，韩树站译，文化艺术出版社1992年版，第8页。

[②] 同上书，第39页。

结构时都遵循了胡塞尔的意向性理论的一般模式。因而，审美对象可以被看作意向行为是通过赋予感觉材料一定的意义而构成的。需要指出的是，杜夫海纳在这一转化过程中强调了"感性"和"表演"的积极作用，这一见解不仅极为深刻而且具有开创性的意义。在对艺术作品的审美知觉活动中，我们所感知到的不再是物质性的材料而是"感性"要素，审美对象的构成首先由于感性要素的扩展和激发，"艺术作品的本质只是随艺术作品的感性呈现而呈现。感性呈现使我们能把艺术作品作为审美对象来理解"①，而且审美对象的意义是内在于感性并在感性中所给予的。杜夫海纳在批评英伽登所主张的审美对象是艺术作品的"具体化"的基础上，详细地讨论了审美对象得以出现的两个条件："一方面作品要充分呈现。也就是说，至少对某些艺术而言，而在一定意义上对所有艺术而言，作品必须得到表演。另一方面，要有一个欣赏者，或者要有一个比欣赏者更好的观众出现在作品面前。"② 在杜夫海纳看来，所有艺术都要求表演，表演活动被看作一切艺术作品得以存在并向审美对象转化的重要条件，审美对象只有通过表演活动才能转化为感性的对象，进而为观众的欣赏活动提供基础。"如果表演成功，表演就在作品面前消失，本质和显示真正合二为一，从而完全得到了审美对象"③，在表演中作品获得的具体存在是一种规范性的存在，现实性必须表现出一种真实性，真实性又在这种现实性中被认出。

总之，现象学对艺术作品和审美对象的所做的区别以及对这一转化过程的分析具有重要的开创性意义，此前的审美理论大都把审美对象作为客观之物来看待，也就把艺术作品作为审美对象的重要组成部分，但现象学美学却将审美对象看成意向对象而否定了它的实在性，艺术作品也就成为潜在的、可能的审美对象。

（二）审美经验的核心要素：从情感到知觉

胡塞尔并没有对审美经验进行直接的论述和分析，但他在给作家霍

---

① ［法］米·杜夫海纳：《审美经验现象学》，韩树站译，文化艺术出版社1992年版，第71页。

② 同上书，第42页。

③ 同上书，第50页。

夫曼斯塔尔的信中指出了审美经验的主要特征。他认为艺术直观和现象学直观具有一种相似性，现象学方法所要求的态度"与我们在欣赏您的纯粹美学的艺术时对被描述的客体与周围世界所持的态度是相近的。对一个纯粹美学的艺术作品的直观是在严格排除任何智慧的存在性表态和任何感情、意愿的表态的情况下进行的，后一种表态是以前一种表态为前提的"[1]。由此可以看出，审美欣赏活动所要求的态度类似于现象学的直观行为，即通过现象学还原将理性观念、情感和意愿等加上括号。因而，审美经验也就类似于现象学的直观活动。这两种直观只是相近的，现象学的直观"不是为了美学享受，而是为了进一步的研究、进一步的认识，为了科学地确立一个新的（哲学）领域"[2]。言外之意，艺术直观是为了审美享受，这一区分深刻地影响了盖格尔，他专门对"审美享受"进行了现象学的分析。当然，其他现象学美学家也都是在胡塞尔的意向性理论框架下来论述审美经验的。简而言之，审美经验在现象美学中被看作一种意向性活动，但对于它的构成要素因对意向性理论的理解、阐发不同而各不相同。

1. 快乐与享受

盖格尔最先在现象学美学领域中讨论了审美经验问题，而且是完全依照胡塞尔的现象学方法对其进行解读的。在分析审美经验这个概念时，他严格地遵循胡塞尔的反心理主义原则，反对心理主义把审美经验解释为由主体的心理功能或心理状态所决定的。为了避免这种心理主义的倾向，他从审美对象出发来考察审美经验，审美经验的产生依赖于审美对象，"听音乐所涉及的是音乐本身，而不是与音乐有关的任何联想"[3]。因而，审美经验诸种构成因素都是与审美对象紧密联系在一起的。他认为审美经验的先决条件在于"审美态度"，此前的美学理论中的审美态度被他概括为"内在的专注"，其指向的是主体的情感、体验，而这种态度是他所极力反对的。因为这样的分析不仅容易陷入心理主义的泥潭，还忽

---

[1] [德] 胡塞尔：《胡塞尔选集》（下），倪梁康选编，上海三联书店1997年版，第1202页。
[2] 同上书，第1203页。
[3] [德] 莫里茨·盖格尔：《艺术的意味》，艾彦译，译林出版社2014年版，第247页。

视了审美对象的重要性即仅把其当作唤起、激发审美经验的手段。他认为审美的态度首先应该是一种"外在的专注",其指向的是审美对象本身,但这种态度与认识世界的科学态度是不同的,其本质上是一种审美直观,"'直观'所指的只不过是我们必须根据艺术创造的直接特征来领会它们"[①];然而,审美态度还需要另外一种成分即"静观","如果说人们通过直观可以领会艺术作品的感官方面的特征,那么,人们就必须通过静观来面对艺术作品"[②]。也就是说,直观所把握的是艺术作品的感性形式,而静观则需要主体的心灵来感受、领会艺术作品的感性特征和审美价值。

在确定了审美态度的先决作用和地位之后,盖格尔对审美经验的构成要素做了现象学的分析,他认为审美经验主要由"享受"(Genussen)和"快乐"(Gefallen)所构成。"享受"对应的是表层性的刺激反应状态,它主要关注的是主体的情感、人格以及生命效果;"快乐"则不仅仅停留在刺激反应层面之上,它不是"从理智的角度出发来表示赞许或贬斥的态度,而是一种适合于情感的、前理智(Pre-intellectual)的态度"[③],与之对应的是一种深层的情感体验和价值体验。在前者中,主体处于一种被动的接受状态和情感反应状态之中,而在"快乐"中的主体把自身交付给客体,其接受的过程也是主体活动的过程。但这并不意味必须抛弃"享受"这一维度,"在绝大多数情况下,实际的审美经验都是由快乐和享受组成的混合物;在这种混合物中,有时快乐占优势,有时享受占优势"[④],正是这两者之间的相互作用构成了审美经验。如果仅有"享受",那么它因其没有沉浸在对艺术作品的价值而感到的快乐之中,也就不能称之为审美经验了;如果仅有"快乐",审美经验固然存在却失去了生命的色彩,一旦与享受相结合便呈现出生气和活力。

盖格尔借助于审美对象来论述审美经验,并对其构成要素和动态过程做出了具体的分析、阐述,具有一定的开创性意义。同时,也为现象

---

① [德]莫里茨·盖格尔:《艺术的意味》,艾彦译,译林出版社2014年版,第249页。
② 同上书,第257页。
③ 同上书,第82页。
④ 同上书,第84页。

学美学的创建和发展奠定了基础。然而，在盖格尔看来"美学是一门价值科学，是一门关于审美价值的形式和法则的科学。因此，它认为审美价值是他注意的焦点，也是它研究的客观对象"①。也就是说，他立足于"价值论美学"来论述审美经验这一问题，审美经验只是被看作审美价值的具体体现，其根源在于审美价值，对审美经验的主要因素和构成活动并未进行正面的论述，这是其审美经验理论所欠缺的地方。

2. 审美经验的原始情感因素

英伽登在对文学的艺术作品进行现象学分析时集中论述了审美经验这一问题，他认为此前的审美经验理论中存在着一种错误的倾向，它们大都把审美经验的对象看作现实世界的某种事物以及认识活动的对象。因而，对于审美经验的认识往往局限于对象客体的性质或是主体对客体属性的某种情感反应。英伽登在美学理论的建构上追随胡塞尔的意向性理论，将审美对象看作一种纯粹的意向性客体，因而它不同于任何实在对象，它是在审美经验过程中形成的。审美经验作为一种意向性活动不是一种单一的复合经验，而是一组互相联系的经验，"审美经验并不是人们常说的那种作为对某些感觉材料的反映的短暂的经验、短暂的快感或恶感，而是一种多方面的复合过程，它的发展别具一格，包含了许多异质的要素"②。也就是说，经验本身尤其是审美经验它们在时间上具有一种流动性，因而可以划分为诸多显明的阶段，关键在于每一个阶段中都存在着诸种意识活动行为。比如，英伽登将审美经验看作一个动态发展的过程，但这一过程的关键部分在于如何从对一个实在对象的感觉向审美经验的诸方面的过渡阶段。

通过对米罗的维纳斯的审美欣赏活动以及对它的一般知觉活动的具体分析，英伽登认为我们在对某个实在对象的感知过程中会被某一或某些特殊的性质所打动，从而把注意力完全转移到了这一特质之上。这种引起注意的性质被他称作"审美特质"，"这种特殊性质吸引我们的注意并且影响着我，——使我们产生一种特殊情感，按照它在审美经验中的作用，我称之为这种经验的'原始情感'。因为它是审美经验这一特殊事

---

① ［德］莫里茨·盖格尔：《艺术的意味》，艾彦译，译林出版社2014年版，第80页。
② ［美］李普曼编：《当代美学》，邓鹏译，光明日报出版社1986年版，第288页。

件的实际起点"①。也就是说，正是这一情感引出了审美经验的过程本身。然而，它仅仅是审美经验的开始阶段，如果我们就此中断了审美经验的发展的话，那么我们得到的只能是一个关于它的感觉，我们可以强烈地体验到它，却无法理解它。只有当这种激动随后变成一种对以上特质的"爱"，它不可抗拒地占据了我们的心身。此阶段的爱是散乱的、杂多的，只有在更高一级的阶段上它才能成为一个具有统一性、稳定性的经验。也就是说，在原始情感的要素中发展出审美经验的下一个阶段以及它的意向性关联物即审美对象的构成。

在分析了审美经验的发展阶段后，英伽登指出了在审美经验的复合结构有三个要素特别突出："情感的""积极的、创造的"和"被动的、接受的"。尽管"审美经验的各个阶段和这些要素以各种方式交织在一起，所以时而这个时而另一个要素最为突出"②，但是"情感"要素的基础性地位是不容忽视的，正是原始情感的作用才使得纯粹性的知觉转化为真正的审美经验。首先，它中断了我们在世界中的同周围事物间的"正常的"经验和活动，在此之前吸引我们或对我们十分重要的东西失去了重要性。"同这种停顿相联系，关于现实世界的事物和状态的实际经验也减弱甚至消除了"③，从而产生一种对现实世界的遗忘状态。其次，原始情感还会中断意识活动的时间过程，"原始情感使刚刚过去的经验完全消失了，对现实生活即将来临的透视也排除或减弱了。原始情感以及从它发展出来的审美经验其后各阶段占据了我们的目前时刻"④，它构成了一个封闭的、自足的整体并从现实生活中分化出来。最后，原始情感使我们的态度发生了变化，即从现实生活的自然态度转换到特殊的审美态度。更重要的是，即使在审美经验另一阶段，原始情感只是过渡而非完全消失在下一阶段之中。

由此可见，英伽登强调的是"原始情感"在审美经验的重要作用和意义，它是审美经验得以开始的部分，同时也是其得以展开的关键阶段。

---

① [波兰]罗曼·英加登：《对文学的艺术作品的认识》，陈燕谷、晓未译，中国文联出版社1988年版，第197页。
② 同上书，第216页。
③ 同上书，第201页。
④ 同上书，第202—203页。

此外，原始情感还渗透到审美经验的此后过程中，它不仅参与到审美对象的建构活动之中，审美经验还往往是以对审美对象为我们揭示的价值的积极情感反应而结束的。

3. 作为知觉活动的审美经验

在梅洛·庞蒂的知觉现象学中，知觉的主体不再是先验的自我或纯粹意识而是"身体—主体"。也就是说，身体不再是被动的接受者而是具有意向性的知觉者，它是知觉活动的起点而不是对象世界的一部分；知觉活动不再是先验自我的构成活动，它是身体—主体与世界之间的相互交流和作用。总而言之，知觉活动具有一种本源性，知觉是人与世界打交道的最为基本的方式，人类的知识也是在知觉所开启的视野中获取的，所有人类共在的形式都建立在知觉的基础之上。杜夫海纳认为梅洛·庞蒂的知觉活动是对胡塞尔先验自我的构成活动的进一步修正，从而避免了唯心主义倾向。因而，他以庞蒂的"知觉第一性"为基本的美学原则，把审美经验看作一种知觉活动，确切地说是一种审美知觉活动。需要强调的是，现象学美学所说的知觉活动完全不同于传统哲学中的知觉活动：从主体来看，传统哲学中的主体是笛卡儿的"我思"即纯粹精神性的、反思性的自我意识，呈现出一种主客二分的模式，而现象学中的知觉主体则是肉身化的"身体—主体"，在这一阶段主体和对象是作为一个未分的整体而存在的；从知觉活动的过程来看，传统哲学的知觉活动是构成知识的感性阶段，在认识论中属于低级的认识，而现象学的知觉活动则具有本源性，它是一切认识活动得以展开的根本前提。

杜夫海纳认为，无论是"快乐""情感"或"想象"都不是审美经验的核心要素，因为它们都不具有基础性和本源性，而作为本源性的"知觉"才是审美经验核心要素。英伽登把原始情感看作审美经验的起点和核心要素，而感知和想象则是诱发情感的东西，他认为审美经验不一定依赖于感知活动，它还可以依赖于想象活动；即便审美经验开始于知觉活动，但当产生审美经验后这种知觉经验或对象的实在特征也就被抛弃了。其实，杜夫海纳和英伽登等人在审美经验构成要素上的分歧根源在于对意向性理论的不同阐释，英伽登把审美对象看作纯粹意识的构成活动之产物，因而，我们只有在一种特殊的情感关照中才能领略到审美对象的魅力；而杜夫海纳则将意向性理论进行了一番改造，他是按照萨特和梅洛·庞蒂两位先生把现象学引进法国时对它所做的解释来理解这一术语的，庞蒂用身体意向性取代了胡塞尔的纯粹意识的意向性。因而，身体—主体的知觉活动就具有了本源性。正是基于这一观点，杜夫海纳认为审美经验中的情感、想象等非直观的意识行为必须立足于作为直观行为的感知活动。如果没有知觉活动以及在其基础上所获得的感性材料的话，那么想象和情感活动则是无从谈起的；在反对者看来，或许这只能表明知觉活动在逻辑上发挥的是起点的作用，但并不能以此来断定它的重要性。其实，他们只是看到了知觉活动的直接作用或认识功用，而没有领会到其背后的本源性。知觉的重要性就是源自它的本源性，这种本源性是存在意义上的本源性。因而，我们可以用存在主义的观点进行概括：即使是现象学的本质直观，也需要奠基于存在论基础上的理解与领会活动，而这种理解与领会其实是身体—主体的知觉活动。

（三）审美经验的结构与动态发展

1. 意识活动的时间性

在此前的美学理论中，审美经验往往被看作瞬间的体验或感觉，因而对它的研究多是一种静态分析的认知模式。在本体论哲学时期，美的本质是美学研究的核心，美感只是被看作美的本质的具体显现；在认识论哲学时期，审美经验成为美学关注的焦点，但对于审美经验的认识阐释要么是立足于主体，于是主体的心理要素或主观能力成为审美经验的构成要素如"内感官""想象"等；要么是立足于客体，从而将审美经验的构成要素诉诸客体的属性如"和谐""比例"等。然而，现象学美学则把审美经验作为一个动态的过程去把握，尽管他们对具体过程的论述中存在着分歧，但他们的研究方法为解读审美经验提供了一个独特的视角，也深化了对审美经验的研究，具有开创性的意义。

现象学美学将审美经验看作动态发展的过程其实是一种对经验的"时间性"的分析，尤其是胡塞尔对时间意识的研究。具体来说，对意识活动的时间特征进行论述最早是威廉·詹姆斯，他认为意识"完全不是接合起来的东西，它是流动的。'河'或'流'的比喻可以使它得到最自然的描述"①，而由碎块所构成的链条并不是对意识活动的本真描述，因为它具有一种流动性的特征；此后，伯格森将时间看作一种"绵延"，在此刻之中既包含着既往也预示着未来。胡塞尔、梅洛·庞蒂等人就是沿着这一思路展开对时间意识的研究的，现象学家对意识活动的时间性的研究也为现象学美学提供了有益的参考。

2. 英伽登对审美经验的动态过程分析

盖格尔在论述审美经验问题时，强调了审美经验不同于一般经验的独特性，他通过分析几组相互对立的概念表述了这种区分性和独特性，主要涉及"内在的专注与外在的专注""快乐与享受"和"审美判断"以及"表层艺术效果和深层艺术效果"等方面。尽管他没有明确提出审美经验的阶段划分和发展过程，但从他对审美经验的这些区分要素的分析中，我们可以明显地看出盖格尔是把审美经验作为一个动态过程去把握的，从开始阶段的审美态度即"外在的专注"到审美感受阶段即"深层艺术效果"，再到"审美判断"阶段以及由此产生的情感和"快乐"。与盖格尔不同，英伽登则明确地指出了审美经验的动态发展性，并对这一过程做出了具体的划分和详细的分析。

无论是在对实在之物的感性知觉中，还是在所谓的审美经验之中，"它们都是在时间中延续的事件。它们展开为许多确定的阶段"②。因而，与一般将审美经验看作瞬时的经验不同，英伽登将审美经验看作一个包含多方面的、动态发展过程，"是在审美鉴赏者一系列相继的经验和行为方式中展开的一个过程，它必须自各阶段完成特殊的功能"③，它是一组相互联系的经验而不是单一性的复合经验。英伽登将审美经验分成了三个基本的阶段：原始情感阶段，构成阶段和体验、评价阶段。审美经验的第一阶段是原始情感阶段，指的是我们被对象的某一特质所打动而激起了某种强烈的情感，其具体表现在上文分析审美经验的构成要素时已经详细地论述了。第二阶段指的是审美对象的形成阶段，它指的是审美

---

① [美]威廉·詹姆斯：《心理学原理》（第1卷），田平译，中国城市出版社2003年版，第335页。

② [波兰]罗曼·英加登：《对文学的艺术作品的认识》，陈燕谷、晓未译，中国文联出版社1988年版，第187页。

③ 同上书，第195页。

主体的积极创造和建构活动，这一过程是极为复杂、多样的。审美主体发挥的要么是一种补充性的作用，将最初的感知活动进行填充、补充完整，从而与原始情感一起直接构成审美对象；要么是在他的理解中使对象呈现出新的特质，"对它的知觉是观察者进入审美态度，使他可以观照一系列审美价值素质，促使他重构相应的艺术作品并且构成一个特殊的审美对象"①。第三个阶段是对审美对象的体验与评价，指的是在对审美对象的静观中产生的情感反应以及在此基础上的审美价值判断，这一阶段显示出一种宁静，"一方面，是沉浸于一种更宁静的反思中，在审美对象中对质的和谐进行观照，以及接受各个成为可见的性质。另一方面，与此相一致，开始出现我上面提到的对已构成的质的和谐第二种情感反应形式。这就是说，承认审美对象价值的情感以及同它相适应的赞赏方式开始出现"②。由此可以看出，英伽登在论述审美经验的过程之后最终将其导向了审美价值，"我们可以试图在已有的审美经验基础上建立一种新的经验，我们在这个新经验中把注意力指向这个新构成的审美对象，并清晰地理解它的细节特别是它的价值"③。这就是说，对审美对象的观照活动与审美价值的评判是同时进行并且合而为一的，并且对审美对象的评价是极为重要的，因为它是对审美经验中以质和谐形式出现的东西的理解，由此才能产生基本的、生动的情感反应。

总之，英伽登则对审美经验的复杂性和多样性做出了总体上的概括，他阐释了审美经验所包含的理智或情感、主动或被动等因素，将审美经验明确地分成初发情感、构成阶段和体验与评价这三个阶段，并详细地讨论了每阶段中各种意识活动的相互作用和多样性的发展趋向，最终导向了他对审美价值理论的建构。

3. 杜夫海纳：审美知觉与审美经验的动态发展

如果只从对审美经验的过程的划分来看的话，杜夫海纳与英伽登的观点基本上相似，因为他们都把审美经验看作意识活动的动态发展过程，

---

① ［波兰］罗曼·英加登：《对文学的艺术作品的认识》，陈燕谷、晓未译，中国文联出版社1988年版，第207页。
② 同上书，第216—217页。
③ 同上书，第219页。

一般将其划分为初始阶段、构成阶段和体验与评价阶段三个阶段。然而，他们对意向性的理解不同，由此在阐释每一阶段的具体内涵时便产生了较大的差异。英伽登更多地从情感活动角度来阐释审美经验，而杜夫海纳则将审美经验看作知觉活动，他认为审美经验的动态发展是与审美知觉活动密切联系在一起的，他在知觉活动的基础上分析了审美对象的生成与艺术作品的结构以及审美经验的发展阶段，从而建构出一套完整的现象学美学体系。杜夫海纳对审美知觉活动的分析是立足于艺术作品的基本结构的。审美对象是从审美知觉中得以建构出来的，艺术作品的基本结构也是伴随着审美知觉的动态发展而呈现出来的，这两者之间是一种共在互动的关系。因而，只有立足于富有代表性的艺术作品才能清晰地揭示出审美知觉的发展过程；更重要的是，还能摆脱从审美知觉出发去分析审美对象所必然带有唯心主义的倾向，进而揭示出审美经验在审美知觉过程中的涌现和动态发展的过程。

杜夫海纳认为各门艺术之中存在着共性，"审美对象表面上虽有时间的和空间之分，却同时包含时间和空间：绘画并非与时间无关，音乐也并非与空间无关"[①]，他通过对时间艺术的代表音乐和空间艺术的代表绘画进行分析，将音乐中的"和声""节奏"和"旋律"看作所有艺术的共同的要素，如在绘画里"和声"指的是材料、色彩的和谐，"节奏"则指的是色彩的强弱变化、线条的变化等，"旋律"指的则是其所表现出来的世界。正是基于这些共同的因素，杜夫海纳将艺术作品的基本结构归纳为"艺术质料""再现对象"和"表现世界"三层。区分出这三个基本层次并不意味它们是孤立存在的，相反，它们是趋于统一的，我们只是在审美知觉的基础之上通过反思，并运用抽象的方法将其归纳出来。艺术作品的这三个层次是在审美知觉中呈现出来的：从第一层来看，艺术作品是凭借物质材料如画布、音符、乐器、字体、人体等而存在的，但它之所以成为艺术作品并不在于物质材料，而在于它可以摆脱物质材料的束缚而转化为艺术质料。艺术质料在身体知觉的作用下呈现为感性，并将这种感性充分地展现出来。身体知觉的这种呈现作用是它的存在层次，

---

① [法] 米·杜夫海纳：《审美经验现象学》，韩树站译，文化艺术出版社1992年版，第277页。

在这个原始的知觉阶段主客体是作为一个不可分割的整体而存在的,事物"首先不是为我的思维而存在,它们是为我的肉体而存在的"①,事物是直接向我们呈现的,它们和我们之间没有屏障。审美对象首先是感性的高度发展,其全部意义也是在感性中给予的,而这正是审美经验开始的地方,这种"感性的辉煌呈现"打动了我们并产生一种单纯的愉悦之感。

知觉活动不会止步于这样一个层次,它必然会在再现层次上进行有意义的智力活动,从经验走向思维,从呈现走向再现。在艺术作品层次上,感性摆脱了现实世界而建立了自己的客体即再现对象,由它所形成的感性世界和再现对象需要一种统一,因为作品再现或表示一些本身应该让人理解的东西,这种统一便形成了作品的再现客体层或主题。与此相应,知觉活动也倾向于对象化,因而它通过再现和想象等方式把感性材料形构成了一个统一的意向对象,再现、想象使形象得以鲜活、充实起来,此即审美经验的构成阶段。

艺术作品在形成再现客体和主题之后,还需要一种表现力,这种表现力"给予作品一种使作品获得时间性即一种自为的统一体"②。与其对应的则是知觉的最后一个阶段即反思和情感阶段,当知觉走向一种客观反思的形式时,它的客观性排除了情感因素从而走向了理解和认识;当知觉反思是一种交感形式(类似于康德所说的反思判断力)时,它同对象始终保持着接触并不断地返回到对象之中,与此同时,它同情感的关系也就更为密切,知觉正是在此过程中变成了真正的审美知觉。在审美知觉的反思和情感活动中,审美经验便走向了评价阶段即审美判断以及由此产生的情感。

总而言之,审美经验的动态发展和审美知觉活动是合而为一的,在审美知觉的展开过程(呈现→再现→反思与情感)中,艺术作品的结构要素(艺术质料→再现对象层→表现世界层)得以呈现;更重要的是,审美经验的动态过程(呈现阶段→构成阶段→评价阶段)也被揭示出来。

---

① [法]米·杜夫海纳:《审美经验现象学》,韩树站译,文化艺术出版社1992年版,第374页。

② 同上书,第274页。

此外，审美知觉和审美经验本身是一个整体和统一者，对其发展阶段的划分是基于艺术作品的基本结构的抽象思考，对其发展阶段的呈现不是强调发生的先后顺序，而在表明知觉所可能得到的深化，也正因为如此知觉才变成审美知觉。

（四）审美经验的主体间性

胡塞尔的意向性理论往往被指责为具有唯我主义的色彩，因为这一理论似乎将现象学的研究领域限制在了个人意识领域之内，其揭示的是事物对我的给予性。面对这一质疑和批评，现象学急需解决的问题是不同主体之间的相互理解和关系。这一问题其实包含着两个方面：一方面是，意识在主体之间的通达问题，就是说自我如何使他人理解我的体验；另一方面是，如何构成他者问题即把他人作为主体而不是客体来把握。因而，如果现象学不能解决或说明主体间性问题，那么后果将不仅仅是它不再拥有足够的效力对一个具体的问题进行研究，同时还意味着它作为一个基础的哲学方案的失败。

"在胡塞尔现象学中，'交互主体性概念'被用来标识多个先验自我，或多个世间自我之间所具有的所有交互形式。任何一种交互的基础都在于一个由我的先验自我出发而形成的共体化，这个共体化的原形式是陌生经验，亦即对一个自身是第一性的自我—陌生者或他人的构造。"[1] 现象学的先验还原过程最终会产生一个个先验自我，这些先验自我必须相互区分才能保证它们各自的统一性；与此同时，先验意识的客观性又来自先验自我之间的相互认同。因而，胡塞尔对主体间性的现象学研究是对主体间性的先验的或者构成性功能的分析，他认为先验主体间性能够确保客观事物本身的意义，因而它本身具有一种绝对性和自足性。所谓先验主体性指的是由许多我所组成的开放的共同的总体，正是它确保了我们的感知向我们呈现的是可以在主体间相互通达的对象，其不单单是为我而存在的对象，而是为着每一个主体。同时，主体也是将对象作为公共的而非私人的来经验。问题的另一方面被胡塞尔称为"构成性的主体间性"问题，其解决的是对他者的经验问题，是我对另外一个主体的

---

[1] 倪梁康：《胡塞尔现象学概念通释》（修订版），生活·读书·新知三联书店2007年版，第256—257页。

超越性的经验。由此可见，胡塞尔的目标是去阐明一个"先验主体间性"理论，而不是对具体的社会性和主体之间的关系进行细致的考察，他认为现象学的先验还原最终所要达到的是主体间性。因而，基于意向性理论的现象学美学在论述审美经验问题时，也相应地讨论了主体间性问题，这集中体现在杜夫海纳的审美经验论之中。

杜夫海纳把意向性活动看作一种知觉活动，他在肯定并分析身体—主体的知觉在世界中的本源性和交流性之后，将审美经验看作主体之间的一种相互理解和交往活动。他一方面论述了审美经验的交往本质，其指的是作为作"准主体"的审美对象与主体之间的理解与交流活动；另一方面又把审美经验主体间性与康德所说的审美鉴赏的普遍性问题相联系起来，从而对审美经验的普遍性做了现象学的阐发。

1. 审美经验的交往之维：主体间的交往活动

"研究艺术，无论是作为社会学事实，作为人类学事实，甚至站在黑格尔的立场上作为一种精神范畴，都会朝向创作活动发展。相反，我们认为对审美经验的研究却朝向欣赏者对审美经验的静观。"[1] 因而，在对审美经验进行现象学分析时，杜夫海纳研究的出发点和根据是欣赏者的审美经验而不是艺术家本人的审美经验。他认为对作者审美经验的研究容易陷入心理主义，还会忽略审美经验的某些特性如静观；更重要的是，欣赏者的审美经验更具有代表性，它比作家创作作品时更需要有鉴赏力，并且艺术固然需要艺术家的首创精神，但艺术确实也需要公众的认可。杜夫海纳并不是要贬低作者的审美能力，也无意断言欣赏者的经验是唯一的审美经验，他在分析欣赏者的审美经验时还会涉及作者，但他所指的作者"是作品显示出来的作者，而不是在历史上创作出这个作品的作者"[2]。

正是从这一点出发，杜夫海纳把审美经验看作欣赏或公众与艺术作品之间的一种相互关系，这种相互关系不同于传统美学所说的主体对客体的欣赏或认识关系。传统美学理论大都把艺术作品作为一个客观对象

---

[1] ［法］米·杜夫海纳：《审美经验现象学》，韩树站译，文化艺术出版社1992年版，第3页。

[2] 同上书，第2页。

去处理，因而欣赏者和作品也就自然被置于二元论的主客对立的框架之中。而杜夫海纳则认为艺术作品（审美对象）与作为客体的物有着本质上的区别，他把它看作一个"准主体"。具体说来，一般客体的感性因素往往被看作物体本身的属性，而审美对象所蕴含的感性因素则具有一种存在性的意义。"通过艺术，感性不再是自身可有可无的符号，而是一个目的。它成为对象本身，或者至少同它表示的对象是分不开的"①，感性使其具有了一种"自在性"。从更深一层看，审美对象与一般客观之物的区别还在于，它总能呈现出作者的世界或风格，但这种呈现并不意味着其是作者本人的情感宣泄或把其看作作者主观化的产物，相反，是艺术让艺术的世界通过作者显现出来。也就是说，杜夫海纳把审美对象看作"自为的"，这种"自为"一方面表现在感性的呈现总是要求表演者或公众如此这般去做、去展现，"作品是在他的身上展现的，但只有他扮演作品为他指定的角色时才能展现"②；"自为"的另一方面则表现在审美对象通过时间的空间化和空间的时间化为自己开辟了一个时空领域，这一时空关系构架创造了一个表现的世界，从而保证了审美对象的自在性质。

由此可以看出，审美对象是作为一个"准主体"而存在的。这一"准主体"既包含客观性，又包含主观性即对主体以及主体世界的表现。因而，审美经验就不再是审美主体对审美对象的认识或再现关系，也不是主体自身的自我展现，而是主体与主体之间的理解和交往活动。审美对象所构造的表现世界是认识物体属性的认识活动所无法把握的，只有通过具体的感受和精神上的交流体验才能理解。在审美活动中表演者，具有了一定自主性和自我表达性，它摆脱了模仿的限制，但这种自主性并不是纯粹的自我表现，而是借助于自己的表演还展示一个他人的世界，这个他人的世界是表演者自己领悟到的。所以说，审美经验的本质在于通过这种相互作用的交流、体验活动，从而达到主体之间的相互理解和交往之功能。

---

① ［法］米·杜夫海纳：《审美经验现象学》，韩树站译，文化艺术出版社1992年版，第115页。

② 同上书，第86页。

2. 审美经验的普遍性问题

康德在《纯粹理性批判》中为知识判断的必然性找到了一个先天性的基础即知性范畴，审美判断的普遍性虽然不是以先天知性范畴为基础的，但它也假设了一个先验的、普遍的"共通感"的存在。在《判断力批判》中，他认为审美判断的普遍性既不同于理论上的客观必然性，也不同于实践中的客观必然性，而是具有一种典范性，即通过典型的示范而要求一种普遍的赞同。然而，这种必然性既不能通过逻辑上的规定，也不能通过经验上的总结，而只能通过主观上的原则表现出来，这种主观原则即"共通感"。"共通感"并不断言鉴赏判断的一致性，而只是用来解释我们为何会认为别人也应当做出这样的判断。由此观之，康德对普遍性的先验探求都体现出一种逻辑的必然性。现象学所追寻的"本质直观"路径则与其相反，它寻求的是普遍性和特殊性的直接统一，而不是把这两者分裂开来。一言以概之，在康德美学中审美判断的普遍性问题还是处于认识论的框架之中，而现象学所追寻的主体间性是一个存在论的问题。

然而，杜夫海纳却把这两者结合了起来，为审美经验的普遍性寻求更为合理、更为根本的基础。在强调了审美经验是主体间的交往活动之后，他又展开了对审美经验的先验性批判。他认为在审美经验中有某种东西求助于先验的概念，在借鉴康德先验概念的基础上，他指出"审美经验运用的是真正的情感先验，这种先验与康德所说的感性先验和知性先验的意义相同。康德的先验是一个对象被给予、被思维的条件。同样，情感先验是一个世界能被感觉的条件"[①]。也就是说，先验性指的是一个对象被给予、被思维的条件，起先验作用的东西是处在对象世界的根源的某种情感特质。紧接着，他又改造了康德的先验概念，"但感觉这个世界的不是康德所指的一个非属人的主体——后康德派哲学家可能把这个主体等同于历史——而是可以与一个世界保持活的联系的一个具体主体"[②]。在这里，他摒弃了康德的非个体的主体，而借鉴了梅洛·庞蒂的知觉活动之主体即身体—主体，从而把主体看作与世界发生相互作用的

---

① [法] 米·杜夫海纳：《审美经验现象学》，韩树站译，文化艺术出版社 1992 年版，第 477 页。

② 同上。

具体主体。通过这一改造,在运用康德先验概念的同时又克服了其中所蕴含的二元论思维和主观主义倾向。

杜夫海纳对审美经验的先验性追溯最终是为解决审美判断的普遍性问题,他把先验性看作一种存在论意义上的前提条件,但它同时还是主体向其对象开放并决定其感知的某种能力即主体得以存在和构成的前提。在杜夫海纳看来,"情感先验既不仅仅是对象的特征,也不仅仅是主体的特征,而是联系于客体又联系于主体,或者说就是主客体之间关系的特征。在某种意义上,情感范畴的先验性就表现在它是先于主体与客体的划分就已经产生和存在的"①。一般来说,情感都是个体化的、独特的,而且其强调的还是具体的个体,加之审美经验总是基于对象,又与自身的存在体验有关的。那么,这种情感如何能具有范畴的一般性呢?杜夫海纳认为"范畴"之所以能运用于独特的"情感"之上,"是因为它既是一般的又是独特的,作为知,它是一般的;作为我所是的知,它是独特的"②,也就是说,情感范畴在认识论意义上是一般的,而在存在论意义上则是独特的。既然情感先验是独特的,它又如何保证审美经验的普遍性的呢?

与康德求助于某种先验的"共通感"不同,杜夫海纳则将其追溯到"人性"之上。"一般寓于独特之中,如同有人的存在及其作品的一个方面——通过这一方面,才有一种人性的可能——也有这种人性的真实性。我们的意思是说每一个人都有某种成为自身的方式,这种方式使他与别人相象"③。也就是说,当我们最深刻地成为我们自己时,我们与别人最为相近。"这不但说明这时我们能够与别人沟通,成为别人的知己或榜样,而且还说明我们是与别人同体的、相象的;我们在自身深处又找到了人性。"④ 因而,"人性是我们身上的一种可能性,而确立我们的现实性的正是这种可能性。只要我们通过创造和接受我们自身而强调我们的差别,因此只要我们发挥自己的现实性,我们就能证实这种可能性"⑤。但是,

---

① 苏宏斌:《现象学美学导论》,商务印书馆2005年版,第317页。
② [法]米·杜夫海纳:《审美经验现象学》,韩树站译,文化艺术出版社1992年版,第522页。
③ 同上书,第518页。
④ 同上书,第519页。
⑤ 同上。

这种人性不是现实的而是一种相似性和可能性，它指的是人们在生活中总是存在着走向一致的可能性，正是这一可能性为人们的相互沟通和理解提供了基础和可能。因而，每个主体所共同的人性也就在存在论的意义上为审美判断的普遍性提供了可能。此外，杜夫海纳通过改造康德的先验概念指出了审美经验中所存在的情感先验，正是"情感先验"的存在和"人性"所提供的可能性确保了审美判断的普遍性。毫无疑问，在现象学美学中，杜夫海纳对审美经验的论述更为全面，也更为深刻。但他对情感范畴的论述略显含糊并且还认为它具有无限性，因而无法提供完整的定义和清单，最终又将其普遍性根源归为主体自身所包含的人性，这就使得情感先验之于审美经验问题的有效性大打折扣。

总的来说，现象学美学更加彻底地摆脱了近代认识论哲学以及形而上学的二元论思维的束缚，其对审美经验的分析也摆脱了单纯的主观、客体的性质的束缚，并把审美经验作为一个动态的过程去把握，还通过现象学的主体间性理论讨论了审美经验的普遍性，这些对理解审美经验的具体内涵和构成要素具有重要的意义，同时还具有开创性的意义。

第三节 审美经验的接受美学分析

20 世纪 60 年代在德国兴起的接受美学理论与当时的文学批评领域中的论争密切相关，姚斯不满于当时德国文学研究领域中所盛行的新批评以及实证主义的规范模式：前者强调文本的自足性、封闭性而无视历史、社会等诸多外在因素，后者则把作者和社会因素提高到了无以复加的地位而遮蔽了文学自身的特性。姚斯则从两种理论的遮蔽之处找寻到了理论的立足点，他认为在读者的阅读活动之中存在着历史因素和文学因素的统一，读者的接受活动是一种奠基于"理解"之上的对话、交流活动，因而这一活动之中必然暗含着历史的维度。他从"理解"入手，在借鉴伽达默尔的解释学概念的基础之上对此做出了详细的说明和论证。一方面，读者对文本的理解和接受并不是纯粹客观的，读者带着"前理解"或"期待视域"介入文本的阅读之中；另一方面，我们不能把文本仅仅看作纯粹的、被认识的客体，而应该把它置于与读者平等对话的位置之上。具体来说，由姚斯所开创的接受美学理论不仅借鉴了伽达默尔的解释学的理论，还把哲学解释学中的"前理解""问答逻辑"和"视野"等概念以及"效果史"之原则（注重解释自身的历史性，证实理解本身的历史有效性）挪用或化用到了接受理论中来，从而使得接受理论带有浓厚的解释学气息和鲜明的历史感。总之，从哲学根源上来看，接受理论是在解释学的理论土壤中发展出来的，它与解释学存在着较为密切的联系，一般会把其看作解释学的一个分支，姚斯就将他的学说称为"文学解释学"。

一 "审美经验"问题研究的缘起

具体来说，姚斯的接受理论可以分为前后两个时期：20世纪60年代至70年代初期是姚斯接受理论的前期阶段，他从解决"文学史悖论"入手，重视文学与历史之间的关系，对传统文学范式进行了激烈的批评和反叛，从而将"读者"提升到了文学研究的中心地位，开创了以读者及其接受为中心的文学研究范式；而从70年代中期开始，姚斯则把理论的关注点转向了对"审美经验"这一问题的研究之上。如果说姚斯前期的接受理论是从"读者"这一要素出发，用"读者接受"来解决文学史的悖论，那么他的审美经验理论则是从"审美经验"出发来完善、深化其早先的接受理论的。然而，发生这一转变的缘由何在？这一转向又与接受理论有何关系？这些问题都是值得深究的，因为这一转变为审美经验的探讨提供了一种新的可能性。

在探讨文学史的问题时，姚斯就已经意识到了审美经验的重要作用，"奠基于接受美学之上的文学史的价值取决于它在通过审美经验对过去进行不断整体化运动中所起到的积极作用"[1]，文学史本质上是一个审美接受和审美生产的动态过程。因而，传统的固化的文学观与历史要素的对立需要审美经验的介入来调节。姚斯在后期的理论阐发中不仅把审美经验作为其研究的切入点，还试图把审美经验恢复到文学理论的中心地位。"审美经验出现在对一部作品意义的认识和解释之前，当然也出现在对作

---

[1] ［德］姚斯、［美］霍拉勃：《接受美学与接受理论》，周宁、金元浦译，辽宁人民出版社1987年版，第25页。

者意向的重建之前。"① 更重要的是，这一要素构成了一切艺术表现形式的基础：从创作行为来看，审美活动其实是作者通过审美经验把主体自己的思想、情感对象化为艺术作品，"这位把自己的经验转化为文学的诗人，也发现了他自己心灵的解放，而这是他的接受者也能分享到的"②；从接受方面来看，"审美经验因它所特有的短暂性而不同于日常生活世界和其他种种功能，它让我们得以'重新看见'，并通过这种发现的功能而提供一个完备的、实现了的现实的愉快。它把我们带进另一个想象的世界，从而暂时消除了时间的限制"③。接受者面对的是以审美经验为主要内容的艺术作品并且其自身的体验、感受也是以审美愉悦为基础的；从交流活动来看，审美经验是确保其得以发生的关键性因素，它能在接受者身上实现某些解放和社会功能，从而成为改造、完善世界并规划未来的重要力量，比如由审美经验所产生的认同作用和净化功能。审美经验由此也就被看作接受美学理论的基础和出发点。因而，在衡量一部艺术作品的当下效果时就必须参照早先人们对该作品的经验史，并在效果和接受的基础之上形成审美判断。

总之，在考察审美经验问题时，姚斯从接受理论的视域出发对审美经验问题做了独具一格的分析和辩护：接受美学突出的乃是以文学艺术经验为主的"历史的"审美经验，其依据问与答的逻辑模式并通过读者的接受和解释活动得以展现出来，而且还在接受美学的理论框架内创造性地建构了审美经验的基本范畴。姚斯对审美经验的论述是其接受美学理论的具体化与深入发展，同时他也把接受美学理论的研究从文学领域逐渐扩展为对艺术、美学甚至是文化的反思与研究。

二 接受美学的取向：交流之维

接受美学理论在文学研究领域中的应用一般被称为"读者接受理论"或"读者反应批评"，与新批评对"文本"的重视以及实证主义对"作者"的重视不同，接受美学理论则以"读者"为中心。然而，读者这一

---

① ［德］姚斯：《审美经验论》，朱立元译，作家出版社1992年版，第4页。
② 同上书，第36页。
③ 同上书，第35页。

要素在接受理论中还包含更多内容，除了作为接受者的读者自身之外，还隐含了读者在接受活动中所体现出来的对话与交流活动等。

(一) 反形而上学的实践诉求

一直以来，哲学中的形而上学传统占据着整个人文领域，柏拉图对美的形而上学式的追问和规定成为美学、艺术等领域中的金科玉律，那些与审美经验相关的问题则因其具体而微的特性而被置于边缘之处。不管是在美学成为一门独立的学科之前还是之后，美学的形而上学传统和诉求都在一定程度上遮蔽了审美经验这一具体问题的研究。姚斯认为这一传统所带来的影响是巨大且潜在的，"无论在什么地方，只要人们还认为艺术所揭示的真理高于艺术经验，艺术经验就显得无足轻重。然而，人们常常不愿意接受的柏拉图的遗产，此时也就在我们时代的艺术哲学中体现了出来"[①]。这种传统的柏拉图式的关于审美客体的本体论形式统治着整个美学界，美的本质问题作为一种真理性追求不仅遮蔽了审美经验的重要性，而且在一段时期内还把审美经验看作应该被拯救甚至是要遗弃的东西，主要原因是审美经验的诱惑性阻碍了真理的获得。尽管此后的康德美学从认识论角度阐释了审美经验的基本内涵，同时也确立了审美经验的重要地位，但这种先验的分析和阐释却更多为艺术的哲学化指明了方向；这种形而上的思辨性诉求最终在黑格尔的"美是理念的感性显现"中得到了完美的展现。姚斯认为这种哲学上的思辨性的概念考察和审美反思行为忽视了具体的、活生生的实践维度。因而，他从文学解释学的角度出发并通过具体的文学实践活动对这一问题做了较为深入的阐释和探讨。

姚斯对审美经验的考察不同于以往美学史中的概括和总结，他反对此前对美学所做的形而上学式的定义和思辨性的概念考察，这种柏拉图式的形而上学理论诉求无法解释艺术家和作家、欣赏者和读者在与艺术的交往过程中所得到的个人经验。因而，姚斯致力于一种与美的交往过程中得到的实践经验。也就是说，姚斯对审美经验所做的考察是一种反形而上学的尝试，他试图用具体的文学审美实践活动——包含生产、接受和交流三个

---

① Hans Robert Jauss, *Aesthetic Experience and Literary Hermeneutics*, trans. Michael Shaw, Minneapolis: University of Minnesota Press, 1982, p. xxvii.

方面在内的活动——来阐释曾被看作秘而不宣的或难以表述的审美经验，所以说他的审美经验论是一种关于审美经验的接受和交流的美学分析，同时这一理论也为审美经验的分析提供了一个崭新的维度。

(二)"交流之维"的凸显

接受美学理论的主要内涵如其字面之义所示——对读者接受活动的强调和重视，这种"接受之维"的发现与张扬在文学理论中产生了极为深远的影响；但从其后期的理论发展倾向来看，这种接受主体的凸显只是其中的一个方面，更为重要的因素则体现在"交流"与"对话"的维度之上，因此接受美学理论最终发展为一种关于文学的对话与交流之理论，这一理论取向的价值和意义尤其体现在对"审美经验"这一问题的考察和研究之上。

姚斯把审美经验置于历史的维度之中进行考察发现，尽管审美经验在现代美学中找到了应有的位置，但此时的美学研究往往集中在审美经验的产生和功效之上：或从修辞学的角度去探讨审美经验的功效，或从心理学的角度出发考察审美经验的发生机制和表现方式，或从社会学角度考察其客观条件；尤其是在现代艺术出现之后，随着艺术把其关注的重心转移到了作者和作品之上，美学研究也就转向了艺术表现功能，而对于艺术功能的考察则往往"只是考察审美经验的生产功效和成就，而极少涉及它的接受功效，几乎没有考察过其交流功效和成就"[①]。也就是说，当今的艺术和美学多集中于研究作品的起源、主客观条件和相关解释以及作品的传统，我们由此可以很容易辨识出作品的渊源、独创性和意义，却很难了解那些在生产、接受和交流的活动中推动了历史实践和社会发展的人的经验。姚斯敏锐地指出了美学研究中存在的漏洞——对接受和交流层面的忽视，因而审美经验的整体性内涵并不仅仅指审美经验的生产，更要包括接受和交流活动，只有把这三个方面包含在内的美学考察才是真正完备的美学理论。

由此看出，姚斯的审美经验理论的关键之处在于凸显这种"交流性"。审美经验如果只是停留在主体和客体之间的生产与接受或刺激与反

[①] Hans Robert Jauss, *Aesthetic Experience and Literary Hermeneutics*, trans. Michael Shaw, Minneapolis: University of Minnesota Press, 1982, p. xxvii.

应之类的审美活动之结果，那么在此层面之上的审美对象也只会被看作一个外在的被认识客体；相反，审美活动更应被视为一种呈现为交流、对话关系的"我—你"关系而非认识与被认识的关系。也就是说，姚斯的审美经验理论意图打破认识论的潜在预设和局限性，从而将主体与客体之间的认识与被认识关系转换为一种主体与主体之间的对话、交流活动，审美经验则是在这一对话、交流活动中得以呈现的。

（三）"交流之维"的理论依据

从接受美学的理论视域来看，如果不把审美经验的接受和交流因素考虑在内的话，那么关于审美经验的内涵就是不完整的。但审美经验的接受和交流维度的合理性是如何保证的呢？其实，姚斯的接受美学理论有着较为深厚的思想渊源。首先，姚斯借鉴了马克思在《政治经济学批判导言》中提出的生产分配的理论模式。如果把审美活动比照着马克思的"生产、分配、交换和消费"的经济辩证法，那么生产的和接受的审美活动则对应于生产和消费要素，而作为这两者之间的媒介（分配和交换因素）则在审美活动中是缺失的。因而，完整的审美实践活动必然包含着这一要素。但姚斯紧接着指出了这种简单移用所存在的根本缺陷，"可以被区分为'分配'和'交换'的第三种因素在生产和消费之间充当中介。这个因素代表交互作用的范围，但在性质上，它无非是让人们在经济上具体化了诸关系受阻的形式中抓住交流的行为，并仅仅在社会与个人的抽象对立中抓住交流的'主体间性'"[1]。姚斯看到了这种理论模式的最大缺陷是对主体间的相互作用的理解上的片面性和狭隘性，于是他借鉴了哈贝马斯的交往理论来改造马克思的理论模式。哈贝马斯批判了马克思主义理论中的片面性，"马克思对相互作用和劳动的联系并没有做出真正的说明，而是在社会实践的一般标题下把相互作用归之于劳动，把交往活动归之于工具活动"[2]。哈贝马斯的交往理论更加重视交流行为而非工具性的行为，他在普遍语用学的基础之上从主体性过渡到了"主体间性"，以语言的交互作用关系来更新生产关系的概念，从而恢复

---

[1] ［德］姚斯：《审美经验论》，朱立元译，作家出版社1992年版，第4页。
[2] ［德］哈贝马斯：《作为"意识形态"的技术与科学》，李黎、郭官义译，学林出版社1999年版，第33页。

了"技术""交流"和"世界观"三者之间的平衡关系。最终,姚斯以哈贝马斯的交往理论为依据,力图在一个文学的交往系统的环境中去把握历史性的审美经验:在审美活动中,技术被视为创作,交流被视为净化,世界观则被看作审美感受。

此外,姚斯还从康德的美学思想找寻到了"交流"的内在依据。康德在论述鉴赏判断的普遍愉悦时指出了这种普遍性的特征即鉴赏判断并不假定每一个人的同意(只有逻辑判断会如此,因为它可以给出理由),它只是要求每个人都做出这种赞同,因而不是用概念来保证这种赞同的普遍性,而是期待着从别人的赞同中得到证实。这一初看起来似乎是审美判断的缺陷(它仅仅是示范性的而不具有逻辑上的必然性)恰恰证明是其一大优势:审美判断有赖于其他人的赞同这一点使人们有可能在规范形成的过程中参与其间,而且这就潜在地构成了交往特性。

由此可见,姚斯的审美经验不仅具有现实的可靠依据,如文学艺术中的再现和表现倾向无一不关注审美经验的生产功效和成就,从而忽略了交流功效和成就,而且它还具有坚实的理论基础和深厚的思想渊源。姚斯在总结此前的美学和艺术思想基础之上指出了其中的缺陷和不足之处,从而在接受美学理论的视域中重新建构了审美经验的基本范畴,进而凸显出审美经验中的交流之维,也使得其理论更加富有开拓性和解放性。

三 审美经验的基本范畴

(一) 反思否定美学

在20世纪40年代,法兰克福学派的批判理论成为当时德国的主流思想,尤其是阿多诺的《否定的辩证法》一书为批判理论奠定了哲学理论基础,"否定性"与"非同一性"等概念也成为当时的主流话语。否定的辩证法通过批判、否定现实中的"总体性"假象,意在揭露出现实中的异化,并通过个体性和非同一性来拯救异化的人。阿多诺的《美学理论》(1970年)则是对这一思想的美学图解,因而这一时期否定理论的范式在艺术与美学领域中大肆盛行。阿多诺从艺术与社会的关系维度来考察艺术的本质和特征,他认为现代艺术最为本质的特征就在于它的现实否定性,它总是通过形式上的因素与现实相抵触,"正是由于艺术脱离了经验的现实,并依据其自身的需要来调节整体与部分的关系,从而使其成为高级的存在"①。也正是在否定现实的同时艺术才获得其自身的独立自主性;艺术在自足独立的同时,还需要反对那些维护社会统治秩序的文化策略,因而艺术的社会功能就在于其与社会之间的对抗性上。在姚斯看来,作为特定时代(资本主义从鼎盛走向了衰落)的产物的否定性的美学思想具有一定的合理性和理论价值,它萌芽于康德"审美无利害"这一否定性的公式之中,但这一否定的思维范式能否公正地描述审美经验及其成就?姚斯对这一理论充满了疑惑和不解,他重新反思否定性的含义和价值以及它在美学、艺术中的应用。

姚斯首先肯定了阿多诺的否定辩证法的积极作用和意义。作为特定时代的产物的否定辩证法是对当时文化工业的批判,尤其针对文化工业在意识形态上的操纵和控制。但这种断然的否定性并不是艺术的共同特征,而且肯定和否定更不是艺术和社会的辩证法中的两个定量,"肯定和否定这一对范畴并不能使我们充分恰当地理解艺术在较早的、尚未独立自主的历史阶段时的社会功能"②。其次,艺术的这种否定性的进步道路还具有极大的片面性,它忽视了相互之间的作用和相互转换。肯定和否定在一定情况下是可以相互转换的,否定性的作品因其批判性而获得意义和价值的同时会变成"经典"作品。因而,具有否定性和批判性的艺术在接受的过程之中难免不失去其最初的否定性,艺术的否定性道路在不知不觉中走向了传统的进步的肯定性。最后,阿多诺的美学理论以艺术的否定辩证形式重新肯定并张扬了审美自主性,但这种肯定是以牺牲艺术的全部交流功能为代价的,而且伴随着这种交流活动而产生的接受、认同行为也随之消失。然而,当把这种否定性的模式运用到审美经验上时便产生了一种严重的后果:否定性的艺术完全敌视审美经验的初级阶段即感官上的愉悦。"尽管感官上的愉悦潮流在历史上反复出现,但它还是幼稚的,艺术只能在回忆或渴望中汲取快感,而不是直接地描摹和感受它"③,阿多诺的美

---

① Theodor W. Adorno, *Aesthetic Theory*, trans. Robert Hullot-Kentor, London and New York: Continuum, 2002, p. 4.

② Ibid., p. 17.

③ Ibid., p. 1.

学理论对审美活动的表现即感官上的愉悦、快感深恶痛绝，并将其看作资产阶级的审美享乐主义。在他看来，这些外在感性因素极易被文化工业用来控制、操纵人们，所以必须加以批判和否定。与此同时，这也就是阿多诺赞美现代艺术的原因。他认为现代艺术是一种"反艺术"，主要表现在其对美的感性外观和经验现实的批判与否定。姚斯认为阿多诺的美学思想体现了一种审美纯粹主义和文化悲观主义，他从文学理论和对具体的文学作品的欣赏出发，对这一理论倾向做出了自己的判断。

文化工业对审美需要的操纵毕竟是有限度的，因为即使是在工业社会的条件之下，艺术的生产与再生产也不能决定艺术接受。艺术接受不是简单的或被动的接受，而是有赖于赞同或拒绝的审美活动，因而不能用市场原则来衡量、规划艺术活动。我们应该反对那种传统的审美观念即只允许服务于有教养的贵族、上层阶级的高雅艺术的审美经验的存在；同时，我们更应该挖掘并展现出包括通俗艺术在内的种种"愉悦"的审美经验的交流成就。姚斯认为阿多诺带着极大的片面性，以单个主体面对艺术作品时所产生的那种纯粹反应来反对艺术的感性经验和交流功能。因而，他反对阿多诺所坚持的那种审美纯粹主义即为了支持较高层次的审美反思而忽略或压制审美经验的初级形式，尤其是它的交流功能。姚斯则力图打破这种悲观主义式的美学回避态度和做法，从而为审美愉悦做出美学上辩护：将审美愉悦看作审美活动中的基本态度，恢复"愉悦"应有的地位和价值，最终使其成为审美经验理论的出发点和基础。

（二）"审美愉悦"之辩

阿多诺从其否定美学思想出发，认为艺术应该超脱于现实社会，而且从艺术中获得的幸福是一种遁世的幸福，但艺术绝非从幸福之中产生，"艺术作品并不具有那种空想，诸如给人以感性愉悦，这种愉悦因作品成为精神性的东西已遭到杜绝和否认"[1]。所以艺术也就与快乐、愉悦无直接关联，作为构成因素的审美愉悦（Aesthetic Pleasure）概念也将被剔除出去。姚斯由此展开了对否定美学的发难，通过指出一个简单的事实——大多数人与艺术发生联系都始于娱乐、享受——来开始他的反驳，

---

[1] Theodor W. Adorno, *Aesthetic Theory*, trans. Robert Hullot-Kentor, London and New York: Continuum, 2002, p. 81.

因而他把"享受"引入审美经验之中,并论证了其存在的合理性与价值。

姚斯从词源学的角度指出了"享受"(Genuss)这一词在德语中的原初含义,它最初指的是"一件事情的有用或有益",后来却逐渐与"在某件事情上获得快乐、高兴之义"奇特地结合起来。最近,"享受"一词成为有教养的资产阶级的文化的一种特权,或被指责为仅仅是为了满足消费或低级的趣味。通过回顾审美经验的历史,并借助于亚里士多德在《诗学》对模仿的快感的说明、奥古斯丁对享用和使用的区分以及高尔吉亚的言语效果理论等具体的史料,从而描述了审美愉悦的衰落过程,也让我们得以清楚地看到"享受"一词曾经所获得的崇高意义和地位是如何逐渐消失了。为何会出现如此混乱的认识和意义呢?原因就在于对其意义的未加区分的否定性,比如在歌德的《浮士德》中,享受"这概念被用来指直至包括对认识的最高愿望在内的所有层次的经验(从对生命的享受,行为的享受,有意识的享受,一直到创造的享受)"[①]。因而,不能毫不分辨地就把一切愉悦都看成毫无理想的感官享乐并将其与艺术对立起来,更不能把愉悦简单地等同于统治阶级的统治工具而予以抛弃。

姚斯认为享受的这两种含义对美学尤其是审美经验而言都具有启发性,但前提是必须将一般意义上的愉悦与现象学意义上的审美愉悦区分开来。姚斯认为愉悦可以分解为两个因素:第一个因素适用于一切愉悦之感,此时的主体及其感官完全沉湎于外在的客观对象之中,而第二个因素则把外在客体悬置起来,用有距离的审美态度来对待客体,从而使客体成为审美对象,这一因素只适用于审美愉悦,而此刻的审美愉悦其实是一种在享受他物中的自我享受。可以看出,姚斯的这一观点和康德的美学思想极为相似,康德在《判断力批判中》论述了快适的愉悦、善的愉悦和鉴赏判断的愉悦三者之间的本质区别,但康德的区分是为了说明鉴赏判断的无利害性,而姚斯则意在证明审美愉悦中所包含的享受、快乐之维度的合理性和合法性,这是对否定美学不分青红皂白地否定审美经验中的愉悦感的纠正,进而十分明确地将审美愉悦感作为审美经验的初始阶段和题中之意。此外,姚斯还对此做了进一步的论证,他通过具体的文学作品或文学史料证明了在审美经验的生产、接受和交流的层

[①] [德]姚斯:《审美经验论》,朱立元译,作家出版社1992年版,第57页。

面上都存在着审美愉悦。因而,他主张在动态的过程之中考察审美经验而不是仅仅局限于创作活动。同时,他又根据审美愉悦在这三个层面上所发挥的不同功能,姚斯将审美经验的内涵划分为三个相互联系的基本范畴。

(三) 审美经验的基本范畴

与此前的美学研究不同,以姚斯为代表的接受美学理论则另辟蹊径,把审美经验纳入接受美学理论之中来考察:他以文学作品为分析对象,把审美实践看作由生产、接受和交流三个方面构成的活动,并根据审美愉悦的不同功能将审美经验的内涵创造性地区分为"创造""美觉"和"净化"三个基本范畴。姚斯认为只有立足于生产、接受和交流这三个层面,关于审美经验的研究才可称得上是完整的。

1. 生产的审美经验:"创造"

对应于审美活动的生产方面的是审美经验概念中的"创造"这一基本范畴,"创造,按亚里士多德的意思,是给事物创造因某人自己劳动而愉快的名称的一种官能"[①]。也就是说,创造指的是人们从自身的创造能力的展现中所得到的愉悦感。姚斯详细地考察了"创造"概念的历史变迁,在古希腊时期艺术生产活动被看作一种实践活动,它只是对先在的"理念"或现实的模仿;而到了18世纪前后这个概念的内涵发生一些变化,主体的创造能力得到了确认和展现,临摹式的模仿者变成了一个具有生产美的表象能力的"天才",我们在这一活动中所获得的是一种既不同于概念性的科学知识,也不同于自我复制工艺的工具性实践的知识;而到了19世纪前后,艺术生产成为人们摆脱异化状态的行动范式,这主要表现在马克思的早期著作中;关键性的转折出现在20世纪前后,先锋派的艺术彻底改写了"创造"的意义,现代艺术质疑了审美生产过程中"意义先于形式"的问题,并通过使难以下定义的事物成为美的本质特征而使艺术摆脱了美作为永恒实在的观念。"形式通过让观赏者分享审美对象的构成而使审美的接受从沉思的被动性中解放出来;于是,创造就意味着一个过程,通过这个过程,接受者成为一部作品的参与的创造者"[②]。

---

① [德] 姚斯:《审美经验论》,朱立元译,作家出版社1992年版,第76页。
② 同上书,第114页。

在现代艺术中，接受者的创造性得到了前所未有的高扬，当面对不确定的对象之时，接受者必须诉诸自身来确定这一对象是否是艺术，因此审美愉悦的所有内容都蕴含于欣赏者的创作活动之中。

由此我们可以看出，最初作为人的生产能力的审美经验只是创造性的艺术家和诗人所遭遇到的一种限制性的或抵御性的经验，他们要以先在的理念或自然为理想的规范的经验，因而这种审美经验的生产就必然不是创造性的；但自从主观美学出现之后，审美活动自身的价值就得以显现，它已不再是单纯的对自然的一种简单的模仿了，而是把自己的作品作为对自己有限世界的各种可能性的一次成功把握来加以体验。创造性的审美经验就不仅是指一种没有规则和范例的主观自由的生产，或者在已知世界之外去创造出别的世界；它还意味着一种天才的能力，要使人们所熟悉的世界返璞归真，充满意义。也就是说，审美经验成为确保艺术是独创性的关键因素。然而，创作这一概念之内涵的戏剧性变化揭示出了审美经验的发展与变化，并最终指向了"接受者"的创作能力这一维度即强调了作为接受者的创作行为在审美经验的生产中所发挥的重要作用，从而在另一方面佐证了他的读者接受理论的合理性。创作概念的重心逐渐由作者转向了读者，读者的再创作成为这一概念的新特征，同时这种创作观也是其审美经验论和接受美学理论的基础。

2. 接受的审美经验："美觉"

与审美生产活动的接受之维度相对应的是审美经验的另一基本范畴即"美觉"，"可定义为审美感觉，它指的是认识所见到的事物以及见到这种认识的审美愉悦感"[①]。姚斯通过考察、分析这一概念内涵的历史变迁，进而发现这种感受是作为接受的审美经验的初始内容和基本含义。审美经验始于那种不同于日常生活感受的感受，它以一种异己的方式和独特的视角呈现出一种奇特的感受经验。姚斯以史诗《伊利亚特》为例展示了审美感觉在审美经验中的重要意义，史诗中对阿喀琉斯之盾的描写可谓美妙绝伦，自然景象、生活画面、农牧活动和工作游戏十分巧妙地组合在一起。对这一场景的描画打破了时空、距离和时序的固有限制，

---

① Hans Robert Jauss, *Aesthetic Experience and Literary Hermeneutics*, trans. Michael Shaw, Minneapolis: University of Minnesota Press, 1982, p. 34.

世界以这种同心环绕的方式在盾牌中完美无瑕地显示出来。这一新奇的经验世界的展示引导人们从生活之感受转向了审美之感受,从而实现了审美经验的最初阶段;更重要的是,这种感受表现出形象与意义的原始统一之特性。因而,审美经验的感受要求一种浑然一体的感受方式。然而,在中世纪的艺术中,由于基督教的反偶像化和对肉欲的谴责,形象不仅与意义相分离,而且还受到贬斥,他应该想象那种超越了可以言传的事物的东西,那种统一的感受方式则被内心的反省所压制、取代,由此内心世界成为感受的准则。

从文艺复兴到19世纪末这一阶段,审美经验的感受形式表现出一种外在世界与内心世界相融合的态势,因而审美经验的接受也就显得尤为重要。姚斯以彼特拉克的《歌集》为例,说明了审美感受是如何从基督教禁欲主义的内心世界中解放出来的,在《歌集》中彼特拉克把对自然景物的体验和对情人劳拉的思念之情完美地融合在一起,由此审美经验中的感受范畴也就更加重要。近代的浪漫主义艺术则将审美感受发挥到了极致,他们以主体为中心并把外部的世界加以内化,从而使其成为风景。在这一情况之下,感受的历史就发展到这样一个阶段,即对作为风景的自然的那种独特的近代体验完成了由彼特拉克开始的对奥古斯丁体系的颠倒,"不是否定世界的向内转,而是抓住世界的向外转,才是允许观赏者在灵魂与风景的和谐一致中发现他真的自我的一种运动"[1]。如果说文艺复兴时的审美感受还带着基督教内省式的残留,并呈现为一种否定世界的内向运动,那么由浪漫主义所开启的审美经验则是一种捕获世界的向外运动。这种沉思性和概念化的审美感受在康德那里得以系统化,由此感受失去了质朴、自然失去了生命力,如何来面对这种困境呢?人们在"回忆"中找到了失去的感受能力,卢梭的《忏悔录》则显示了"回忆"所具有的审美能力,审美活动在回忆中创造了旨在使不完美的世界和瞬间的经验臻于完美和永恒的最终目标。之后的普鲁斯特和波德莱尔则试图沿着这条道路去对付日益工业化和技术化的社会中的"感知危机",他们重新肯定了审美愉悦的价值和认识功能,并高扬了审美经验的感受层面所富有的批判要素和其他社会功能。由此看出,审美经验的感

---

[1] [德] 姚斯:《审美经验论》,朱立元译,作家出版社1992年版,第157页。

受内涵的最基本含义是感官上的观察、静观,它从一种纯粹视觉感官上的优先性逐渐转变到主体的内省和沉思以及回忆之中。因而,感受能力则在感受经验视野的不断扩展和转移过程之中显得尤为重要。

此外,姚斯对审美经验的"感受"范畴的论述最大的特点在于他对当代艺术活动的接受方式的认可与总结。针对文化悲观主义者们对技术、媒介的批判:新技术带来的传播媒介威胁了传统艺术的"氛围"和古典的感受形式如静观、沉思。姚斯则通过对感受史的揭示对此进行了反驳,"人类的感官感知并非人类学上的常数而是随着时间不断变化着的,艺术的功能之一就在于揭示出变化着的现实中新出现的经验方式和类型"[1]。当代社会中的技术革新为人类的知觉打开了前所未有的感受经验领域:摄影机可以捕捉到瞬间的或偶然的事物,因而可以展现此前未曾注意到的东西;电影中的特写或慢镜头等技术则能记录下视觉难以捕捉的场景和空间,因而为感受经验提供了新层次和新领域……总之,这些技术开启了新的感受方式和经验模式,因而也将改变和丰富艺术活动的审美感受形式。

3. 交流的审美经验:"净化"

对应于审美活动的交流方面的是审美经验内涵中的最后一个范畴即"净化"(Catharsis)。净化指的是"人们受到演讲或诗歌的刺激而产生的情感所带来的愉悦或享受,这种愉悦在听众或观众身上造成了信仰的变化和思想的改变"[2],它是发生在艺术与接受者之间的一种交流性的审美经验。在传统的审美理论中,接受者的那种交流作用由于审美距离的存在而被完全剥夺了,审美距离被看成一种单向的且与对象之间的关系完全是沉思的、无利害的;与此不同,姚斯的这个定义则是以通过对他人经验的享受可以产生相互作用或自我享受为前提的,并使接受者成为构建想象之物的积极参与者。

姚斯认为要全面地考察审美经验的交流功能就必须追溯到审美经验的解放这一问题之上,他首先把净化从宗教仪式中分离出来,然后分析

---

[1] Hans Robert Jauss, *Aesthetic Experience and Literary Hermeneutics*, trans. Michael Shaw, Minneapolis: University of Minnesota Press, 1982, p. 63.

[2] Ibid., p. 34.

了认同活动的诸发展阶段和形式，最后它又分析了时下的审美反思是如何否定交流性认同的。一方面，他从亚里士多德对"净化"的愉悦感的理解和奥古斯丁对受"好奇心"驱使的享受的批评以及最初由高尔吉亚所论述的那种较有说服力的演讲中的情感所产生的力量等三个来源中引申出了审美经验的交流功能；另一方面，他把审美感知从对象扩展到了感知的主体自身，并将审美认同看成是交流中的首要问题，而审美经验的净化范畴则是在这一交流框架中得以展现出来的。也就是说，审美认同是在自由的观察者和非现实的客体（主人公）之间来回运动中发生的，因而净化就包含着认同的要求和行为范式，被情感所激发的想象力则在这一认同活动中不断地展开。以欣赏悲剧时的愉悦为例，观众在欣赏过程中通过认同作用可以认同、采纳主人公的典范行为，也可以通过这种认同传递这种行为范式或打破习惯的行为范式，他还可以将这些经验和行为中立化，但欣赏者并不像否定美学所说的那样是完全被动的。

正是净化经验的多重性中所包含的这种基本矛盾——净化的审美经验能够打破对现实世界经验的掌握，但此时它要么是把观众带入对典型行为的道德认同之上，要么让观众保持一种纯粹的好奇状态。因而，净化的经验就有可能被利用或为意识形态目的服务或成为一种有预谋的消费——招致了否定美学的批判，他们将一切从审美性导向道德性的东西看成是消极的。而姚斯的观点则不同于这种悲观主义的论调，他试图通过对"典范"概念的分析来弥合审美认同与道德实践两者之间的鸿沟。就审美经验而言，典范总是在两种可能性中表现自身：一是通过典范进行自由的学习与理解；二是机械地、不自由地去遵循某条规则。而典范的道德认同则发生在不自由的模仿和自由的遵守这一对立的两极之间。也就是说，典范是从审美认同到道德认同的过渡环节，典范的道德认同打破了审美上的"规则与事例"的框架以及两极之间的对立模式，其体现了一种现实上的"未定性"和开放性。因而，在实践理性范围内，"典范能够通过对道德情感的生动描绘来克服道德的审美客观性，并创造对行动本身的兴趣"[①]。由此可见，姚斯的阐释使得审美经验的净化内涵得到进一步深化，从而再次肯定了审美经验的交流维度的合理性和意义。

---

① [德] 姚斯：《审美经验论》，朱立元译，作家出版社1992年版，第205页。

最后，姚斯还指出了审美经验所包含的这三个基本范畴即创作、感受和净化之间的关系。创作与感受的联结可以通过创作者本身得以实现——进行创作的艺术家可以以观众的身份来欣赏他的作品；从创作到净化的联结则需要接受者来实现，这一过程反过来还可以作用于创作者；而感受既可以连接创造者又可以通向净化的功用，因为净化的功效也可以来自感受。总之，这三个基本范畴不能被看作等级森严的层次结构，而应被看成一些具有独立的功能的结合体，它们之间不能相互还原但却能用不同的方式相互联结。

四 理解的历史性与"历史的审美经验"

姚斯对审美经验基本范畴所做的论述还体现了他对理解的历史性即"历史的审美经验"的强调。这主要得益于伽达默尔的解释学的理解原则，即从效果史中去认识所有历史的理解，因而他在前期的接受理论中以"读者接受"为中心从而重建了文学与历史的关系，其一方面强调各个时代的读者接受和解释文本的历史过程；另一方面强调作品的效果和意义即文本在当前的阅读接受活动中的具体化的实际过程。这种理解的历史性诉求也同样体现在了他的后期理论之中。姚斯的审美经验论强调的是以文学、艺术经验为主的"历史的审美经验"，它是在欣赏者与文本的接受活动以及欣赏者与作者、文本之间的交流活动中体现出来的，因而它不仅仅是简单的回顾或罗列概念范畴的历史，而是要在描述其内涵的历史演变过程中突出其中所蕴含的接受和交流之维，从而更加完整性地把握审美经验的基本范畴和内涵。

在姚斯看来，此前关于审美经验的考察大多集中于生产（创作）的方面，很少涉及接受层面，尤其是交流层面则更少涉及，"美学意义蕴含于这一事实中，读者首次接受一部文学作品，必然包含着与他以前所读作品相对比而进行的审美价值检验。其中明显的历史意义是，第一位读者的理解，将在代代相传的接受链上保存、丰富，一部作品的意义就这样得以确定，其审美价值也得以证明"[①]。因而，他不仅从生产的角度讨

---

① ［德］姚斯、［美］霍拉勃：《接受美学与接受理论》，周宁、金元浦译，辽宁人民出版社1987年版，第339页。

论了审美经验的"创作"范畴,还从接受的角度探讨了审美经验的"感受"范畴,更突出了作为交流的审美经验的"净化"范畴。由此看出,姚斯把审美经验置于一个文学交往系统之中,并通过对创作者、艺术品和接受者之间的互动交流的历史性的考察,揭示出了审美经验的基本范畴。这种历史性的阐释原则避免了理论阐发中的随意性和任意性。姚斯对审美经验范畴的阐发并不是依据自己的论述需要而随意取舍以便证明先在的论点,而是在呈现其产生、接受和交流的历史演变过程中展现自己的论述。他对审美经验的理解的历史性的论述和呈现避免了论述中的武断性和任意性,在富有历史感的同时也确保了论述的有效性和正当性。

总而言之,姚斯立足于文学解释实践来阐发审美经验这一问题,意图表明这样一种信念:"与艺术交流的经验并不是某个专门学科的特权;对这种经验的各种条件的反思也并非哲学或神学解释学所专有。"[1] 这种以艺术品为中心的文学解释学策略避免了审美理论的抽象性和随意性。他在反对阿多诺的否定美学思想在美学与艺术领域中的垄断性统治的同时,重新审视审美反思问题,主张恢复审美中的感性和愉悦,尤其认可了当代艺术的感受新方式;进而重点考察了审美实践这一活动本身和其在创作(生产的)、感受(接受的)、净化(交流的)这三个基本范畴中所呈现出的审美经验。姚斯对审美经验的论述在坚持一贯的理解的历史性原则之上,通过具体的审美实践活动对审美经验做出了详尽的阐释;更重要的是,他挖掘出此前一直被忽视的交流的维度,并通过它论述了审美经验的完整内涵,从而为我们呈现了一个考察审美经验的全新视域。

本章小结

在现代美学中,审美经验成为美学分析的主要内容,但由于把其置于认识论的框架之内,审美经验始终被视为一种与理性认识相对的感性认识经验,而且关于审美经验的论述也长期陷于经验主义和理性主义的分歧与争论之中。其实,不论对审美经验的分析是立足于主体

---

[1] Hans Robert Jauss, *Aesthetic Experience and Literary Hermeneutics*, trans. Michael Shaw, Minneapolis: University of Minnesota Press, 1982, p. xxix.

还是客体抑或是主客之间的相互作用，它们都有一个预设的前提即主客之间的二元对立。因而，对于审美经验的论述也就无法挣脱主客二分的认识论模式：从审美对象来看，它不仅被看作相对于审美主体的客体，而且还被看作有待认识的客体；从审美经验本身来看，它不仅被看作一种独特的情感体验，还极力强调它的区分性、二分性。

以杜威为代表的实用主义美学所建构的审美经验理论是对二元论哲学的具体批判，他拒绝从主体、客体或情境等二元论影响下的任何一个维度来思考审美经验，而是试图把审美经验拉回经验世界中来，改造二元对立的、自足自律的审美经验观，建构一种具有实用主义色彩的审美经验观。他的审美经验理论强调的不是审美经验的独特性、区分性而是它的连续性和日常性，因而艺术与日常生活之间的紧密联系是其核心主题。他沿着"一个经验"的思路和方向来理解审美经验，赋予审美经验以连续性、鲜活性和动态性，从而消解了在二元论思维的影响之下所发展出的审美经验的诸种特性如神秘性、绝对的区分性和无功利性等等，同时也是对审美经验为艺术所独有或专享之观念的否定和批判。然而，杜威基于"经验"概念所建构的审美经验理论往往因其过于宽泛而带来诸多质疑；与杜威对审美经验问题的相对混乱不清的界定不同，现象学美学家则对审美经验进行了富有哲理深度的现象学阐释，他们以艺术作品为具体的分析对象，以意向性理论为具体的分析方法，并把审美经验与审美对象放置在同一过程之中进行考察，从而揭示出了审美经验的具体特征以及其与世界、生活之间的密切联系。而更重要的是，与此前的美学将审美经验作为一个静态的对象进行分析不同，现象学美学把审美经验看作一个动态的发展过程，并对这一过程具体分析和描述，论述了审美经验的发展阶段以及其内在机制；与现象学美学相似，姚斯的审美经验论也是反形而上学的。他认为形而上学的审美经验理论无法解释在艺术交往过程中艺术家、作家与欣赏者、读者所获得的个人经验，那种认为美、个人的审美经验无法用言语表达的是形而上学所导致的错觉。因而，姚斯以文学为具体的审美实践活动，从解释学和接受美学的视域出发来考察审美经验这一概念，并从中发掘出了审美经验的基本特征与独特内涵。

第 三 章

分析美学与审美经验的沉寂

　　自从 18 世纪以来，审美经验一直被看作美学领域中的重要概念之一，尤其是在康德美学对它进行了系统的阐释之后，审美经验成为美学所关注的核心问题，在此后的一个多世纪里关于审美经验的阐释和论述层出不穷。如果说整个 19 世纪的西方美学对审美经验的解读还是囿于康德美学的界定的话，那么这一研究现状在 20 世纪初期得到了巨大的改变。滋生于 20 世纪哲学思潮中的诸多美学流派，无不立足于其所推崇的哲学思想和哲学方法进行理论上的建构，因而审美经验概念在这些美学流派中得到了多元且较为深入的解读，如实用主义美学对经验的改造、现象学美学对审美经验的过程的分析以及接受美学对审美经验的交流维度的阐释等，都在一定程度上逾越了康德美学的限制。然而，伴随着分析哲学的逐步发展与兴盛，哲学分析的方法也在美学领域中得以大肆盛行，与之相应，对审美经验的理论研究在 20 世纪中、后期发生了一次戏剧性的转变。与以往美学流派对审美经验的重视和深入阐释不同，分析美学则把批判的矛头直指美学的基本概念尤其是审美经验这一概念，彻底质疑了审美经验在美学中的价值与意义以及合法性地位。自此之后，审美经验这一概念招致了越来越多的批评性研究，不仅它的价值、意义受到普遍的怀疑，甚至连它的存在本身都受到了严重的质疑，这个曾充满活力的美学概念为何失去了昔日的魅力与地位？从总体上来看，分析美学对审美经验这一概念的批判与质疑并非过激之举，亦无沽名钓誉之嫌，分析美学的批判性自有其现实的针对性与合理性以及深厚的哲学根基。可以说，分析美学对传统美学的批判、质疑甚至是取消态度始于对美学基本概念的分析。

第一节　分析美学的方法与模式

一　分析美学的方法

（一）分析哲学与分析美学的方法

在20世纪的哲学领域中，分析哲学（Analytic Philosophy）无疑占据着主导性的地位，它的发展从20世纪初一直持续到70年代，并通过各种不同的形式在英美哲学领域中得到了繁荣和发展。迈克尔·达米特认为分析哲学是在"语言转向"的时候诞生的，这一观点表明了分析哲学与语言以及语言运用之间的密切联系。自从分析哲学诞生起，"分析""逻辑分析"和"概念分析"等术语被广泛地用来描述分析哲学的方法。尽管关于分析哲学及其方法存在着各种不同的表述，但这些不同的表述在基本原则上是趋于一致的："第一，通过对语言的一种哲学说明可以获得一种对思想的哲学说明；第二，只有这样才能获得一种综合的说明"[1]，彼得·哈克对此做了更为清晰的说明："第一，哲学的目标是对思想结构进行分析；第二，对思想的研究将大大有别于对思维的研究；第三，分析思想的唯一正确的方法在于对语言的分析。"[2] 由此可以看出，分析哲学运用的是语言分析的方法，而且语言对于思想来说具有一种优先性。或许在如何描述分析哲学这一问题上哲学家们鲜有共识，但是他们无一不认为哲学的主要目标是"分析"而不是形而上的诉求以及哲学体系的建构，"在二十世纪早期，对哲学而言适宜的是对普遍形式的理解，以及将传统难题分割成许多单独且更易理解的问题。'分割与征服'在这里成为和别处一样的成功准则"[3]。分析哲学几乎从一开始就与理性精神和科学精神相结盟，并致力于推翻思辨的形而上学哲学，消除传统哲学中普遍存在的本质主义诉求及其神秘化倾向。一般来说，分析哲学被划分为两个彼此相关联的阵营——逻辑实证主义（Logical Positivism）与日常语言

---

[1]　[英]迈克尔·达米特：《分析哲学的起源》，王路译，上海译文出版社2005年版，第4页。

[2]　Anat Biletzki, Anat Matar, *The Story of Analytic Philosophy: Plot and Heroes*, London and New York: Routledge, 1998, p. 10.

[3]　Bertrand Russell, *Mysticism and Logic and Other Essays*, London: George Allen and Unwin, 1951, p. 113.

哲学（Ordinary Language Philosophy）。前者通过还原性的分析将统一的整体分解为更为基本的属性或成分，后者则是对概念或术语的一种澄清性的语言分析。总之，分析哲学的多元发展对分析美学的最初发展产生了重要的影响。

作为 20 世纪最为重要的美学思潮，分析美学（Analytic Aesthetics）正是在分析哲学的影响之下得以出现和发展的，"正如其名称所示以及艾森伯格的论述所明确证实的那样，分析美学是哲学中的分析方法所产生的一个结果（然而并不单纯是一个附带的现象），这种分析方法最初由摩尔和罗素所开创，后被维特根斯坦等人所继承和发展，经过了逻辑原子主义、逻辑实证主义和日常语言分析等不同的阶段"[①]。具体来说，分析美学主要植根于且得益于日常语言哲学的语言分析方法，并对逻辑实证主义的逻辑分析方法进行了适度的借用，它的独特之处在于继承了分析哲学的"分析"视角，并采用"语言分析"的方法来解决美学问题。与分析哲学一样，分析美学的"分析"意在批判和澄清美学或艺术领域中所存在的概念、术语及其运用上的模糊与混淆现象，如美学中的概括陷阱、混乱类比等，从而达到一种精确性和明晰性，这尤其体现在它对传统美学的本质主义谬误的批判上。

从更为广阔的美学背景来看，分析美学的出现有其现实针对性和必然性。尽管分析哲学为分析美学的出现提供了理论基础和批判方法，但分析美学更多地依赖其对立面来规定自身。因为 19 世纪末 20 世纪初的美学图景为分析美学提供了一个合适的批判对象：克莱夫·贝尔的"有意味的形式"、贝奈戴托·克罗齐的"直觉即表现"以及科林伍德的"表现主义"等理论统治着欧美世界的美学领域，"美学被一种唯心主义所支配，这种唯心主义极力主张超越一切艺术品的表面差异进而寻求到一个本质或根本原则，这一本质或原则对所有艺术品来说是共有的、深刻的和解释性的"[②]。这种无差别的本质主义的诉求成为分析美学最为合适的

[①] Richard Shusterman, "Analytic Aesthetics: Retrospect and Prospect", *The Journal of Aesthetics and Art Criticism*, Vol. 46, May, 1987, p. 116.

[②] Richard Shusterman, *Surface and Depth: Dialectics of Criticism and Culture*, New York: Cornell University Press, 2002, p. 18.

批判对象,正是在对唯心主义美学的批判中分析美学的基本原则得以彰显、基本理论也得以确立。

(二) 分析美学的分析模式与发展

相对于分析哲学的出现和发展阶段来说,分析美学的发展具有一定的滞后性,但正是这种历史的滞后性促使分析美学得以更加全面地汲取分析哲学的养分。分析美学借用了逻辑实证主义的"逻辑分析"方法,但又巧妙地避开了那种还原性的分析模式以及对还原性定义的诉求,因为分析美学在日常语言哲学中获得了最为坚实的基础。早期的分析美学借助于语言分析的方法,专注于基本的美学概念及其用法的分析而不是分解出概念的充分和必要成分、属性,其追求的是一种美学用语上的明晰性,因而也就摆脱了逻辑实证主义对充分条件或必要条件的追求。早期分析美学遵循的是一种部分论的思维模式,"通过将这些美学的词汇先解析为各个部分的要素,最好是能解析到所谓'最终的逻辑要素'为止,进而,再通过这些分解而要搞清楚这些美学语汇的意义复杂性"[1]。然而,分析的最终目的不再是寻求还原性的定义而是澄清这些基本的概念或术语,因为对于概念本身及其应用来说,并不需要寻求一个本质性或还原性的单一定义。更重要的是,我们也不可能为其提供一套清晰且充分必要的本质性条件。分析的目的在于区分出美学概念的用法的多样性并澄清由此带来的复杂性和混淆。因而,分析的最终结果要么是保留,要么是抛弃:对于那些没有实质性意义的用语应该摒弃,而那些被保留下来的有意义的用语则应在明晰的层面上继续使用。

由此可以看出,早期的分析美学意在祛除美学理论中的语言迷雾,厘清美学概念的基本用法,从而达到一种明晰性。威廉·埃尔顿(William Elton)选编的文集《美学与语言》(*Aesthetics and Language*)代表了分析哲学的方法在美学问题上的具体应用,同时也意味着分析美学的真正开始。他们大都通过批判美学领域中呈现出来的逻辑和语言上的这样或那样的混乱来揭露传统美学理论、方法中的缺陷与不足,其目的在于诊断和澄清美学中那些被认为是缘起于语言上的误用或滥用而导致的混乱,如约翰·帕斯莫尔用"沉寂"(Dreariness)一词来形容美学学科的现

---

[1] 刘悦笛:《分析美学史》,北京大学出版社2009年版,第8页。

状。从这部代表性的文集来看,分析美学的破坏性一方面表现在,它们是对那种认为可以从艺术的现实多样性中轻而易举或合法地推断出美学的"本质"的拒绝和否定,从而促使美学的焦点从追求根本原则或本质转移到更为具体的,更为明确的概念、术语等语言分析问题;另一方面,则表现在对美学学科的怀疑之上。斯图尔特·汉普夏尔把美学与道德理论相比较而对美学提出这样的质疑,"什么是美学的主题呢?谁提出这些问题而谁又提出解决的办法呢?也许这些主题并不存在,这将充分地说明美学书籍的贫乏和不足"[1],他最终得出的结论是"所有人都需要道德来祛除不良的行为;但是,无论是艺术家还是评论的旁观者都并非一定需要一种美学不可"[2]。尽管汉普夏尔没有直接宣称美学作为一门学科是不可能存在的,但他对美学学科的存在表示出一种深深的怀疑态度,至少不可能存在一种如伦理学或道德哲学那样起作用的美学。通过这些具体的实践操作可以明显地看出,分析美学的这种早期的语言分析模式更多是"破"而非"立"。

分析哲学的另一分析模式是在整体论思维模式的影响之下形成的,尤其是后期维特根斯坦在哲学上的转向深刻地影响了分析美学的发展和转变。这种分析模式体现出一种"系统构造"的倾向,它不只是停留在了早期的分析和澄清层面之上,而是在此基础上做了进一步的推进。既然澄清性的分析揭示出了审美概念中的模糊和混淆之处,为何不能继续向前推进使其更好、更精确呢?也就是说,在分析哲学的"分析"目标之中还暗含着另外一种可能性,即修正、建构的维度。尽管这与罗素最初的看法即哲学的主要目标是"分析"而不是体系的建构相违背,但这也恰恰是分析美学对分析哲学的突破和发展之处。"自 20 世纪 60 年代中后期之后,分析美学的历史可以被理解为一个渐进的转向,从感性的表面转移到了较为深层的、不可感知的深度"[3],分析美学走向了各式各样的"建构",这种转变是在日常语言形式的基础之上以及比厄斯利的"重

---

[1] Sauart Hampshire, "Logic and Appreciation", in William Elton eds., *Aesthetics and Language*, New York: Philosophical Library, 1954, p. 161.

[2] Ibid., p. 169.

[3] Richard Shusterman, *Surface and Depth: Dialectics of Criticism and Culture*, New York: Cornell University Press, 2002, p. 20.

建主义"的推动之下发生的。尼尔森·古德曼的建构主义路线是最为突出的代表，他通过分析的方法和对概念的实用主义重构进而直接建构了一整套"艺术语言"理论，此后的阿瑟·丹托和乔治·迪基等哲学家在"艺术概念"上做了进一步推进和建构，从而把分析美学的发展推向了高潮。

二 "治疗性"：作为"语言分析"的美学

（一）维特根斯坦与分析美学的"治疗性"

路德维希·维特根斯坦被公认为是20世纪最伟大的哲学家之一，他的哲学思想产生了难以估量的深远影响，"特别是后期关于日常语言观念的思考，更是对其后的哲学、美学产生了巨大的影响，理查德·罗蒂所标举的语言学转向就指认维特根斯坦为主要奠基人"[①]。如果只从其对分析美学所产生的影响来看的话，维特根斯坦的哲学思想和散落其间的美学、艺术观点对分析美学的建构来说发挥着无法替代的核心作用，他的美学观念在分析美学的发展中似乎更具有中心性，尽管在时间上维特根斯坦对这些美学观点的表述早于我们一般所说的分析美学的真正出现。

从分析美学的方法和模式上看，维特根斯坦的哲学思想为其提供了最为根本的理论基础，分析美学的方法以及模式的转变是以维特根斯坦思想的转向为依据的。早期的维特根斯坦关注的是"为语言划定界限"这一问题，哲学被看作一种纯粹的方法，他的《逻辑哲学论》主要根据"真值函项逻辑"进行逻辑分析以便得到一种经过逻辑转化的纯化语言，语言的结构和语言分析的功能成为其哲学分析的主题，概念的分析则是其基本的研究方法。受到这种思想的影响，早期的分析美学把美学看作对美学概念的澄清和明晰化，因而概念分析被看作分析美学的重要手段，其严格地按照维特根斯坦的语言分析的套路进行运作，如维特根斯坦对"同义反复"问题的批判就被直接运用到了美学问题的分析当中。后期维特根斯坦所关注的则是"语言使用"这一基本问题，从对理想语言的关注转向了对日常语言的描述，在《哲学研究》中他将语言恢复到日常语

[①] 王峰：《美学语法——后期维特根斯坦的美学与艺术思想》，北京大学出版社2015年版，第1页。

境的实际使用之中,"为了说清审美语词,就必须得描述生活方式"①。与此相应,分析美学开始关注审美语词在具体的文化语境中的运用问题,强调的是审美语词的文化语境即最为具体的生活形式。更重要的是,后期分析美学家在借鉴维特根斯坦的美学、艺术思想的基础上做了有益的发挥,由维特根斯坦所提出来的"语言游戏""家族相似"和"生活形式"等开放性的概念在分析美学中得到了"误读性"的阐发和进一步的推进,如丹托和迪基等人对艺术概念的界定等,由此滋生出了分析美学中的"建构主义"诉求,而这也成为划分分析美学的发展阶段的重要依据。

尽管分析美学在前后发展阶段上体现出不同的诉求,即前期的解构倾向以及后期的建构倾向,并且在具体的分析方法上也存在着诸多的差别,但这些差异并没有消解分析美学的总体性特征——作为一种"语言分析"的美学。更重要的是,分析美学的语言分析模式体现出一种"治疗性"的风格,这与维特根斯坦在哲学著作尤其是《哲学研究》中所运用的论述风格相一致。维特根斯坦在《逻辑哲学论》中认为"一切哲学都是一种'语言批判'"②,其目的在于澄清思想,因而哲学不是一种理论,而是一种促使思想得以澄清和明晰的活动。"他所要做的是治疗,这也是维特根斯坦整个哲学的旨趣,他认为真正的哲学是一种治疗,是治疗以往哲学所犯下的原则性错误,放在美学上也同样如此。"③ 因而,分析美学就是要给美学诊疗、治病,而这病症就存在于语言本身之中,它意在清除美学中的概念误用与混淆以及由此带来的语言迷雾,进而摒弃不适当的美学概念,并保证那些有意义的概念能够在明晰的层面上得以继续使用。更重要的是,分析美学治疗工作还体现在对美学的本质主义的诉求的批判之上。其实,这种本质主义的规定最终可以分解为一个又一个的"超级概念",这些超级大词不仅无用而且会让美学误入歧途。因此,分析美学必须从清理这些大而无当的概念入手,从而把美学拉回到具体的语言活动中来。

---

① C. Barretted, *Lectures and Conversations on Aesthetics, Psychology and Religious Belief*, Oxford: Blackwell, 1996, p.11.
② [奥地利]维特根斯坦:《逻辑哲学论》,韩林合译,商务印书馆2013年版,第31页。
③ 王峰:《美学语法——后期维特根斯坦的美学旨趣》,《中国人民大学学报》2013年第6期。

(二) 分析美学的反本质主义诉求

从分析美学的研究内容来看，维特根斯坦关于美学、艺术思想的零散论述得到了分析美学的系统性阐释和具体运用，其最为显著的影响体现在分析美学的反本质主义倾向之上。分析美学秉承了维特根斯坦哲学所特有的诊疗性：它认为传统美学最为根本的错误在于假定了一个共同的艺术本质，并把这个所谓的本质作为评判艺术和审美判断的重要标准，"不管一切艺术品之间有多大差别，人们都认为它们存在着一种共性，正是这一显著的特征保证了艺术有别于其他任何事物，同时它也是艺术品之为艺术品的充分必要条件"[①]。这个假设是传统美学的根基之所在，也是它的谬误之处。传统美学的本质主义之诉求模糊了各种艺术之间的重要差别，它们企图用空洞的、含混不清的大词来包容所有艺术。其实，各种艺术之间的区别和差异对我们的具体欣赏活动来说才是最为重要的，这种差异性和特殊性最为显著地呈现在表面和感性之上，"如果想从根本上来理解艺术，我们就不能通过假定一个单一的本质或某种普遍性来欣赏艺术，而只能从具体的艺术作品中所看到的或读到的东西开始"[②]。传统美学中存在的这种普遍性的追求，主要表现在概括的陷阱、本质主义的诱惑和混乱的类比等诸多方面，这些诉求最终导致了美学中长期存在的混乱局面。因而，分析美学的目的就在于通过语言分析澄清这些概念上的混淆和误用，进而揭露出美学中存在的本质主义诱惑，最终打破这种本质主义的谬误在美学中的统治。

分析美学以当时较为盛行的唯心主义美学理论为分析对象，批判了其中所暗含的本质主义谬误。克罗齐将所有的艺术看作一种表现，而且各种表现之间并不存在实质性的差别，因为它们都被看作是一种精神表现。这种论断否定了任何有效的分类性差异，假定了一种在所有艺术中所共享的精神本质的存在，并"将这种虚假的艺术本质等同于一种精神性的特殊形式，以至于把那些通常属于艺术品、艺术欣赏活动的表面特

---

① William E. Kennick, "Does Traditional Aesthetics Rest on a Mistake?", *Mind*, Vol. 67, May, 1958, p. 319.

② W. B. Gallie, "The Function of Philosophical Aesthetics", *Mind*, Vol. 57, June, 1948, p. 312.

征或质料特性从艺术范畴中排除出去,因为这些特征不可能包含在这个本质或共式之中"①。同样,克莱夫·贝尔和弗莱的美学理论也遭到了分析美学的猛烈批判,因为他们的形式主义美学理论假定了一个虚假的、神秘的形而上学的本质——"有意味的形式",这种本质主义的形式是无法争辩的和非经验性的,其不仅使我们陷入了神秘主义,还将我们的注意力从艺术的经验、感性等要素以及艺术的内容转移到了虚假的统一性上,"它完全无助于我们对艺术本质的理解,在这种意义上来看,它失败了"②。但这并不意味着这些美学理论是无稽之谈,它们其实是有很重要意义的,只是这种意义并非它们最初所假定的那种哲学上的概括,肯尼克以克莱夫·贝尔的美学为例指出了它的真正意义之所在,"'艺术是有意味的形式'是一句口号,一种高度概括的美学改良宣言。它有自己的工作。只是这工作并不是哲学家托付给它的那种,而是指导人们用一种新的方式来欣赏绘画"③。总之,这些学说基于对本质主义谬误的假设,认为艺术仅仅代表一件事情即精神性活动的水平。然而,无论我们所说的"艺术"是什么,我们通过"艺术"所意指的远远不止这些。

由此可以看出,传统美学对艺术本质或艺术定义的寻求被分析美学看作其最为根本的错误。因而,"艺术定义"问题成为分析美学批判传统美学的焦点,"维特根斯特提供了理论上的弹药,后由莫里斯·维茨以及其他人负责开火,从而打破了所有以本质主义定义为目的的艺术理论"④。维茨通过分析形式主义、直觉主义、浪漫主义以及有机主义等理论中的艺术定义公式,指出了其中所存在的逻辑上的错误:它们都企图去寻找关于艺术的充分必要条件。然而,"艺术作为一个逻辑的概念表明了,它没有必要和充分的性能,因此关于它的理论不仅具有一种事实上的困难,而且在逻辑上还是不可能的"⑤,这些关于艺术的定义不仅不能被证实,

---

① W. B. Gallie, "The Function of Philosophical Aesthetics", *Mind*, Vol. 57, June, 1948, p. 312.
② William E. Kennick, "Does Traditional Aesthetics Rest on a Mistake?", *Mind*, Vol. 67, May, 1958, p. 324.
③ Ibid., p. 325.
④ Richard Shusterman, *Surface and Depth: Dialectics of Criticism and Culture*, New York: Cornell University Press, 2002, p. 72.
⑤ Morris Weitz, "The Role of Theory in Aesthetics", *The Journal of Aesthetics and Art Criticism*, Vol. 15, May, 1956, p. 28.

甚至还会被证伪。接着，维茨把艺术看作一个"开放的概念"，艺术的发展和不断创新使其不存在一种所谓的充分和必要条件。因而，他通过对艺术的逻辑分析和事实分析消解了艺术定义的可能性，最终得出了"艺术不可定义"这一著名的论调。此外，肯尼克通过批判传统美学的"共同假设"质疑了其存在的合法性，因为我们毕竟用"艺术"这个语词去指称了为数众多、差别极大的事物，但却仅仅用一个词语或概念来对其加以概括，这恰恰是传统美学中的最为基本的错误。帕斯莫尔则批判了那种所谓的"有机"理论即把艺术看作诸元素之间的和谐，这一观点最为根本的错误是在逻辑上将范畴与性质相混淆，"和谐"并非艺术的属性，它是形成这一问题的术语。

总的来说，正是传统美学对普遍性本质的寻求导致了美学领域呈现出一种沉闷、混乱之局面，"传统美学把虚假的统一性强行地赋予艺术，这种虚假性在那些毫无意义的、空洞的公式如'表现''再现''有意味的形式'和'美'之中得到了充分的展现"[①]。本质主义的假定，或使传统美学理论忽视，或"均质化"不同艺术之间的显著差别，或使其用含混不清的概念来谈论艺术，从而将所有那些差异隐藏在一个令人困惑的、含糊的本质定义之下，而分析美学的任务就是将美学中存在的那些无用的大词以及不适当的普遍性追求清理出去。

（三）"概念分析"：从划界到描述

一般来说，美学的基本观念和美学理论都是建立在哲学基础之上的。因而，美学的基本概念也大都是演绎的、抽象的和本质性的，如"美""审美"和"审美经验"以及"艺术"等，它们在美学中所发挥的作用无外乎界定相关的术语以及判定具体的审美现象、审美活动的性质。而这种本质性概念及其规定性正是维特根斯坦以及分析美学所极力反对的，他们利用语言分析的手段描述了这些基本概念、术语的具体运用和意义，进而对作为一门学科的美学进行了全面的审视和批判。

"概念分析"之于分析美学不仅仅是一种方法，它还是一种具体的实践活动，更是分析美学的根本之所在。早期的分析美学受维特根斯坦的《逻辑哲学论》的影响，致力于澄清那些模糊不清的概念和思想，并为其

[①] J. A. Passmore, "The Dreariness of Aesthetics", *Mind*, Vol. 60, June, 1951, p. 320.

划定明确的界限。因而，概念分析成为分析美学的重要手段和基本的分析模式，但此时分析美学对概念的分析还是将其置于具体的命题和判断之中，最终将其解析为基本的逻辑要素。也就是说，早期分析美学的概念分析是在逻辑分析的框架中进行的，概念分析在澄清概念意义的同时也为其划定了界限，这种界限就是维特根斯坦所说的"可言说的"与"不可言说"的。尽管维特根斯坦最初将美学看作不可言说的神秘的东西，但这并不意味着他否定美学问题的存在与价值。其实，维特根斯坦反对的是作为一门学科的美学的存在，"这些学科正是把那'神秘的东西'变得不神秘了，用一个貌似科学的概念体系把它们'说出来'，甚至还认为这种体系才是'真正的科学体系'"①。也就是说，问题的关键在于如何去言说"不可言说之物"，维特根斯坦在后期则试图从另一种角度——语言的日常使用——去言说美学。受到这一转向的影响，后期分析美学的概念分析转向了词语在日常生活语境中的具体使用，对于美学基本概念的分析就是要将其拉回到实际生活之中进行具体的"描述"，"美学所应该做的事情就是给出理由，例如，在一首诗歌中某一特别的地方为何用这一词而不是其他的词，或者在一段音乐之中为何选用这一素材而不是别的什么"②。关注"语言使用"的问题成为分析美学家的共识，美学概念或用语被置于具体的语境之中来加以分析、描述，从而瓦解了传统美学对美学的理解方式。

第二节　审美经验概念的消解与建构

一般来说，分析美学被等同于"艺术哲学"，艺术成为分析美学的绝对核心。这一倾向主要源于美学自身的历史，自从黑格尔将美学看作艺术哲学以来，欧洲学界一直在延续着这种古老的看法。因而，在分析美学的发展过程中，"艺术"和"审美"始终是其关注的两个重要方面。毫无疑问，艺术问题占据了分析美学的核心地位，而"艺术的定义"则是艺术问题中的核心之所在，并且正是对艺术定义问题的分析和探究成就

---

① 叶秀山：《叶秀山文集·美学卷》，重庆出版社1999年版，第326页。
② G. E. Moore, "Wittgenstein's Lectures in 1930–33", *Mind*, Vol. 63, May, 1954, p. 306.

了分析美学的辉煌。与之相比,对"审美问题"的讨论则显得黯淡了许多,在对审美问题的分析中"审美经验"则是其中的核心问题,但分析美学对"审美经验"的分析所引起的关注和影响远不及其对艺术定义问题的探究,甚至分析美学对审美经验的回避态度或消解做法成为其遭受诟病的主要原因。然而,这并不必然意味着分析美学对审美经验的探讨是无用的或无效的,其实它揭示出了审美经验的另一面,同时也为审美经验的当代复兴之路提供了有益的参考视角。

一 审美经验的批判与消解

(一)审美经验的界定与问题

受维特根斯坦哲学思想的影响,分析美学家不仅仅对美学理论中存在的心理学阐释倾向进行批评,还对审美态度、审美经验等基本的美学概念进行语义学和语用学上的分析,他们希望通过这种语言分析来澄清美学概念中所存在的模糊或含混之处。在以往的美学理论中存在着各式各样的关于审美经验的解释、界定和定义,它们往往只是抓住其中的某一要素进行任意的放大,并以此来获得对审美经验的说明和界定。在早期分析美学家看来,传统美学对审美经验概念的界定如同对艺术的定义一样蕴含着一种本质主义的诉求,它们企图寻求一个关于审美经验的共有的、本质性的特征或原则。然而,正是这种化繁为简的概括性冲动和简约主义促使美学家犯下了一个根本的错误——假设所有的审美经验中都存在一种共性,这种共性保证了它的独特性进而使其在根本上区别于一般的经验类型。

从分析美学的视角来看,对"审美经验"概念进行界定之所以会如此的困难重重,并不是因为审美经验这一概念中包含某些神秘的因素或未知的因素,而在于审美经验概念本身的复杂性以及其使用上的多样性、广泛性。从"审美经验"(Aesthetic Experience)这一概念的构成来看,"Aesthetic"既可以作为形容词也可以作为名词,当其作为形容词时既能够意指人的能力、品位,也能够形容各种各样的事物之性质,甚至还可以用来形容主体的某种感觉或能力;当其作为名词时,既可以表示一种感觉,又可以作为一种观念或意识而存在。而"Experience"这一词则更为复杂,它既可以指主体的任何意识活动或体验活动,也可以指向任何对象、物体，甚至还能够指一种经验事物的方式；更为复杂的是，经验这一词既可以在褒义层面上使用，也能够在贬义层面上运用。正是基于这种多样的用法，伽达默尔将其看作最含混的概念之一。如果将这两个单词组合到一起，其中的复杂性和多义性自然会让这一概念的内涵显得更加复杂和含混。"Aesthetic Experience"是作为一种独特的经验类型而存在，还是仅仅意味着经验的一种特殊性质？如果审美经验是一种独特的经验类型，那么其独特性是在于本身所内含的某种要素，还是在于某一特定的方式，抑或是其所规定的某一特定的范围？如果它只是经验的一种性质，那这种性质为何呈现在某些经验之中而不是其他的经验呢？审美经验到底是一种肯定性的评价，还是一种客观性的描述呢？由此可以看出，审美经验概念及其用法是充满歧义和含混的，如何来确保其在明晰的层面上使用成为分析美学的主要工作。

尽管传统美学在界定审美经验概念之上已经耗费了许多时间和精力，但结果却很难让人满意。分析美学指出了传统美学在看待这一问题时所存在的假设谬误，它企图用一种单一的性质或因素来概括这种复杂的多样性，其结果要么是没有将审美经验的要素完全包含在内，要么是错误地包含了一些不属于审美经验的东西，最终这一界定将面临或者难以被证实，或者可以被证伪的命运。分析美学通过语言分析的方法指出审美经验概念的复杂性和含混性，批判了传统美学中存在的本质主义之诉求和对普遍性的追求倾向，由此产生了两种相反的理论倾向：一种趋向于消解审美经验这一概念，这在分析美学中占据了主流；另一种则对审美经验进行"改造"或"建构"，从而保证其能够在清晰的意义上得以使用。

（二）对"审美态度"的批判

一般来说，早期的分析美学家在对概念进行语言分析之后，无外乎会导致两个结果——保留或摒弃。如果概念经过分析之后其意义可以得到澄清，那么这一概念则被留用并确保其被有意义地或在明晰的层面上使用；如果这一概念经过分析之后没有实质性的意义，那么它就面临被抛弃的命运。具体到"审美经验"这一概念来说，分析美学家最早致力于用态度、经验和判断等因素来界定审美，企图用这些因素来将审美与非审美区别开来，但当这些推论被证明是有问题的时候，审美态度、审美经验等问题就遭到了批判甚至是根本性的质疑。

分析美学对审美经验的批判最初指向的是"审美态度"这一概念，这与当时所盛行的美学理论密切相关。19世纪末20世纪初的欧洲处于科学主义和人文主义两大思潮的影响之下，在美学领域中占主导地位的是人文主义思想的影响，同时它也受到心理学的入侵和影响。因而，这一时期的美学呈现出非理性化的倾向。与之相应，美学研究的视角转向了主体自身的能力、情感和经验等心理因素，审美经验也就成为美学关注的焦点。尽管这些对美或审美经验的具体阐释和界定极为不同，如"移情说""心理距离说"和"审美观照"等，但它们都强调主体自身获得审美经验之时的独特状态或表现出来的独有特征。这种理论倾向被乔治·迪基（George Dickie）概括为"审美态度"理论，"他们都认为存在一种无利害的、独特的审美态度，正是这种特殊的态度或感知方式导致了审美经验的产生，因而主体的态度或感知方式才是审美经验的根源之所在"[1]。也就是说，审美经验的产生及其独特性来源于主体的审美态度，从其本质来看，这些理论无外乎是对由康德所确立的"审美静观"与"审美无利害"等审美经验内涵的进一步阐释与具体化。加之心理学对人文学科的入侵和影响，审美态度理论在当时的美学领域中十分盛行，并得到了诸多分析美学家的认同，如弗兰克·西伯利（Frank. N. Sibley）将这种特殊的审美注意看作审美经验的必要条件，但更多的分析美学家则对审美态度的存在持质疑的态度，以迪基为代表的分析美学家由此展开了对审美态度的分析与批判。

在迪基看来，当下的各种美学理论都是在审美态度这一概念的基础上建立起来的，根据其对审美态度的强弱要求可以对其进行区分。"最为强烈的一种美学理论当数爱德华·布洛的心理距离说，这一学说最近受到希拉·道森的支持和维护。'距离'是这一理论的核心词汇，它以动词的形式标示出一种独特的行动，这种行动对审美态度来说不是构成性的就是必不可少的条件。"[2] 尽管这一概念在帮助美学和批评从对美以及与

---

[1] George Dickie, "Beardsley's Phantom Aesthetic Experience", *The Journal of Philosophy*, Vol. 62, Sep., 1965, p. 129.
[2] George Dickie, "The Myth of the Aesthetic Attitude", *American Philosophical Quarterly*, Vol. 1, Jan., 1964, p. 56.

美相关的概念的唯一关注中摆脱出来发挥了极大的作用,但现在迪基却将其看作一个"神话":对于美学来说,"这一概念不仅不再是有用的,事实上还误导了美学理论"①。迪基在《审美态度的神话》一文中指出了构成"审美态度"的三个基本元素"距离""无利害"和"不及物",并借此批判了传统美学所赋予它的一种未加反思的"合法性"。美学家所津津乐道的这种"心理距离"是否真的作为一种特殊的意识状态而存在呢?迪基对此持坚决的否定态度,他认为并不存在这种特殊类型的意识状态,因为对任何对象的注意都会具有"心理距离"所揭示的这些特征,"'距离''距离过小'或'距离过大'这些术语的引入只能引起一些关于意识状态的幻相,而不会有其他任何作用"②。而所谓的"无利害"和"不及物"都不能适当地描述这种特殊的注意,"无利害"只是用来表明这种行为的动机而非描述这个行动本身,"不及物"也并非审美经验所专有。审美态度的含混之处就在于它并不能从经验中区分出这种单一性的或明确性的层次,而借助于心理学上的论证使其更不能支撑起审美态度理论的合理性。因而,审美态度这样的特殊的心理状态并不存在,它只不过是美学家的一种主观臆造。更重要的是,他还论证了审美态度理论给美学带来的诸多误导,其错误之处是:"(1)希望为审美关联设定边界的这种方式;(2)批评某个艺术品的关联;(3)道德与审美价值的关联。"③ 如果只从审美经验本身来看的话,审美态度无疑会推动对审美经验的诸多要素的分析与描述,从而能够发展出一种适当的审美理论,但其阐释的力度极为有限且适用的范围也极为狭窄。然而,这一理论将作为整体的经验人为地分裂开来,在强调这种区分性的同时最终使其与现实生活相分离甚至是隔绝,这对审美经验来说是有害无益的。此外,审美态度理论还会导致两种理论偏见。一是将某种感知方式如"心理距离"看作是欣赏外在事物或对象的审美特征以及形成审美经验的必要条件或前提条件,如果过于强调这一态度的独特性则会走向一种唯心主义,从而认为

---

① George Dickie, "The Myth of the Aesthetic Attitude", *American Philosophical Quarterly*, Vol. 1, Jan., 1964, p. 61.

② Ibid., p. 57.

③ Ibid., p. 61.

正是这一知觉方式赋予了对象（无论是何种对象）所具有的审美特性，同时它也成为审美经验的根本来源。

总而言之，迪基在对审美态度概念的基本要素进行分析的基础之上，批判了这一概念的空洞性及其给美学理论带来的含混与混乱，进而断言它不能单列出来作为一个独立的美学概念而存在，最终将其看作一种主观的臆造，由此也就消解审美态度这一概念。尽管迪基并未直接攻击审美经验这一概念，但他对审美态度的批判和消解自然而然会导向对审美经验的批判与解构，因为"使审美经验学说衰微的最不幸、最有害的东西是审美经验理论与审美心态理论的多方面联系和混淆"①，他在后来的论文和著作中完成了对审美经验的消解工作。

（三）对审美经验的批判与消解

在分析美学中，审美经验被看作一个太过混乱以至于很难将其恢复为一种有用的或清晰的概念，不仅审美经验的价值、意义甚至是它的存在本身也受到了质疑，大多数分析美学家在批判这一概念的同时走向了对这一概念的解构。肯尼克在论证传统美学的错误之时就已经质疑了所谓的审美经验的存在："审美经验概念中存在的困难与艺术概念中存在的困难是一样的。武断一点说，根本不存在一般意义上的审美经验，事实上各种不同的经验被适时地或恰当地称为审美经验。不要说它们都必须是沉思的结果。难道这样真的有帮助吗？"② 尽管他并没有具体地分析审美经验概念，而是以传统美学中的艺术定义问题作为集中批判的对象，但他对艺术定义这一基本问题的讨论同样适合于审美经验这一概念。因为传统美学对审美经验的界定和诉求犹如其对艺术的充分必要条件的寻求一样，都犯了所谓的本质主义的谬误。言外之意，审美经验的存在同寻求艺术的本质主义定义一样都是错误的，这也就走向了对审美经验的解构之途。同样，马歇尔·科恩（Marshall Cohen）在《审美的本质》一文中也质疑了这种共同的、单一性的本质的存在，他认为不仅所有的艺术作品没有共同的属性，而且对艺术作品的经验以及与这一经验相关的

---

① [美]约翰·费舍尔：《审美经验的误区》，孙永和译，《文艺研究》1989年第6期。
② William E. Kennick, "Does Traditional Aesthetics Rest on a Mistake?" *Mind*, Vol. 67, May, 1958, p. 323.

先验条件都没有所谓的共同属性,"不存在什么理由可以让我们相信审美经验具有某种本质属性,或者是存在某种属性以便能将审美经验与'实用的'或理性的经验区分出来"①。

其实,分析美学家对审美经验的批判大都以门罗·C. 比厄兹利(Monroe C. Beardsley)的审美经验理论作为靶子。因为比厄兹利最早建立了比较完整的分析美学体系,他被看作分析美学的真正起点和代表性人物,迪基认为比厄兹利的《美学——批评哲学中的问题》(Aesthetics: Problems in the Philosophy of Criticism)一书"是二十世纪分析美学中的最重要的一件事,它为分析美学提供了其所缺少的基本理论框架和焦点问题"②。事实上,比厄兹利的美学思想并不仅仅依赖于分析哲学,他还吸收了现象学、实用主义和心理主义等相关的哲学、美学思想。因而,他的美学思想难免还会残留着分析美学所批判的传统美学的诸多痕迹。更重要的是,与大多数分析美学家不同,比厄兹利致力于挽救和重构日趋式微的审美经验概念,正是他的这种重新建构的诉求引起了分析美学内部的诸多争论。科恩质疑了比厄兹利在建构审美经验概念时所运用的"统一性"特质,他认为所谓的统一性其实只是经验的固有特征,只不过在聆听音乐或阅读小说中的经验更具有某种"单一的个性化特质"罢了。对门罗·比厄兹利的美学思想尤其是审美经验理论的批判最为系统、最著名的当属乔治·迪基,他们两人曾经就审美经验这一问题掀起了一场著名的争辩,正是这场争辩使得分析美学对审美经验的探讨更加深入,而不是仅仅停留在否定层面之上,关于这一争辩的具体的论述将会在后面展开。

迪基在对审美态度的批判中已经预示了其后来转向对审美经验的批判,"比厄兹利描述了审美经验的三个共同特征:牢牢固定在一个对象上的关注,一种强烈的强度以及统一性——经验的连贯性和完整性"③。因而,他在《比厄兹利的审美经验之幻相》(Beardsley's Phantom Aesthetic

---

① Max Black, *Philosophy in America*, Ithaca: Cornell University Press, 1965, pp. 116 – 117.
② George Dickie, "The Origins of Beardsley's Aesthetics", *The Journal of Aesthetics and Art Criticism*, Vol. 63, May, 2005, p. 175.
③ George Dickie, "Beardsley's Phantom Aesthetic Experience", *The Journal of Philosophy*, Vol. 62, Sep., 1965, p. 130.

Experience）一文中集中批判了审美经验的"统一性"之特质。在比厄兹利的统一性中可以区分出两个相互联系在一起的方面：首先指的是所见到的或听到的审美对象之统一性，然后是由这一对象而产生的审美经验的统一性。但是，迪基认为比厄兹利名为论述审美经验的统一性，实则是论述了审美对象的统一性，从而又将审美对象的特性转移到了经验之上。也就是说，比厄兹利所论述的统一性特质并非审美经验本身的属性而是审美对象性质，由此审美经验也就不应被放入美学中进行讨论。从更深层来看，迪基还消解了"统一性"概念在对经验的描述中所起到的作用，将统一性作为一种区分要素来区别一般经验和审美经验是没有任何意义的，因为它在某种程度上是经验之为经验的必然特性，否则就不能将其称为经验。由此来看，所谓的"统一性"特质的区分性意义也就是虚假的了。总而言之，迪基把审美经验的"统一性"作为其批判的立足点，指出了比厄兹利在论述这一特质的过程之中所犯下的错误即"分析哲学家赖尔所谓的'范畴错误'，也就是说，他将概念放到了本来不包括它们的逻辑类型之中"[①]，接着迪基又质疑这一特质的合理性和有效性，从而从根本上消解了审美经验的核心要素，同时也就揭示出了审美经验概念背后的空洞以及由此带来的模糊和混乱。

在分析美学发展的后期，同样也存在一种对审美经验的批判和消解之倾向。然而，后期的批判观点与解构策略大大不同于前期的分析论证，他们针对的不再是比厄兹利的审美理论，而是将"艺术定义"这一问题作为其根本的出发点并以此来解构审美经验概念的作用与意义。在后期分析美学家那里，艺术定义问题成为分析美学关注的根本问题，审美经验问题不仅被边缘化了，而且以阿瑟·丹托为代表的分析哲学家们大都将审美经验概念弃而不用。当代艺术的发展对审美理论提出了新的挑战，传统美学所推崇的"审美经验"概念似乎无力解释艺术中的所谓的"杜尚难题"，因为这些艺术作品似乎没有什么传统意义上的审美特性或产生任何与审美相关的经验。既然审美理论已经无力阐释当代艺术，分析美学家就只能从"判断"上着手来解决这一问题了，由此也就产生了一系列关于艺术定义的理论，它们往往诉诸外在于艺术的诸多因素如"艺术

---

① 刘悦笛：《分析美学史》，北京大学出版社2009年版，第328页。

界""艺术圈""体制"和"解释"等。美学"通过集中关注究竟什么使得一个对象成为艺术以及为何使它成为一个艺术这个重要的问题,艺术不是把审美而是把哲学作为它的关注中心"①,我们暂且不论这种理论的得失利弊,先来看看审美经验概念是如何在这种理论中日趋衰落的。既然艺术定义是分析美学的核心,那么关于审美经验问题的讨论自然也就被纳入这一问题域中来了。一般来说,审美经验往往内含一种肯定性的价值评判维度,如果当其面对一些艺术作品所引起的坏的或否定性的反应时,这种肯定性的评价也就无力去阐释艺术作品所引起的这种反应了。艺术定义的目的在于识别出与真实事物相对的艺术作品,但审美经验的这种肯定性的价值判断使其适用的范围是有限度的,因而也就无益于艺术定义的获得。也就是说,后期分析美学围绕着艺术定义来审视审美经验,但事实证明审美经验不能被用来恰当地区分艺术。因而,它也就不能承担艺术定义的重任。由此,审美经验也就被作为一个无用的概念而搁置起来。后来,丹托又对此做了进一步的阐释,他认为审美经验的概念不仅无用而且还是非常"危险"的,因为它对艺术的描述使艺术显得过于直接化、表面化和感性化,从而艺术看起来更适用于愉悦层面而不是意义和真理之领域,而艺术更应该指向意义和真理的层面。其实,丹托批判的是审美经验的另一维度——现象学意义上的直接性,因为这种直接性的诉求剥夺了艺术作品通过相互交流的传统而形成的整体性和意义,忽视了艺术对真理的追求。因而,必须通过诉诸解释推进我们对艺术的经验和理论,正是这种对"解释"的坚持促使丹托等人批评审美经验并将其弃而不用。

总的来说,早期的分析美学家往往将审美经验看作一个没有实质意义的大词或主观臆想之物。因而,他们都致力于批判这一概念在美学中的所引起混乱,在否定这一概念的价值、意义的同时最终取消了其存在的合理性。后来,分析美学家在"艺术定义"的主题下批判了审美经验的表面性、直接性以及由此给美学带来的误解和危险。舒斯特曼认为审美经验概念在分析哲学的式微是因为推论上的错误,还因为以阿瑟·丹

---

① Richard Shusterman, *Performing Live: Aesthetic Alternatives for the Ends of Art*, New York: Cornell University Press, 2000, p. 1.

托为代表的分析哲学家们对这一概念的作用的质疑并由此引起的混乱,"特别源于这一事实即审美经验概念本身的多元性作用没有得到充分的认识"①。

二 审美经验的澄清与建构

(一) 比厄兹利:审美经验的守护与深化

如果只是一味地消解"审美经验"这一概念,或许分析美学的审美经验理论也就不会产生如此深远的影响,正是其内部存在的批判与澄清、消解与建构等不同倾向间的彼此争辩,丰富并深化了人们对这一概念的具体认识,同时也推动着审美经验理论的不断突破与创新。作为分析美学的奠基性人物,比厄兹利建构了比较系统的分析美学体系。他将分析哲学的方法应用于艺术,并因此将美学界定为一种"元批评"(Meta-criticism)。也就是说,美学的本质就是批判性地考察"艺术批评"中的基本概念和术语,从而促进批评的理性化。与大多数分析美学家对审美经验的批判或取消态度不同,比厄兹利则坚守着这一概念并对其进行了澄清和深化,他在总结、吸取此前的审美经验理论的基础之上,通过运用分析哲学的方法建构了一套比较完备的审美经验理论。从总体上来看,比厄兹利的美学思想是围绕着审美经验这一概念而建立起来的,"审美经验才是比厄兹利美学体系的理论基石"②。

比厄兹利之所以如此看重审美经验概念,原因在于他对艺术所持的根本观点。既然他将美学看作一种关于艺术批评的"元批评",那其关于艺术的基本观点也就必然与审美相关而非其他外在性因素。艺术在社会中的特殊性并非源于其外在的社会功用而主要源于它的审美意义,源于其具有一种可以提供审美上的满足或审美经验的功能,而这种审美上的价值则体现在审美经验之中。也就是说,艺术的审美价值在于它能够引起或产生多大强度或多少量度的审美经验,好的艺术作品就是那种可能

---

① Richard Shusterman, "The End of Aesthetic Experience", *The Journal of Aesthetics and Art Criticism*, Vol. 55, July, 1997, p. 37.

② George Dickie, "The Origins of Beardsley's Aesthetics", *The Journal of Aesthetics and Art Criticism*, Vol. 63, May, 2005, p. 175.

产生更大或更多审美经验的作品，那什么是审美经验呢？比厄兹利认为"当且仅当主体在某一特定的时间中，将其注意力集中于对象的感性显现或想象的形式并因此而获得一种统一性的、愉快的精神体验，那么，可以说，他在这一过程之中获得了审美经验"[1]。尽管审美经验受到分析美学的诸多批判和质疑，但比厄兹利还是将他的艺术理论建构于审美经验的功能性定义之上，因而，他就必须对这一概念进行澄清或重新建构，以便挑战那些质疑之声并使审美经验重新恢复其在美学、艺术中的合理性以及合法性地位。正是在对这些批判和质疑之声的回应和争辩之中，比厄兹利对审美经验理论的建构才得以不断地修正和展开，一直持续到他的晚年。

在早期的美学思想中，比厄兹利对审美经验的特征做了总结性的概括和描述，阐释了其所包含的四个典型特征：首先，审美经验发生的前提是"审美主体集中注意于现象客观域中的那些种类不同但相互关联的成分——如视觉、听觉图式或文学中的任务与事件"[2]。也就是说，我们将注意力集中于对象的某些表象或意义，从而使其从日常生活中区别或凸显开来。其次，审美经验是具有某种"强度"的经验，"情感与现象的客观域或对象之间密切联系在一起，比如我们在阅读小说或看电影时会为其中的人物伤心流泪"[3]，值得注意的是，这里的"强度"指的是经验的集中性而非它带有多么强烈的情感，主体只是完全沉浸在对审美对象的关注之中。再次，审美经验具有"统一性"。经验的统一性一方面指的是经验的一致性和连贯性，"一个事物引向另一个事物；没有任何间隙的发展，一种有序的并朝向高潮的能量积累的过程"[4]。另一方面指的则是经验自身的"完成性"，其表现为冲动之间的平衡状态以及"期待—实现"的经验模式即那些由对象所引起的期待得到了满足。最后，审美经验还具有不同程度的"复杂性"，这种复杂性主要来源于审美对象的复杂

---

[1] Michael J. Wreen and Donald M. Callen eds., *The Aesthetic Point of View: Selected Essays*, New York: Cornell University Press, 1982, p. 81.

[2] Monroe C. Beardsley, *Aesthetics: Problems in the Philosophy of Criticism*, New York: Hackett Publishing Company, 1981, p. lxii.

[3] Ibid., p. 527.

[4] Ibid., p. 528.

性。在描述了审美经验的具体特征后，他由此推导出一个关于审美价值的定义。说某物 X 具有审美价值指的是"X 具有生产出更大量度的审美经验（此种经验具有价值）"[①]。由此可见，比厄兹利对审美经验的描述性分析并不仅仅局限于分析哲学的思想，他还吸收了杜威的经验理论，尤其是在论述审美经验的"统一性"时几乎与杜威的"一个经验"思想如出一辙；而在论述经验的第一个特征时，则明显地借用了现象学的意向性理论。

此后，比厄兹利在同迪基等人的批判、质疑所做的争辩中进一步修正并深化了他的审美经验理论。比厄兹利自始至终都没有放弃对审美经验的"统一性"的坚守，他还运用心理学理论来为经验的统一性做出了恰当的辩护。在晚期的文章中又对审美经验概念做了进一步的完善，他在早期的基础上进一步指出并阐释了经验的五个可辨别的审美特征：一是"对象的引导性"，其指的是人们的意识由对象所导引的状态和性质，"知觉或意向范围中的现象性的客观属性（诸多性质和关系）对人的注意力的持续牵引，促使主体集中于此并且欣然接受这种导引，最终产生出一种恰如其分的感觉"[②]；二是"感受自由"，就是"主体在摆脱了那种对过去、将来的忧虑情绪的支配后并由此而感受到的一种轻松、自由，进而产生了一种自由选择的感觉"[③]，这其实指的是主体沉浸在对象所呈现的世界之中，摆脱了外在世界的羁绊和束缚，并由此感到一种选择上的自由；三是"距离效应"，这其实是对布洛的"心理距离"的借用，兴趣所关注的对象在情感上则被置于一定范围之内，从而使得主体可以强烈地感受到它，但又不会产生一种强烈的压迫感；四是"积极主动地发现"，它指的是"主体对心灵的建构能力的积极、主动运用，一种对潜在的诸种冲突刺激因素的整合与融合，从而产生一种激昂的振奋感或理性的成就感（尽管这可能是虚幻的）"[④]；五是"完整性"，就是主体感受并领会到"人作为人的那种完整性，从分散和破坏性的冲动之中恢复到

[①] Monroe C. Beardsley, *Aesthetics: Problems in the Philosophy of Criticism*, New York: Hackett Publishing Company, 1981, p. 531.

[②] Monroe C. Beardsley, "In Defense of Aesthetic Value", *Proceedings and Addresses of the American Philosophical Association*, Vol. 52, Sep., 1979, p. 741.

[③] Ibid..

[④] Ibid..

一种整体性之中，最终产生出一种包含着对自我的肯定以及提升的满足感"①。他将这五个特征称为经验的审美"症候"，并把"对象的引导性"看作必要的条件，"当经验具有审美特征时意味着它至少拥有了这五个特征中的四个，而且其中一个必须是对象的导引性"②，正是有感于这些特征在经验中的模糊性和含混性，比厄兹利才对此做了具体的阐释和强调。

从总体上来看，比厄兹利对审美经验的阐述综合了主体和客体两方面的因素，是对此前审美经验理论的综合与融会，既有现象学意义上的感性呈现，又包含认识论中的主体建构性。一般来说，在康德美学影响下的审美经验理论大都强调审美经验的无利害性、非实践性和区分性等特性，并将"静观"看作审美经验的前提条件，叔本华的"审美观照说"和布洛的"心理距离说"大都遵循此种路径；另外，以杜威为代表的实用主义美学的审美经验观强调经验的连续性、统一性，否认其与日常经验之间有任何质的区别，审美经验只不过是日常经验的完满状态而已。比厄兹利对审美经验的阐释和建构则是对这两种倾向的巧妙结合，他在突出审美经验的统一性、强度性和复杂性的同时，又强调了它的区分性即从一般经验中突现出来，但这种区分性不再是由非功利的、非道德的审美态度或心理距离界定，而是由其自身的统一性产生。

（二）尼尔森·古德曼：审美经验的符号学建构

尽管比厄兹利的审美经验理论很好地兼顾了主观和客观两个方面，建构出了一个相当完备的理论体系，但他的审美经验理论在后期分析美学中遭遇到了极端的冷遇。原因主要在于他的审美经验理论过于狭窄：这一方面表现在他把审美经验看作一种内在的令人愉快的经验，过于强调主观感受、情感和统一性等特性；另一方面则在于他将审美价值的判定完全依赖于审美经验之上，而审美经验本身所具有的主观多变、难以捉摸之特性，加之其在量度上的可测性无法得到确切的证实，从而无法为审美价值的评判系统提供一个充足的或牢固的基础。那么这种狭窄的界定会产生怎样的后果呢？它过于强调审美经验的愉悦性、感动性并由

---

① Monroe C. Beardsley, "In Defense of Aesthetic Value", *Proceedings and Addresses of the American Philosophical Association*, Vol. 52, Sep., 1979, p. 741.

② Ibid..

此来界定艺术作品,从而排除了那种不能产生令人愉快的情感或让人感动的"坏的"艺术作品。由此可以推导出这种审美经验理论无法充分地解释我们的价值判断,最终也就不能为辨认和区分艺术作品而服务。如果必须借助审美经验的概念来界定艺术,那就必须抛弃审美经验中的肯定性评价内容,"找到一个不是建立在现象学意义上的第一人称的主体性和直接性而是建立在对意义的非主观性说明之上的审美经验观念"①。正是在这一诉求的推动之下,尼尔森·古德曼试图从语义学方向来重新界定审美经验概念。

古德曼从比厄兹利那现象学意义上的、评价性的审美经验的对立面出发,将对审美经验的阐释建立在一种非主观性的符号意义的基础之上。与比厄兹利利用审美经验的区分性来界定艺术与非艺术、审美与非审美一样,古德曼也强调审美经验的区分性。但是,他坚持这种区分要独立于对审美价值的任何考虑,从而完全抛弃审美经验的评价性之维度,"因为坏的艺术的存在,意味着成为'审美的'并不排除在'审美上是糟糕的'"②,那么审美经验就必须独立于对直接感受和意义的现象学说明而被定义。因而,古德曼反对比厄兹利将审美经验界定为一种愉快的感受或感动,因为这种肯定性的评价不可能充分地说明那些否定性的审美判断;更重要的是,审美经验也不能仅仅凭借它的特定的情感特质而被区分出来,因为"有些艺术作品只有很少的情感内容,有的压根则没有情感内容"③。其实,审美经验中的情感并非审美经验中的常数,它的存在只是为了被给予一种感知模式以便"识别一件作品所具有的以及表现出来的某些特性"④;从本质上来看,它发挥的不过是一种认知作用。基于这种观点,古德曼将审美经验界定为"以某种符号特征的优势区别于科学和其他领域的认知经验"⑤,而这种符号特征就是古德曼所论述的艺术的"审美症候",这五个症候分别是:"句法密度""语义密度""相对饱满

---

① Richard Shusterman, "The End of Aesthetic Experience", *The Journal of Aesthetics and Art Criticism*, Vol. 55, July, 1997, p. 35.
② Nelson Goodman, *Language of Art*, Oxford: Oxford University Press, 1968, p. 255.
③ Ibid., p. 248.
④ Ibid., p. 250.
⑤ Ibid., p. 262.

度"与"例示"以及"多重的和复杂的指称"①。如果一个对象的功能展现了所有这些症候，那么它很有可能就是一件艺术品。由此可以看出，古德曼对审美经验的重新建构立足于符号的客观性认知意义，在摒弃审美经验的评价性功能的同时完全聚焦于它的认知功能和意义维度。如果审美可以完全诉诸某些特殊的符号表现模式来加以界定，而根本没有必要涉及现象学意义上的直接感知、情感等因素，那么审美经验究竟还有什么意义呢？

在古德曼看来，传统审美经验概念是一种误导性的，甚至是压抑性的意识形态，它将审美经验以及艺术仅仅理解为感性的愉悦而不具备本质性的认知维度。因而，古德曼立足于艺术语言的特征性的符号功能来修正、改造审美概念，从而将审美价值简单地等同于符号体系中的认知功能。"杜威那本质上是评价性的、现象学的和改造的审美经验概念，逐渐被纯粹描述性的、语义学层面上的观念所取代，后者的首要目的则是去解释并支持将艺术从人类的其他领域中明确地区分出来"②，一旦这一概念被证明不能承担这种区分性，那么等待它的则是被无情地抛弃。后期分析美学家们普遍将审美经验归结于语义分析中的意义问题，无视审美过程中的感觉、情感等因素，其实他们谈论的只是一个被抽空了感性、情感等要素的审美经验之外壳。因而，这种建构与宣布对"审美经验"的放弃没有实质上的差别。比厄兹利和古德曼的审美经验理论都存在着一个隐蔽的、共同的诉求，即寻求一种将审美经验从其他经验中区分出来的方法，并以此来界定出艺术所独有的特征。对这种彻底的、区分性的追逐其实已经偏离了分析美学的初衷，它们在不遗余力地寻求所有艺术共有的、深度的共性之时，甚至再一次返回到了对艺术的形而上学的本质的探寻。

三 "统一性"："审美经验"之辩的核心

（一）"统一性"与范畴错误

比厄兹利在《美学——批评哲学中的问题》中以"审美对象"作为

---

① Nelson Goodman, *Ways of World making*, Indianapolis: Hackett, 1978, pp. 67–68.
② Richard Shusterman, "The End of Aesthetic Experience", *The Journal of Aesthetics and Art Criticism*, Vol. 55, July, 1997, p. 33.

本体论问题，并力图通过审美来界定艺术。尽管他关注的焦点是审美对象与关于审美对象之呈现的陈述问题，但这并不意味着他否认了审美经验这一概念在审美领域中的基本作用。相反，审美经验恰恰成为审美对象或艺术的独特性之所在。比厄兹利认为审美对象具有一种独特的审美价值，而审美价值的衡量标准则在于由其所引起的审美经验的量度，"一般来说，审美对象即艺术品都能够引起审美经验，或许审美对象之外的其他东西也可以产生一定量度的审美经验，但这却是审美对象的特殊功能和看家本领。它们在这方面是最值得信赖的，它们能够达到其他事物所不能达到或无法完全或充分地达到的量度"[1]。因而，比厄兹利对审美经验做了最初的概括和界定，他将审美经验看作一种内在的让人愉快的且具有某种连贯性和完整性的经验，"统一性""复杂性"和"强度"是其最为重要的特征。然而，正是由于比厄兹利对审美经验特征的清晰呈现，他才招致许多分析美学家的批评和质疑。

迪基首先对审美经验的"统一性"进行发难。"'统一的经验'是一种无害表达，它被用来作为一种通用的方式来指涉所看到的整体构思或听到的声音的模式等等，现在却在某种程度上被倒转为'经验的统一性'"[2]，这正是唯心主义所残留下来的一个错误，它使我们将对某些特性的经验看作经验本身的特性。也就是说，比厄兹利其实是将审美对象的特性或由其所引起的这种统一性的、复杂性的知觉特征看作经验本身的特征，而没有认识到"审美经验"这个词的空洞性——它并不指向一种可以承担这种描述的真实事物。由艺术品及其特征所引起的主体的感受或经验不能拥有这些特征，而断言拥有这些特征的审美经验其实只是一个由语言所建构起来的形而上学的幻觉。其实，迪基在这里否认了经验具有所谓的"统一性"（他后来对此做了修正），因为他认为这些特征指的是审美对象的知觉特征而非由此产生的经验本身的特征。面对迪基等人的批评——将审美经验对象的分析转化为审美经验的分析从而犯了

---

[1] Monroe C. Beardsley, *Aesthetics*: *Problems in the Philosophy of Criticism*, New York: Hackett Publishing Company, 1981, p. 530.

[2] George Dickie, "Beardsley's Phantom Aesthetic Experience", *The Journal of Philosophy*, Vol. 62, Sep., 1965, p. 135.

"范畴错误",比厄兹利对此进行了澄清,并对审美经验的特征做了进一步的修正和深化。他在《审美经验的复归》一文中更加明确地指出了"'一个统一的经验'并不仅仅是一个对'统一性'的经验"①。也就是说,尽管审美对象本身的统一性特征可以在审美经验中引起相应的性质,但这并不意味着审美经验的特征仅仅取决于对象本身,因为审美经验中还包含着主体的感受、情感等因素。更重要的是,正是这些因素确保了审美经验的统一性。当迪基论证了"统一性"背后的空洞、无意义并导向了对审美经验的解构时,比厄兹利为了论述审美经验"统一性"的合理性存在,他借用心理学家马斯洛对"高峰体验"的描述来进行证明。在高峰体验中,"整个世界被看作统一体,像一个有生命的丰富多彩的实体那样。在其他高峰体验中,特别是在恋爱体验和审美心理体验中,世界中一个很小的部分这时被感知为似乎它就是整个世界。在这两者情况中,知觉都是统一的"②。他在美学思想中一直坚守着审美经验的"统一性",在后来的文章中他还对此做过进一步阐释,"这样的满足就是审美的,当它首先获得形式统一体的关注和(或)一个复合整体的局部性质时,当它的数量具有形式统一体的程度和(或)局部性质的强度之功能时"③。

(二)审美经验的"统一性"与感受性要素

迪基在《比厄兹利的审美经验理论》(1974年)一文中回应了比厄兹利对其批评所做的进一步辩护。从表面上来看,迪基似乎做出了很大的让步——至少他承认了经验的"统一性"特征的存在,但他从更深层面上质疑了比厄兹利的审美经验理论的有效性。他同意"比厄兹利所说的审美经验的现象学意义上的客观性特征具有统一性,或者至少是绝大部分都拥有统一性"④;同样,非审美性经验的客观性特征也在某种程度上

---

① Monroe C. Beardsley, "Aesthetic Experience Regained", *The Journal of Aesthetics and Art Criticism*, Vol. 28, July, 1969, p. 6.

② 马斯洛:《存在心理学探索》,李文恬译,云南人民出版社1987年版,第80页。

③ Michael J. Wreen and Donald M. Callen eds., *The Aesthetic Point of View: Selected Essays*, New York: Cornell University Press, 1982, p. 22.

④ George Dickie, "Beardsley's Theory of Aesthetic Experience", *The Journal of Aesthetic Education*, Vol. 8, Aug., 1974, p. 16.

具有统一性,尽管这一特性有时很难被感知到或不能被感知到。因而,可以说:"典型审美经验的现象学意义上的客观性特征所具有的统一性远远高于非审美性经验的客观性特征的统一性。然而,我们在这里讨论的其实是经验中的统一性即经验被感知到的统一性,而比厄兹利的理论中却指向了审美经验自身的统一性,也就是存在一种具有特殊统一性的经验,这就是我们争辩的地方。"① 在比厄兹利看来,我们首先可以在艺术品中感到这种统一的属性即作品的完整性和连贯性,然后这一感知上的统一性会引起诸多的感受或情感,并且这些感受本身又是完整的或统一的,最后作品本身的同一性要素与由它所引起的统一性的感受或情感融合到一起并通过某种方式形成一种更高形式上的统一,这种更高形式上的统一就是审美经验所独有的统一性。在迪基看来,比厄兹利将这种统一性诉诸审美经验所包含的感受要素如感觉、期待和满足感等,而且他还企图通过审美经验的这些内在的特性将其与非审美性的经验区分出来,但是他对审美经验的"统一性"的进一步说明至少在两个方面上会显得过于狭窄。

"比厄兹利观点的第一个困难在于,尽管那些由艺术作品所产生的审美经验得到了广泛的认可,但是不能排除有些艺术品并不会引起任何感受或情感内容。"② 比如对于一些绘画作品,我们只需走马观花式的一瞥就可以理解它。更进一步,就算是那些能够引起感受或情感的艺术作品,是否由其所引起的感受或情感就必定具有统一性呢?比如当我们欣赏莎士比亚的戏剧《哈姆雷特》时,我们看到鬼魂时会感到害怕,听到孤魂的讲述之后又会感到生气、愤怒,但我们也会由此产生某种怀疑;随着剧情的不断推进,我们甚至还会产生怜悯、兴奋、懊悔等情感。那么这些相继而产生的情感或感受又是如何保证感受的统一性的呢?结果只能是,"尽管某些审美经验中的感受具有一种统一性,但这并不意味着它们在所有这些经验中都是统一的"③,何况有些审美经验中并不存在引起感

---

① George Dickie, "Beardsley's Theory of Aesthetic Experience", *The Journal of Aesthetic Education*, Vol. 8, Aug., 1974, p. 17.

② Ibid..

③ Ibid., p. 20.

受或情感的可能性。由此还可以推断出,审美经验并没有任何特有的感受性特征从而使其与其他经验相区分,同样"统一性"特质也不能将其有效地区分出来,如果可以将这种经验区分出来的那话,那也是因为它们源于先前被如此独特地描述的审美对象。此外,迪基还指出了比厄兹利美学思想中的论证方式其实暗含着一个矛盾的解释逻辑。比厄兹利在其美学中需要处理两个问题即"当说'审美经验'时我们的意思是什么以及该表达所指称的东西的本质是什么"[①]。事实上,比厄兹利并没有给审美经验下一个定义,相反,他却通过审美对象这一概念来间接地界定审美经验的范围。更重要的是,他不能通过审美对象来界定审美经验,因为在其后的理论中他又指出审美经验并不仅仅来源于审美对象,它还产生于审美对象之外的其他领域。

对于迪基的质疑,比厄兹利在《审美经验》(1982年)一文中做了进一步的辩解和澄清。针对感受要素无法为"统一性"提供保证的质疑,比厄兹利认为"导致一段经验得以连贯起来(进而相统一)的那些相互联结的元素不仅仅包含感受、情感,而且还有思想。因而,审美经验也可以是统一的,即使它没有感受要素的存在"[②]。此外,比厄兹利认为迪基所说的那种不存在感受性因素的审美经验是一种基于概念混淆,即将感受与"充分发展"的情感相提并论后的错误推断,后者不仅包含感受要素还涉及概念。如果一个经验连感受性都无法提供,怎么能称其为审美经验呢?而且经验中的情感要素的缺席并不能推断出感受性要素的必然缺席。针对迪基的进一步批评,比厄兹利认为由审美经验所引起的各种感受或情感必然比一般经验中的感受更具有连贯性和统一性。他同样以迪基对《哈姆雷特》感受性说明作为反驳迪基的例子,正是"这一虚构的审美对象的存在一方面使我们的感受和情感不被外界所干扰,从而不会显得涣散;另一方面,在感受的相继发展中始终围绕着对象本身而展开,从而保证了感受的连贯性和统一性"[③]。也就是说,戏剧《哈姆雷

---

① George Dickie, "Beardsley's Theory of Aesthetic Experience", *The Journal of Aesthetic Education*, Vol. 8, Aug., 1974, p. 15.

② Michael J. Wreen and Donald M. Callen, eds., *The Aesthetic Point of View: Selected Essays*, New York: Cornell University Press, 1982, p. 294.

③ Ibid., p. 295.

特》可以引起欣赏者的诸多感受或情感，但这些感受性要素并不是混乱的、无序的，它们随着故事情节的推进而得以不断地展开并处于此起彼伏的转换状态之中，但最终它们都统一于戏剧的悲剧性主题。

（三）审美经验的评价维度

在迪基看来，比厄兹利的审美经验理论中最大的困难在于其中所包含的评价性内容不能有效地区分艺术，这根源于他将审美经验看作一种内在的、必然地令人愉悦的且具有统一性特征的经验。然而，这一界定必然排除了那些不能产生令人愉快的情感或统一性情感的艺术作品，乔尔·库普曼（Joel Kupperman）一针见血地指出了这一界定的缺陷所在："它既太宽又太窄，一方面不仅可以适用于审美经验，而且还适合于美妙的性经验从而错误地将其包含之内；另一方面，它又显示出一种过分的狭窄，审美经验的统一性作为一种严格的先验的规定似乎没有什么根据。"[①] 迪基也指出了其中存在的谬误："顺便说一句，比厄兹利并没有说各种感受中所包含的愉悦感必然会将其统一为审美经验，但他确实声称审美经验是令人愉快的。因此，他认为审美经验总是涉及情感愉悦似乎看起来是合理的，然而我对此提出一种警惕性的注意，即使审美经验总是愉悦的，但这并不是意味着它们总是包含一种情感上的愉悦。"[②] 由此可以看出，比厄兹利的审美经验概念意在判定并界定其范围，因此它拒绝接受坏的艺术作品，其根本问题在于它是一种本质性的规定，而这种规定暗含着一种肯定性的评价维度。然而，审美或艺术概念必须顾及不能产生愉悦感的或不好的作品，对于美学领域来说，否定性的判断也是极为重要的，任何宣称能够定义这个领域的概念都必须能说明好的艺术和坏的艺术。

在众多分析美学家的批判之下，比厄兹利不得不对此做出进一步的澄清和辩解。他解释道，在《审美经验的复归》一文中引入"愉悦"这一概念，只是沿着杜威的完成性概念的方向所做的推进，现在却意识到

---

① Joel Kupperman, "Art and Aesthetics Experience", *The British Journal of Aesthetics*, Vol. 15, Jan., 1975, p. 34.

② George Dickie, "Beardsley's Theory of Aesthetic Experience", *The Journal of Aesthetic Education*, Vol. 8, Aug., 1974, p. 18.

通过愉悦来界定审美是一种十分危险的简化主义，这其实走向了"杜威式"的经验观的反面。比厄兹利由此远离了那种宣称将充分条件和必要条件联合起来的简化主义的定义倾向，从而致力于探讨一种关于经验的宽泛的审美概念。因而，他在《审美经验》中提出了"经验的审美症候"这一概念，并详细地阐释、区分出了包括对象的导引性、感受的自由等在内的经验的五个审美症候，这在上文中已经做出了具体的分析。最终，比厄兹利在不断地批评与回应中建立一套比较完备的审美经验理论。乔治·迪基和门罗·比厄兹利关于审美经验的争辩历时近二十载，他们在相互交流以及回应彼此的批评之过程中得以不断地修正、完善各自的美学理论，同时也使得对审美经验问题的探讨更为细致、深入，更具有启发性。更重要的是，此后分析美学关于审美经验的探究基本都是沿着这种分析思路和阐释模式而不断地向前推进的。

本章小结

从总体上来看，20世纪的西方美学对审美经验的界定体现出两种不同的倾向：现象学的方式和认识论的方式。对此加里·艾斯明格（Gary Iseminger）做了一个形象的类比，"前者酷似于当我们想知道蝙蝠的经验是什么样的；后者，则是我们声称听觉而非视觉是蝙蝠的主要经验模式，并且它通过相邻对象而确定自己的位置"[1]。由此可以看出，审美经验的现象学概念强调拥有审美经验是怎样的一种情况或状态，它具体展现出哪些独特的症候，其主要描述审美经验中的主体状态、经验本身独有的特征以及经验过程。毫无疑问，现象学美学是最为突出的代表，其实很多美学家对审美经验的考察都遵循着这一路径，比如布洛的"心理距离"以及杜威的审美经验观；审美经验的认知概念则是一种直接的、非推论式的知识，它关注"经验的来源"而非"经验本身"的特征，主体的正确感知或认识才是审美经验的关键之所在。比厄兹利最初只是在对审美经验的现象学描述，后来在与迪基等人的争辩中逐渐将审美经验的认知

---

[1] Gary Iseminger, "Aesthetic Experience", in Jellord Levinso eds., *The Oxford Handbook of Aesthetics*, Oxford University Press, 2005, p. 101.

观念纳入其中。然而，在后期分析美学中，迪基对审美经验的批判和消解态度赢得了更多的支持和追随。古德曼对审美经验概念的语义学建构其实已经抽空了审美经验的感性、情感等维度，使其沦为具有某种符号特征优势的认知经验，丹托则因审美经验在界定艺术上的无用甚至是有害而将其摒弃。分析美学中的这种反审美的倾向似乎宣告了审美经验概念的终结，难道审美经验本身所富有的复杂性、多义性就必然意味着要将其弃而不用吗？难道审美经验在界定艺术中的失效就必然意味着其没有任何价值了吗？分析美学对审美经验的语言分析在多大程度上适用于这一概念本身？这些问题都是值得进一步探究的。

其实，分析美学对审美经验概念的批判和消解策略很大程度上源于对这一概念的"多作用性"认识不足。分析美学家在指出审美经验的多义性和复杂性的同时，企图通过语言分析而将其解析为基本的逻辑要素，从而保证能够在明晰的层面上使用它。然而，把审美经验作为一个单一性的概念去使用的结果只能是失败的。后期维特根斯坦强调在具体的语言使用中考察概念，分析美学家由此便将审美经验概念置于艺术领域之中。当审美经验被用来界定艺术时，分析美学家却发现其不能适当地区分艺术，结果只能是无视它的存在或将其摒弃。在界定艺术的理论运用中，审美经验的功能、作用因其所包含的现象学的直接性和评价性内容遭到了质疑与批评。一方面，审美经验在现象学层面上的直接性特征无法为艺术提供有效的说明，难怪阿瑟·丹托的艺术哲学要诉诸解释行为和艺术史；另一方面，审美经验本身所包含的评价性内容不能有效地区分出艺术，令人愉悦的肯定性意义要么使艺术错误地包含了某些不属于它的东西，要么使其错误地排除了某些本应属于它的东西。审美经验的这两个属性确实与分析美学所提倡的非价值性的分类与区分性的定义相违背，然而，这除了说明审美经验的概念不适合为艺术提供这种区分性的定义之外，还能说明什么呢？分析美学仅从界定艺术的目的出发来考察审美经验，并将其得出的结论加以任意地扩大，这种错误地取消不仅显得过于武断，同时也会给美学带来无妄之灾。

帕斯莫尔曾用"沉闷"一词来描述并批判传统美学的概念和方法所导致的美学现状，因而分析美学致力于打破美学中的这种状态，从而力图将美学从令人沉闷的状态中拯救出来。"然而讽刺的是，这些沉闷的描述依然存在,只不过如今被用来指责分析美学的分析技术。当分析美学家竭尽全力去澄清他们所认为的那些混乱不清的领域时,那种沉闷的指责随之消失了。然而,他们却失败地意识到其所发起的这场运动竟然比那些他们竭尽全力去清除的做法更让人沉闷。"① 也就是说,分析美学从批判传统美学所导致的沉闷出发,在清除这种沉闷状态的同时又陷入了更深的沉寂之中。

分析美学所造成的这种沉寂结果主要源于它自身的理论方法和理论诉求。分析美学的出发点是反对任何本质主义的规定和概括,力图清除美学领域中存在的本质主义谬误。在分析美学家看来,美学领域中存在的含混不清和诸多混淆主要源于传统美学对艺术或美学的本质设定,他们用一个无意义的超级大词来界定、规定艺术,从而抹杀了各门艺术之间的差异性。分析美学反对美学中的这种普遍性追求,因而试图以一种科学化的方式来考察每一门艺术。然而,分析美学的反本质主义倾向在晚期发生了戏剧性的倒转。后期分析美学中占主导地位的倾向是聚焦于艺术品表面之下的深度的、不变的东西,它们似乎越来越关注艺术品的本体论性质、艺术品的定义等形而上学问题,这种更为普遍的倾向虽是早期分析美学所极力反对的却是分析美学最富有成果且最受人关注的地方。这对分析美学本身来说,无疑是一个巨大的讽刺。更为重的是,分析美学的主要目的在于澄清美学领域中的那些容易引起混淆的、含混不清的概念、术语,从而保证其在清晰的层面上使用。分析美学将分析哲学的逻辑分析方法和概念分析方法引入美学,并将美学定位为一种"元批评",即关于艺术与艺术批评话语的二级学科。也就是说,分析美学是一门描述艺术品以及艺术批评中的基本概念、术语的科学,其追求的是语言与概念的逻辑化、系统化。其实,美学作为一门感性学在分析美学这里已经从丰富的美学现象、艺术领域退回到了语言的描述和概念的分析之上,其所追逐的明晰性仅仅指向的是艺术批评背后的概念与话语。分析美学在把自己封闭在艺术领域中的同时,为了达到所谓的客观性和清晰性,它还出让了其对艺术的评价与批评的权力。因而,作为"元批

---

① Anita Slivers, "Letting the Sunshine in: Has Analysis Made Aesthetics Clear", *Journal of Aesthetics and Art Criticism*, Vol. 46, Aug., 1987, p. 137.

评"的分析美学究竟把握到多少关于艺术和审美的精髓呢？它又能对具体的审美活动和艺术活动产生哪些影响呢？当美学仅仅埋首于艺术概念、理论话语的澄清与明晰而不是具体的艺术、审美现象以及知觉、感性等问题时，它也就远离了其赖以生存的源泉，失去了曾经所拥有的活力与魅力从而趋于沉闷。

分析美学将分析哲学的方法引入美学领域并借此形成了独具一格的理论特性，从而为美学的发展提供了前所未有的理论视野和研究视角，它所独有的批判性力量消解了传统美学中的诸多概念和议题，同时也解构了传统美学的合法性地位。分析美学的诸多理论特征是显而易见的，同时也是独具特色的，这主要源于它的分析方法以及对某些方面的过度强调。因而，它的分析方法在开启新的美学视野和观察角度的同时也会造成对美学其他方面的忽视或无视，尤其是它过于强调概念分析的维度，从而忽视了美学和艺术本身所独有的特征。分析美学所着力和强调的地方在成就其理论上的独特性和批判性的同时，也往往是其最为薄弱的地方。

当代美学家在 20 世纪末逐渐意识到分析美学给美学带来诸多遮蔽，在反思这一现状的同时还致力于改造分析美学。尽管还有一些人积极地维护着分析美学的霸权地位，但更多的人则试图"走出"分析美学，他们有的致力于分析哲学与大陆哲学这两个传统之间沟通与融合，有的则立足于实用主义哲学对分析哲学进行有益的改造，前者如奥托·阿佩尔、后者如斯坦利·卡尔维诺等。从美学自身的发展来看，分析美学所忽视或无视的地方正是当代美学的生长点之所在，同时也将成为考察审美经验概念的新维度。正是因为分析美学对自然、经验和生活等领域的长期遮蔽，从而促使这些领域在当代美学中得到了前所未有的关注。这也是为何把分析美学作为单独的一章进行考察的原因，分析美学在总结、批判此前的审美经验理论的同时，还为考察当代审美经验理论提供了独特的视角和有益的参照。

第 四 章

当代美学与审美经验的建构及复兴

分析美学强调的是对艺术和艺术批评的概念分析，从而倾向于将具体的美学、艺术问题转化为语言问题。分析美学将自身定位于关于艺术和艺术批评的"元批评"，它作为一门关于艺术批评的二级学科澄清并批判性地考察批评概念与话语，从而也就回避了对于艺术品的评价问题。分析美学追求的是概念、语言上的客观性和清晰性，因而也就忽视了艺术所蕴含的丰富的经验内容。如果艺术活动中的"经验"方面被完全无视或忽视，那么这是否已经意味着分析美学迫使艺术背离了它的源泉，从而走向了艺术自身丰富性的对立面——贫乏与单调。毫无疑问，"经验"曾是杜威建立的实用主义美学的核心，如今它再次成为美国分析美学家的重要理论资源，从"语言"返回到"经验"与"生活"成为纠正分析美学的弊端的重要手段以及当代美学发展的方向之一。分析美学对艺术的经验内容的遗弃成为复兴审美经验概念的关键，生活美学、身体美学无不转向丰富的经验本身来重新建构审美经验理论，并复兴那曾被分析美学所摒弃的审美经验概念。

从研究对象上来看，分析美学被看作地地道道的艺术哲学，它那压倒一切的对艺术的偏爱使"艺术"成为美学的绝对核心，而"自然""自然美"和"生活"则完全被置于了美学理论的盲区之中。"分析美学对艺术的绝对偏爱被分析哲学对语言的特殊喜爱进一步激发起来，对艺术的片面关注对于审美的观念变得越来越具有破坏性，它们倾向于挑战并消解传统的美学概念、命题，如审美态度、审美经验、审美判断等。"[1] 在

---

[1] Richard Shusterman, *Analytic Aesthetics*, New York: Basil Blackwell, 1989, p. 8.

分析美学中,"美"以及与其相关的美学问题被艺术问题所取代,"艺术概念""艺术品定义"和"艺术本体论"等问题成为其关注的焦点,"自然美"问题则被完全排除在外。沃尔海姆批评康德、布洛等人试图通过自然的事例来理解审美态度,因为在他看来,拥有一种审美态度的唯一核心的、非派生的例子就是将一件艺术品归入艺术的"概念之下"。这种完全彻底地无视自然必然会激起后来者的强烈关注,自然美学和环境美学在20世纪末的兴起正是对以艺术为绝对中心的分析美学的主流传统的超越,同时也是对自黑格尔以来的美学无视或压制自然的倾向的回击,为此环境美学中还一度涌现出"自然全美"的极端论调。尽管环境美学的基本取向是"反分析美学"传统的,但其对"自然美"的关注往往被看作分析美学的当代发展方向之一,因为分析美学家最早对"自然美"问题进行了关注和强调,正是从对这一问题研究出发才得以逐渐发展出自然美学、环境美学等流派的。

由此观之,分析美学在很大程度上开启了当代美学发展的新方向,从实用主义的复兴到环境美学的兴起,再到生活美学的逐步升温,这些新的发展方向都已蕴含在了分析美学之中,它们是立足于分析美学的基础上进一步发展的。更重要的是,这些新的发展方向为考察审美经验提供了新的思路和视角:在生活美学中,审美经验与日常生活之间的连续性得到了进一步的强调与发展;在身体美学中,审美经验体现出对感性经验与身体介入的再度关注之倾向;在环境美学中,审美经验中的所蕴含的主体参与性和介入性得以彰显。

第一节 环境美学与作为"场"的审美经验

一 环境美学与自然的鉴赏

(一)自然的鉴赏模式:从艺术到环境

在古代西方传统中,自然一直以来都是一个受到轻视的领域。自然曾受到宗教的长期控制,它往往被视为惩罚性的流放之地,这一隐晦形象也往往呈现在文艺作品之中。启蒙运动之后,自然的美在生活与艺术中得到了较多的关注,从而摆脱了此前由宗教所赋予的意象,尤其是在"理性"的发现以及科技发展的推动之下,自然也就从固有的束缚中解放出来，人们对自然的审美鉴赏得到了普遍性的认可。"理性"的发现使得主体的能动性得到了前所未有的张扬，自然成为人的情感的象征或寄托；而科学技术的发展则让人们更加清楚地认识了自然世界，从而消除了其所固有的恐怖性或神秘性。由此，也就形成了西方世界关于自然鉴赏的两种基本倾向：主观化与客观化。艾伦·卡尔松认为"在对自然的鉴赏中，一直交织存在着由科学所产生的自然的客观化倾向与由艺术所导致的自然的主观化倾向"[①]，其实艺术上的主观化倾向实则根源启蒙运动中所高扬的理性，它往往被视为作者情感的流露与寄托。在这两种倾向的影响之下，18世纪的美学家从对自然的鉴赏中分析出了自然鉴赏的基本的观念——崇高与优美。在自然的客观化倾向的影响之下，美学把自然作为审美经验的理想对象，并由此提出了审美"无利害"的观点，其目的在于把自然鉴赏从具体的社会、经济、个人以及实用态度中剥离出来，从而产生一种独特的审美鉴赏模式，即"距离的"与"无利害的"审美观照，正是在这一模式的基础之上产生了自然鉴赏的"崇高"观念；而在自然的主观化倾向影响之下，"自然美"被发现并将其类比于艺术活动的创造。因而，有关自然的鉴赏也就与艺术活动联系起来了，"风景如画"这一词语很好地说明了这一点，自然鉴赏的"优美"观念也就由此产生，并成为自然鉴赏的普遍模式。"崇高"的审美观念把自然剥离出来，并将其客观化了；"优美"的审美观念则将自然类比于艺术，进而使其浪漫化、主观化了。当自然美被类比于艺术之时，关于自然的美学理论也就衰落了，更多的美学家将艺术而非自然作为美学理论的基础和核心。

罗纳德·赫伯恩（Ronald W. Hepburn）在指出分析美学对自然界遗忘的同时，还提出了关于自然鉴赏的一些相关问题。他认为艺术的鉴赏模式并不是欣赏环境的唯一途径，并且自然本身与艺术存在很大差异，因而在鉴赏自然时我们不仅要将自然的易变性、多元性考虑在内，还应该将主体自身对自然的理解与感受包括在内。后来，卡尔松在《环境美学》一书中对自然鉴赏的当代模式进行了较为全面的归纳，将其概括为

[①] Allen Carlson, *Aesthetics and the Environment*: *The Appreciation of Nature*, *Art and Architecture*, London: Routledge, 2000, p. 3.

对象模式、景观模式、自然环境模式、参与模式、激发模式与神秘模式等。从更深层来看，关于自然的鉴赏可以分成艺术模式、自然模式与环境模式三种：艺术模式指的是一种与艺术审美鉴赏密切相关的鉴赏模式，它主要以艺术作为标准来欣赏自然，"自然美"是其主题。卡尔松本人所归纳的对象模式和景观模式正属于这一类，对象模式把自然作为客观的对象来看待，将其从更为广大的环境之中剥离出来，当"一个人以这种方式来谈论关于自然的审美鉴赏时，其体现出来的是主体/客体关系的传统审美方法"[1]。其实，在对象模式中欣赏的不是自然而是自然对象即自然之物，它们从环境之中的剥离暗示了它们所创造的环境以及呈现它们的环境与鉴赏无关。与其相似，景观模式则像鉴赏风景画一样来欣赏自然，它要求从特定的视角和距离来欣赏风景的形式特征。对于自然本身来说，这两种鉴赏模式都是不充分的，因为它们并没有抓住自然环境的本质性特征，还是局限于艺术的审美范式之中。

自然鉴赏的"自然模式"则从自然本身出发，强调自然本身的美，并反对人为的痕迹。比如美国的自然美学家约翰·穆尔认为那些没有受到人类影响的自然优于文明及其产物，它们自身的和谐、未开发性正是它们的独特价值之所在，在这种观念的影响之下，自然不再是沉默的或被开采的对象与资源，而是一种自治的且自身具有存在价值的东西。因而，荒野不仅不是丑陋的而是值得赞赏的，尤其是在审美上更值得赞赏。也就是说，自然不再仅仅作为艺术的背景，而是被视为一种构成性的景观，它凭借自身的自然之美和独有价值而引人入胜。一个世纪之后，卡尔松对这一存在于19世纪末的自然观做了进一步的发展，并将其称为"肯定美学"（Positive Aesthetics）[2]，"那些未被人类所触及的自然环境具有重要的、肯定性的美学特征，比如它是精巧的、优美的、统一的、紧凑的和齐整的，而不是粗劣的、乏味的、分裂的、松散的和杂乱的。简而言之，所有原始自然在本质上都具有极高的审美价值"[3]。这一观点极

---

[1] F. E. Sparshott, "Figuring the Ground: Notes on Some Theoretical Problems of the Aesthetic Environment", *Journal of Aesthetic Education*, Vol. 6, July, 1972, p. 13.

[2] Allen Carlson, "Nature and Positive aesthetics", *Environmental Ethics*, Vol. 6, July, 1984, p. 6.

[3] Allen Carlson, *Aesthetics and the Environment: The Appreciation of Nature, Art and Architecture*, London: Routledge, 2000, p. 73.

易引起误解，肯定美学其实强调的是对于自然的恰当的审美鉴赏基本上是肯定性的，而否定性的审美判断几乎没有位置。也就是说，自然中所有未被触及的部分都是美的、肯定性的，只有当人类对自然的影响被考虑在内时，否定性的评价才会出现。因而，我们必须区别能够审美地享受自然与判断自然之间的差异。当涉及鉴赏那些被人类所影响的自然环境时，自然的鉴赏模式就包含了以上所概括的自然环境模式、激发模式与神秘模式等。总之，自然鉴赏的这种自然模式是对艺术模式的批评与纠正，它意味着自然美的首要位置以及作为艺术的标准的自然美。

自然鉴赏的环境模式则把自然理解为一种"环境"，因而对自然的鉴赏并不能脱离它所创造的环境以及呈现它的环境。自然的审美特征并不仅仅体现在自然对象之上，因为所谓的自然对象其实只是自然环境的一部分，而审美特征则是自然对象与环境之间关系的产物。当然，自然环境并不能包含周围的一切事物，我们的审美鉴赏必须存在诸多限制和重点，否则对自然的鉴赏将是一种没有任何意义的混杂。由此，在强调自然是一种"环境"的同时，我们还要强调它是"自然的"。所谓"自然的"指的是自然并非艺术作品，我们对它需要一定的了解与认识，因而关于自然的知识在自然鉴赏中是必然存在的，而且"这种知识给予我们审美意义的恰当的焦点以及那一环境的适当边界，由此我们的经验才能成为审美鉴赏的经验"[1]。也就是说，关于自然的知识可以使我们对自然环境的鉴赏活动产生一定的限制，并将我们经验到的自然环境凸显出来，甚至可能还会为我们提供一种适合环境恰当的观看方式。自然鉴赏的环境模式则既不将自然对象同化为艺术对象，也不将其同化为自然风光，而是将其看作一种自然的环境，如其本然地欣赏自然的审美特征。相比之下，此前的自然鉴赏模式"要么几乎不怎么审美的关注自然对象，要么就用一种错误的方式去关注它们，因为只有在艺术中那些东西才能被发现"[2]。

（二）从自然美学到环境美学

在 20 世纪的后三十年，人们对自然环境的持续关注，使得"自然"

---

[1] Allen Carlson, *Aesthetics and the Environment: The Appreciation of Nature, Art and Architecture*, London: Routledge, 2000, p. 50.

[2] Ronald Hepburn, "Aesthetic Appreciation of Nature", in Harold Osborne, eds., *Aesthetics and the Modern World*, London: Thames and Hudson, 1968, p. 53.

被作为重要的且极为有意义的话题而重新引入美学领域之中。"尽管自然在现代美学的早期曾发挥了重要的作用——例如，在康德和谢林的美学理论中，然而，它的重要性却在逐渐下降，直到最近它才重新引起学者们的关注"[①]。其实，自然领域在很早之前就是审美关注的对象之一，更重要的是，产生于18世纪的美学观点、原则更多是源于对自然而非艺术的审美欣赏，此后这些诞生于自然美之中的美学理论却逐渐为艺术领域所独享，自然以及自然美随之淡出了美学领域。从美学的整个历史来看，美学对自然的研究是微不足道的，"美学对艺术的关注与兴趣彻底左右了美学研究的内容，因此，美学在20世纪中期的分析美学中最终等同于艺术哲学"[②]。事实上，"美学除了包括艺术哲学之外，它在传统上还涉及对自然的美与自然的崇高的鉴赏。但是，除了康德、谢林等少数几位之外，大多数美学家都较为固定地关注艺术而不是自然世界。因而，美学与自然环境之间的联系是极易引起争论的"[③]。在经过漫长的沉寂之后，自然在20世纪末再次成为美学关注的对象，只不过这次它被融入了更为广阔的"环境"之中。

从20世纪中期开始，分析美学内部便出现了对分析美学进行反思的倾向。当代美学家约瑟夫·马戈利斯（Joseph Margolis）在他编选的文集《从哲学看艺术：当代美学选读》（*Philosophy Looks at the Arts: Contemporary Readings in Aesthetics*）中指出了分析美学中存在的缺陷即对"自然"的轻视甚至是无视；此后的罗纳德·赫伯恩则在《当代美学及其对自然美的遗忘》（Contemporary Aesthetics and the Neglect of Natural Beauty）一文中详细地论述了分析美学对"自然"与"自然美"的忽视，他倡导"自然美学"（Aesthetics of Nature）并力图借此超越以艺术为中心的分析美学。由此，"自然"和"自然美"再次成为美学关注的焦点问题。受到这些思想的启发，当代环境美学家艾伦·卡尔松和阿诺德·贝林特则将其扩展

[①] Arnold Berleant and Allen Carlson, "Introduction to Special Issue on Environmental Aesthetics", *Journal of Aesthetics and Art Criticism*, Vol. 56, Aug., 1998, p. 97.

[②] Allen Carlson, *Aesthetics and the Environment: The Appreciation of Nature, Art and Architecture*, London: Routledge, 2000, p. 5.

[③] Arnold Berleant, *The Aesthetics of Environment*, Philadelphia: Temple University Press, 1992, p. 1.

到我们所能够经验到的各种各样的自然环境与人造环境,它所涉及的范围极为广阔,包括环境设计、城市设计、建筑景观和农业景观等,从而将自然美学发展为一种包容性极强的环境美学(Environmental Aesthetics)。"我们的鉴赏能力并不局限于艺术,而是面向整个世界。因而,我们不但可以鉴赏艺术,还能鉴赏自然——如广阔的地平线、似火的夕阳以及高耸屹立的群山。更重要的是,我们的鉴赏还要超越未开发的自然之域,进入到更为世俗化的现实世界中来……由此,环境美学便应运而生。因为通过以上的分析可以看出,审美鉴赏其实早已涵盖了我们周围的整个世界,即我们的环境。"① 贝林特认为环境美学实际上是对自然美学的继承与发展,它来源于人们对环境一词的更为宽泛的理解,它不仅包括自然环境,还包括文化、城市、建筑环境等。因而,环境美学不同于自然美学,"'环境'是一个更为宽泛、更具有包容性的术语,它所包含的对象不仅仅是那些'自然世界'之中的事物,还将那些人为的世界如城市、建筑与设计包含在内"②。

环境美学除了受到分析美学对自然的无视以及当前社会对环境的直接关注而引发对自然的强烈关注的影响之外,还受到当代艺术的发展变革所带来的美学影响。其实,在环境美学出现之前,当代艺术已经体现出对整体性的"情境"的青睐与关注。当代艺术的发展早已超出了审美对象的客观限制,它们大都不再给我们提供稳定的、持久的艺术对象,而是通过具体情境的呈现将我们引导到活生生的经验之中;我们也不再是一个外在于艺术的静观的欣赏者,而是介入具体的艺术创作活动之中的参与者,欣赏者与艺术家一起进入一个具体的审美语境之中;有的艺术活动甚至打破了特定的空间或形式的限制,融入到了生活、建筑和城市以及街道之中;与此同时,我们的欣赏活动也打破了原有的知觉形态和习惯模式,欣赏者通过积极地介入来参与到艺术活动之中,进而从艺术对象的对立面走进了具体的艺术情境之中,并因此获得了更为深刻的审美体验。尤其是数字艺术、VR 艺术的出现,它们更多的是为我们提供

---

① Allen Carlson, *Aesthetics and the Environment: The Appreciation of Nature, Art and Architecture*, London: Routledge, 2000, p. 1.

② Arnold Berleant, *Environment and the Arts*, Burlington: Ashgate Publishing, 2002, p. 14.

了一个具体的审美情境而非一定距离的或分离的审美对象。简而言之，当代艺术的拓展引导我们超出了对象的广阔范围，这个对象在美学传统中曾被视为艺术，如今我们的艺术与审美已经走出了艺术的限制而进入环境之中，"艺术以这样或那样的方式将其演变为一种环境，美学必须发展艺术的这种观念来适应当代艺术的这种变革"①。当代艺术的这些变革不仅促使艺术创作活动发生了巨大的转变，还拓展了艺术欣赏活动与审美鉴赏，从而使得现代美学所提供的习惯性解释失去了曾经所拥有的效力，这些发展最终使我们超越了区分和分离的对象，从而进入具体的情境之中。

总之，"环境美学"这一名称最初体现了在环境成为社会的关注问题之后，在美学中随之发生了对"自然"以及作为整体的"环境"的美学特性的考察，"对环境的美学兴趣是对环境问题的广泛回应中的其中一部分，比如民族以及民族间的环境政策、公众对环境问题的意识与行为等，它还反映了不断增长的对环境的美学价值的认识"②。环境美学不仅超越了自然，而且还超越了鉴赏本身。"尽管环境美学的界限与其他学科融合在了一起，但这一美学的新领域的核心之处在其名字上就可以清晰地辨别——审美关注在环境中的应用。"③ 在对环境的美学追求中包含了诸多领域的诉求，比如艺术、文化、伦理、认识以及批评等，其中很多都曾被排除在美学领域之外。事实上，我们可以把环境美学看作传统审美鉴赏模式与那些被习惯性地排除在美的艺术之外的具有极大认知意义的领域之间的桥梁，如建筑、城市设计、日常生活环境、陶瓷工艺、民间艺术与通俗艺术以及其他源于人们日常生活文化的活动。

二 作为美学挑战的"环境"

（一）环境美学与拓展的环境观

当我们从哲学尤其是美学的立场来看待"环境"时，有必要对这一

---

① Arnold Berleant, *Environment and the Arts*, Burlington: Ashgate Publishing, 2002, p.14.
② Arnold Berleant, *The Aesthetics of Environment*, Philadelphia: Temple University Press, 1992, p. xii.
③ Arnold Berleant and Allen Carlson, "Introduction to Special Issue on Environmental Aesthetics", *Journal of Aesthetics and Art Criticism*, Vol. 56, Aug., 1998, p.97.

概念的基本内涵做出进一步的修正。最初，环境只是被理解为我们周围的自然环境，对于哲学来说它显得过于狭窄，而且忽略了这一事实，即我们大多数人的生活都是远离各种自然基础的，如今未受到人类影响的环境几乎不存在了。因而，环境一般被理解为周遭之物，《牛津英语词典》将环境定义为"围绕任何事物的物体或区域"，哲学也接受了这种较为明确的定义，由此这种环境观也就成为一种约定俗成的正统模式。尽管这种环境观已经成为具有普遍性的常识，但其中所隐含的二元论倾向却被不加怀疑地接受下来了。"环境研究学者倾向于假定存在着某种事物，即'这个环境'，而这个环境由我们周围的事物所组成。哲学家则倾向于认为这个环境有时还包含着文化的、精神的基座。"[1] 当环境被理所应当地看作周遭之物时，这也就意味着它是一种外在于人的场所，从而保留了传统哲学中对人与周围环境之间的划分倾向。正是在这种"外在的周遭之物"的环境观的影响之下，才产生了一种解释我们对空间的理解的视觉模式。与此同时，自然作为对象与周遭之物相分离的观点得以形成，静观的欣赏也就成为关于自然的经验的标准模式，并被现代美学体系所吸收。当我们对环境采取一种静观的审美态度时，我们所获得的经验就是一种与所观察的世界相疏离的旁观者的注视态度。

尽管这种环境观和审美模式得到了普遍性的承认，但实际生活中所形成的对环境的把握模式更为多元化。我们对环境的感知也在发生着剧烈的变化。环境远远不止是一个静观的对象，它越来越倾向于与人的知觉、身体行为结合在一起，这种对环境的扩展性理解方式既包含了实践的维度，又包含了审美的意义。杜威所建构的经验观预示着这种新的环境观正在逐渐生成，他认为"生命是在一个环境中进行的；不仅仅是在其中，而且是由于它，并与它相互作用"[2]。为了超越传统的二元论思想的束缚，杜威将经验看作有机体与环境之间相互改造的结果，在经验之中既包括环境作用于有机体时所产生的"经受"，也包括有机体作用于环境时所产生的"做"。由此可见，一种积极的环境观念正逐渐形成，它最

---

[1] Arnold Berleant, *The Aesthetics of Environment*, Philadelphia: Temple University Press, 1992, p. 3.

[2] ［美］杜威：《艺术即经验》，高建平译，商务印书馆 2013 年版，第 15 页。

终在环境美学的构想中得以具体呈现,"环境并不是处在我们之外被内部的意识或情感所经验的,它也不能被看作周遭之物:作为这个世界的参与者,我们不仅无法与其相分离,相反却完全卷入到它的动态过程之中"①。它用多感官的、积极参与的且作为审美环境中的一部分的感知者取代了传统的、静观的旁观者,从而在很大程度上克服了由传统理论带有的消极性和分裂性。这种积极行动的环境观认为并不存在外在的世界,"没有外在的场所,也没有内在的象牙塔可供我们躲避那些外在的、对立性的力量。感知者(心)是被感知的(身体)的一个层面,反过来说,个人与环境之间就是连续的"②。总之,环境美学为理解美学与环境提供了一个崭新的、拓展意义上的模式:环境作为一个整体并不仅仅是一个简单相加的过程,而是相互联系、相互依赖的人群和地区在相互交往的过程中形成的共同体。也就是说,环境是一个复杂统一的整体,而环境美学则是这一整体的尺度,我们需要意识到人与环境之间的相互渗透和相互影响,并且我们作为积极的参与者不再与之相分离而是融入其中。

(二)环境美学的审美诉求:参与性以及相关性

环境美学所涉及的范围以及相关的研究问题都比较广泛多样如自然、景观、城市设计、建筑等,甚至还将许多学科和兴趣包含在内,但是它们都在某方面涉及我们对环境的知觉体验以及对其审美价值的发现。其实,在环境美学中,我们的审美体验并不仅仅指的是欣赏外部的风景,也不仅仅是欣赏,它涉及更多更为深刻的内容,因为对环境的鉴赏大大不同于艺术的鉴赏。尽管我们认为可以像鉴赏艺术那样静观地欣赏风景,并且很多时候我们也是这样去做的,但这种鉴赏模式只是我们对艺术鉴赏原则的简单挪用:它类似于我们对待艺术的传统态度,当我们欣赏某一处风景之时,往往将其与我们环境的剩余部分相分离,就像我们将艺术对象摆放在博物馆里那样;更重要的是,环境还被置于我们的对立面,被看作一个外在于我们的事物。随着我们对环境的理解不断加深,人们

---

① Christopher Tunnard, *A World with a View*, New Haven: Yale University Press, 1978, p. 29.
② Arnold Berleant, *The Aesthetics of Environment*, Philadelphia: Temple University Press, 1992, p. 4.

逐渐意识到艺术鉴赏模式的狭隘性，它掩盖了环境本身所独有的审美特征与审美价值。环境美学应运而生，它从环境本身出发使得我们对艺术概念的理解转向一种更具有参与性和完整性的经验，而此前的理解往往得之于艺术的鉴赏。

1. 环境美学的参与性

环境美学对环境的理解超越了"周遭之物"或"这个环境"等分离性的观念，它在强调人与环境之间的包孕性和连续性的同时，还强调了人类作为知觉个体积极参与到环境中来。事实上，"环境美学例证了我们这个时代对经验和环境概念的变革，它越来越强烈地反对思想和实践之间所达成的一种舒适的妥协。因为我们在对环境的审美感知中发现了各种力量的结合，它们往往来自人们的具体行为以及我们不得不进行的回应。更重要的是，我们发现了它们的最终同一性并不是经验在性质上的直接性，而是我们直接的参与性"[1]。

对环境的欣赏意味着我们作为统一的环境复合体的一部分审美参与到环境之中，而在这一过程中感觉的直接性体验占据了支配性的地位，它最为鲜明也最为直接地体现出环境美学的参与性诉求。我们身处具体环境之中，单纯的、分离的视觉欣赏不能充分地说明我们与环境之间的紧密联系，当我们欣赏大海的波澜壮阔时，不仅有视觉上的波涛汹涌，还有听觉上的海浪声、海风吹拂的触感以及海水中夹杂的味道等。因而，在环境美学中我们必须将其他感知纳入到审美知觉中来，抛弃传统美学基于身体、感官与高级的心灵、理性之间的分离而建构的审美愉悦感。"对于环境的知觉体验而言，这是一种极其不幸的感觉上的人为分裂，我们很难再与自身保持距离了。接触性的感受本就是人类感觉系统的一部分，它应该被积极地包含在对环境的经验之中。"[2] 在环境体验中包含了一切感觉形式，涉及空间、质量、体积、色彩、运动感、声音、气味等诸多要素，它是综合性的而不仅仅是视觉的。在环境知觉中，"那些显而易见的不同类型的知觉体验仅仅在反射上、分析中以及经验的条件中是

---

[1] Arnold Berleant, *The Aesthetics of Environment*, Philadelphia: Temple University Press, 1992, p. xiii.

[2] Arnold Berleant, *Environment and the Arts*, Burlington: Ashgate Publishing, 2002, p. 8.

可以辨别出来的，而在经验本身中则很难做到"①，因为感官知觉的参与性呈现为一种"联觉"的状态，是感觉诸形态的融合。可以说，环境鉴赏所运用的感觉能力，无论是从广度还是从复杂性而言，它都超过了艺术欣赏活动。

除了感官知觉上的直接参与性之外，我们还必须意识到身体感知在环境鉴赏当中的重要性和意义。因为环境的主要因素如空间、体积、深度等并不是首先与眼睛遭遇，而是先与作为行动的基础的身体相遇。梅洛·庞蒂认为知觉始于身体，他将身体的在场看作感知所有在空间中并存的事物的参照点，它的积极意义在环境美学中得以更好地展现。身体对质地、体积、质量以及诸多感觉性质的理解，构成了极为复杂的关于环境的知觉经验。通过身体与处所之间的相互渗透，我们成为环境的中的一部分，对环境的经验调动了整个感觉系统。

2. 审美相关性问题

环境美学的无边界性和范围上的广泛性给审美鉴赏问题带来了一个挑战，即鉴赏什么以及如何鉴赏的问题。作为审美对象的环境不同于艺术对象，艺术在现代美学中往往被看作有清晰边界的对象，比如一幅绘画作品有着清晰的范围，画框的存在将相关的审美内容从无关联的东西中凸显或隔离出来；即使是一段音乐作品，我们也能够将其从周围的嘈杂声、细语和噪音中区别出来。然而，当我们在环境鉴赏中时，我们欣赏到的环境则往往具有不确定的因素和模糊的边界，比如在鉴赏一座建筑物时，作为一个空间的建筑物不仅包含了诸多因素如从结构、材料到外观形式，还会让我们产生诸多感觉如空间、时间、色彩、气味、触觉等。在诸多因素和复杂的感觉之中我们该如何来确定哪些是与审美相关的因素，并将其与非审美的因素区别开来呢？

环境美学对审美鉴赏提出来的问题，是我们对任何对象的恰当的鉴赏到底与什么相关？那些外在的感知体验以及没有呈现出来的东西，如知识、思想与联想等，是否与鉴赏有关呢？简而言之，这就是环境美学所提出来的"审美相关性"问题，即在这些"外在的知识"中哪些与恰当的鉴赏相关。对于这一问题，现代美学给出了一个相当绝对的回答，

---

① Arnold Berleant, *Environment and the Arts*, Burlington: Ashgate Publishing, 2002, p. 8.

这就是现代美学所推崇的审美形式主义和无利害性原则。呈现于感官的外在知觉或与概念相关的知识被视为与审美无关，因为审美鉴赏者只能无利害地观照对象或与其保持一定的距离，这一鉴赏态度明确地规定了审美相关性问题。也就是说，恰当的审美鉴赏与对象之外的任何东西无关，而外在于对象的知识也与鉴赏无关。这就是康德所说的"鉴赏是通过不带任何利害的愉悦或不悦而对一个对象或一个表象方式作评判的能力"[①]。如果我们按照这种美学原则来鉴赏环境的话，环境就被视为一个外在于我们的客观对象，这与环境美学的基本观点相违背；更重要的是，"假使我们可以限定一种环境，使它成为一种与以艺术为中心的美学相适合的客体，这将会使环境因丧失其包围我们整个身体这一根本特性而失去它自身所具有的一切特色"[②]。既然环境不同于客观的艺术对象，那么我们该如何来解决以及限定环境美学的审美相关性问题呢？卡尔松认为解决环境美学所提出来的审美相关性问题的有效方法，在于审美对象本身而非诉诸审美主体的状态，一种以对象为中心的方法是必然的，因为只有通过考察鉴赏对象的真正本质才能将我们导向恰当的审美。这就意味着，审美相关性问题的必定诉诸鉴赏对象的本质而不是鉴赏主体的心理状态，它超越了现代美学在这一问题上的保守性。值得注意的是，这种审美相关性并不仅仅局限于环境鉴赏，还适用于曾被现代美学原则所规定的艺术鉴赏活动。

在环境美学中，这种审美相关性不仅仅体现在具体的感官体验与身体介入等活动之中，还体现在文化、社会等力量对环境经验的影响之中。其实，在具体的感知活动中也隐含着文化的意义，因为感知并不只是感受性的，也不只是生理性的，它还将文化、社会等因素融汇在内。我们并不是纯粹的知觉者，审美体验也不仅仅是知觉活动，我们产生感知体验并非仅仅通过生理上的刺激与反应关系。其实，感觉与意义的分离是一种人为制造的分裂，而感知上的辨别与确认更多依据的是嵌入文化实践当中的文化范畴。

---

① [德]康德：《判断力批判》，邓晓芒译，杨祖陶校，人民出版社2002年版，第45页。

② Allen Carlson, "Appreciation and the Natural Environment", *The Journal of Aesthetics and Art Criticism*, Vol. 37, June, 1979, p. 269.

环境美学所提出来的审美相关性问题提示我们：环境并非孤立的或对象化的存在，审美活动也不是从周围环境中抽离出来的存在，它与具体的感知、身体活动以及知识、文化、社会等因素密切相关，正是这种相关性将边界模糊的环境鉴赏中所蕴含的审美要素凸显出来。当然，并非所有外在知识都与审美相关，只有当它不削弱我们对对象的审美关注时，当它解释对象的含义和表现意义时，以及当它强化一个人对对象的直接审美反应的特征时才是与审美相关的。

三　审美经验的参与性内涵

　　美学最初是一门旨在完善感性知识而设置的学科，但在随后的发展过程中却逐渐背离它的初衷而走向了抽象化、独立化。自康德美学思想确立以来，现代美学成为一门独立自足的领域，它拥有一种特有的内涵和原则，从而发展出一套为审美所专享的发生和鉴赏机制。"无利害"观念被看作为一种与众不同的经验模式被纳入了审美的基本内涵之中，这个概念用来表示对一个对象"由于其自身的缘故"的感知，这个核心概念构成了一种新的独特经验模式即审美经验的标志。审美无利害指向的是对一个对象的形式的知觉从而排除了实用性、功利性等其他目的，因而必然要求审美对象与其周围的环境相分离，这种诉求较为明显地体现在了现代艺术之中。审美无利害的观念中蕴含了距离、静观、形式和区分性等审美因素，这些都构成了现代美学的基本内涵。环境美学所体现出来的"参与性"与"审美相关性"等思想则摆脱了这种无利害观念的束缚，它直接介入到社会生活中去，从而打破了"美的"与"有用的"之间人为设定的对立，实现了审美与社会功能的有效结合。"审美参与"与"审美相关性"并不否认"审美无利害"观在美学中的价值和意义，这一观念自然有其产生的背景和合理性，但当下的诸多审美现象、审美活动以及艺术活动对这种审美观提出了挑战，因为审美并不必然意味着隔离或无用，对象的实存性和利害关系也并不必然是审美的对立面。值得注意的是，环境美学所体现出来审美新特征以及相关的审美诉求更为深刻地表现在"审美经验"这一概念之上，尽管这一概念在 20 世纪的美学中遭受了重创，尤其是分析美学对它的存在的质疑。然而，环境美学再次把审美经验问题推到了美学的前景之中,在审美经验的完整性内容中,其实存在着强烈的个人参与性以及社会与实践维度等,而审美参与则最为恰当地将这些特征概括了出来,其主要体现在审美经验的"参与性""情境性"和"连续性"等新内涵之上。

(一)审美经验之"场"

环境美学对现代审美理论产生了挑战性的影响,"我们借助于艺术而建构的一般性的美学原则在解释自然环境中所产生的经验时,往往不能有效地应对它所提出的要求"[①]。因为它将审美对象看作一个"情境"而非某一确定的对象,审美经验只有在具体的审美情境之中才能发生,而这种情境则是由感知、对象或事件、创作与表演以及某种激发性的活动所构成的。其实,环境美学所强调的这一情境适合于解释所有的审美活动,只是具体到参与的因素与参与的程度可能会各不相同。比如在艺术欣赏中我们的参与程度远远低于环境鉴赏,我们的欣赏活动与艺术对象之间存在着不太明显的交流或互动(在参观雕塑时我们会从各种角度观看它,如果允许的话还可以去触摸、感受它的表面),而现代美学出于哲学上的认识与考虑,则将这种参与看作与审美无关甚至是对审美有害的,这尤其体现在现代美学的形式主义诉求之上。

形式主义的诉求在康德美学中得以确认,审美鉴赏被看作一种不涉及利害关系的审美活动,它与对象的实存性无关,而只关涉对象的纯粹形式;相反,环境美学则旨在强调审美活动的相关性、复杂性以及整体性,它不再是只言及形式本身,而是将审美活动看作一个发生在具体的情境之中的复合体,它是一个由对象或事件、感知者、创造者和表演者所组成的审美空间,因而我们不能将其从具体的环境之中剥离出来。与之相应,审美经验则是由创作因素、对象因素、表演因素和欣赏因素这四个要素所构成的一个"经验的统一体",这些要素之间相互作用、相互影响。阿诺德·贝林特的"审美场"(Aesthetic Field)这一概念来描述审美经验的情境之特征,"它所包含的主要因素有创作因素、对象因素、欣赏因素和表演因素,这四个因素在规范经验的整体中相互影

---

① Arnold Berleant, *The Aesthetics of Environment*, Philadelphia: Temple University Press, 1992, p. 2.

响与引导"①，审美经验本身就是一个相互作用的力量的统一性的场域。而现代美学却往往将其中的某一要素看作审美经验的根本之所在，这都是用作为整体的场的部分来代替具有统一性的审美场。其实，对于艺术欣赏活动以及审美经验的产生来说，我们都无法摆脱具体环境或情境的影响，博物馆、音乐厅以及剧场这些外在的环境不仅仅是为欣赏艺术提供了一个空间，它还影响甚至是塑造着我们的审美感知活动。当在嘈杂的市场中听到演奏带里的交响乐时，我们可能会被它吸引并产生审美上的体验，可当我们在音乐厅聆听交响乐（即便是演奏带里的交响乐）时，我们所产生的情感与审美体验肯定会远远超过在市场中的。然而，这些潜在的情境因素却被现代美学理论作为与审美无关的东西而排除在了审美之外，并且将作为一个统一体的审美经验归之于某一因素的作用。事实上，审美经验并非刺激—反应式的经验类型，而是一个"经验的统一体"，这一概念强调的是审美并不只是由主体或对象所构成的，它还包含经验所发生的情境。

"最能恰当地描述审美本身所具有的完整而复杂性的经验的术语是'审美场'"②，它旨在对审美经验的所有重要因素进行说明，而不是对其进行划分或预先规定它们的重要性，更不会将某一因素看作独一无二的或居于核心地位。在这里，创造者、对象或事件、感知者和表演者所代表的主要要素是起核心作用的力量，它们受到社会制度、历史传统、文化形式和文化实践、科技及其所引起的物质材料的变化以及其他背景性的条件的影响。如果将其中的某一个选出作为艺术的核心之所在，就是误把其中的某一部分作为整体的审美场。对于审美经验的呈现来说，所有要素都是必需的，因为它们共同作用于审美经验的形成。

（二）审美经验的参与性

在环境美学中，环境鉴赏所表现出来的"参与性"最终在审美经验中得以集中呈现。因为环境并非传统意义上的欣赏客体，而是作为与我们相联系的、整体性的区域而存在的；我们对环境的经验并不是借助于

---

① Arnold Berleant, *The Aesthetic Field: A Phenomenology of Aesthetic Experience*, Springfield Illinois: Charles C. Thomas, 1970, p. 2.

② Arnold Berleant, *Art and Engagement*, Philadelphia: Temple University Press, 1991, p. 49.

某种有距离的感知能力而是整个感知系统的积极参与;我们的审美感知并非静止不动的而是处于不断的变化之中,环境每一刻都会受到外界因素的影响。"与艺术欣赏中的审美经验相比,环境通过自身的参与性、包容性与易变性等特征迫使我们的审美经验更加直接和强烈。这种审美体验对美学理论来说是一个新的挑战,它需要调解自然、环境的审美鉴赏与艺术鉴赏之间的不同与张力,因为美学传统注重的是稳定性、持久性和距离性以及分离的审美对象。"[1] 康德在论述鉴赏判断的无利害性、无功利性和纯粹形式等特性的基础上,提出了一种审美的静观模式,这种静观模式排除了感官的参与和实用性的目的,从而将审美抽象化为一种"知性与想象力之间的自由游戏"。然而,环境美学所体现出来的参与性的审美体验与康德美学所确立的那种审美静观模式极为不同,它介入具体的、现实的环境之中,通过积极地参与和体验来把握、欣赏现实生活中存在的美。

审美经验的参与性指的是欣赏者在审美过程中的积极性和主动性,它强调的是审美经验的参与性维度。具体来说,这种参与性主要体现在感知、身体等方面的介入性以及相关的认识、社会活动的过程之中,其中有的比较明显,有的则较为微妙。因而,审美经验随着感知者对环境的介入程度不同而有所变化,与静观的鉴赏模式相比环境鉴赏的经验体现出"知觉上的统一性"之特征。知觉在环境中占据着重要的作用,它不仅仅是现代美学中所规定的那种低级的或被动的感知,而是一种必不可少的、积极的参与性要素,审美经验的获得也不仅仅是一种态度上转变,它更是对活生生的经验的强调。现代美学从哲学的理性传统出发,将理念美与未被干扰的感知能力联系在一起,并把审美知觉等同于那种有距离的感受能力如视觉、听觉,而其他接触性的感知能力尤其是身体活动被排除在外,因为它们往往被看作兽性的功能——掺杂着身体的味道,从而干扰或破坏具体的审美活动;而环境鉴赏活动则不同,它将环境看作与鉴赏者之间具有连续性、互动性的统一性整体而非对立的、分离的关系。因而,完全意义上的环境体验将我们整个人卷入其中,尤其

---

[1] Arnold Berleant and Allen Carlson, "Introduction to Special Issue on Environmental Aesthetics", *Journal of Aesthetics and Art Criticism*, Vol. 56, Aug., 1998, p. 98.

是接触性的感受能力被积极地包含在环境经验之中,触觉、嗅觉、空间感、运动感等诸种感觉形态形成了一种综合性的"联觉"。由此,它体现出一种从具体审美活动出发而非哲学传统出发的进步性,从而有效地扩展了审美经验,使它超越那种独立于审美对象并与审美对象相对立的心灵状态,还超越了现代美学所推崇的独特的心理态度或意识行为。此外,环境鉴赏的审美体验并不局限于一般意义上的感官知觉,还包括通过我们整个身体的介入而体现出来的切实参与,而对这一点的强调在现代美学的审美经验中则是不可能的。在环境美学中,鉴赏的观念被转换成更具包孕性和介入性的经验,我们的感知体现出多样的综合性和高度的专注性,它的范围从多种感官能力的综合到身体活动以及与对象相关的认知等,正是这种多感知的参与以及多元综合性使得审美体验更为集中、强烈。

环境鉴赏中的参与性特征挑战了现代美学的基本原则即审美的无利害关系,这一原则基于艺术的自治把鉴赏看作远离现实的利害关系,因而不适宜于对环境的鉴赏,"传统的美学尤其是作为艺术哲学的美学,对于当前的环境讨论几乎没有任何贡献"[1]。在环境鉴赏中,我们对环境的审美体验完全不同于静观式的或全景式的欣赏模式,首先视觉感官失去了曾经所拥有的优先性地位,欣赏者也不再是无利害的旁观者,而是介入其中的参与者与体验者;更重要的是,环境美学的参与性诉求显现出环境与人之间的一种连续性,这尤其反映在身体与环境之间的相互影响之中,"身体并不仅仅通过积极的参与性力量形成一定的空间范围,它与环境之间还存在着一种互惠交流,一种将人和场所黏合在一起的生命条件的紧密融合,这种融合不仅互补而且达到了真正的统一"[2]。

总而言之,对环境的最初经验就是参与性的,人们已经从多条路径中,如现象学、环境、宗教与艺术中,发现了经验的参与性;更重要的是,环境美学所体现出来的参与性诉求不仅构成了环境美学的基础,还建构出审美理论中的新的典范形式,即审美介入。审美介入理论打破了

---

[1] Arnold Berleant, *The Aesthetics of Environment*, Philadelphia: Temple University Press, 1992, p. 1.

[2] Arnold Berleant, *Art and Engagement*, Philadelphia: Temple University Press, 1991, pp. 88–89.

现代美学传统以艺术为中心建立的审美静观模式在美学中的统治性地位,与非功利性的审美静观相比,审美介入更好地抓住了审美鉴赏中的感知、认知以及身体介入等要素,它反映的是我们身处其中的世界而非虚假的哲学幻想。此外,审美介入理论是一种描述性的理论而非规定性的理论,它号召我们作为一个积极的参与者全身心地介入审美活动之中,从而丰富经验并拓展了当下的审美理论。

第二节 生活美学与审美经验的"功能"维度

近十年来,美学对日常生活领域的关注得到了越来越多的肯定,尤其是在第十八届世界美学大会之后,日常美学(Everyday Aesthetics)或生活美学(Living Aesthetics)的提法在世界范围内得到了广泛认可,许多美学家纷纷立足于本土资源对其进行深入的阐发。乔纳森·史密斯在其与安德鲁·莱特共同主编的文集《日常生活中的美学》的导言中开门见山地指出了生活美学的作用和意义,"它既是对那种习惯性地被限定为理解艺术作品的哲学美学领域的扩展,同时也意味着美学步入了一个新的探索领域即更为广阔的生活世界自身"[①]。也就是说,生活美学的兴起与发展既是对以"艺术"为中心的传统美学的批判与反叛,也是对美学多样性的承认以及具体深入的发展。虽然传统美学以"艺术"为核心建立的美学理论具有极强的典范性和普遍的代表性,但是它过于强调艺术的独特性以至于将美学等同于艺术哲学,从而也就使得艺术在美学领域中的典范性与代表性转变为排他性和垄断性,美学的研究领域也就从最初的感性领域逐渐缩减至艺术领域甚至是高雅艺术的范围之内。因而,一直以来被看作艺术的对立面或艺术的"救赎"对象的"日常生活"自然也就被排除在美学研究领域之外,这在黑格尔美学以及当代分析美学中得到了最为鲜明的体现。无论如何,这种有失偏颇的、专制式的做法对于美学自身的发展来说都是一种误导或莫大的损失,鉴于传统美学长期以来存在的偏见以及美学对这种偏见不加怀疑地信奉,当代美学对此

[①] Andrew Light and Jonathan M. Smith, *The Aesthetics of Everyday Life*, New York: Columbia University Press, 2005, p. ix.

做出了积极的反思、回应与纠正。

很显然,我们不能否认艺术之外的其他领域中所存在的审美现象。尽管传统美学没有否认自然与日常生活等领域中存在的审美现象,但它们要么将其与艺术美相比对来阐释这些美学现象,要么因其不够典范性而漠视或无视它们的存在,更有甚者则因其与艺术的审美特性相左而将其排除在美学研究范围之外。生活美学则是对长期以来遭受美学的不公平待遇的日常生活领域的重新挖掘与重视,它意在纠正美学中长期存在的"艺术中心论"的倾向,从而确立日常生活本身的审美特性和美学地位。需要指出的是,我们不能仅仅将"生活美学"看作一种口号或停留在一味的鼓吹之上,而是要考察其在理论根基以及概念术语等方面中的合理性与可能性,从而为其做出合理的辩护和理论建构。对生活美学的考察往往集中于论述其哲学根源和理论基础,在阐释其理论渊源和合理性的同时却忽略了对相关美学概念的考察,尤其是审美经验概念在生活美学中的重要作用。一方面,生活美学以日常生活中确实存在的、不容置疑的审美现象以及由此而产生的审美经验为现实依据。尽管日常生活中的现实活动并非审美活动,其中所涉及的事物也并非传统美学意义上的审美对象,但人们却能够在这一过程之中产生出一种审美体验,这种完全不同于艺术欣赏活动中的审美经验值得深入研究。另一方面,审美经验之于美学的重要性也是毋庸置疑的,在传统美学的合法性遭到质疑以及研究领域得以扩展的同时,审美经验这一概念的内涵势必也会随之发生诸多变更,生活美学则为考察这一概念提供了新的契机和研究视域。

一 审美经验的来源:从艺术到日常生活

(一) 艺术:审美经验的典型范式

艺术与美学之间似乎存在着某种天然的联系。自从美学诞生以来,艺术便与美学之间存在着极为密切的联系。最初,艺术只是被看作美学研究的主要对象或主要领域,其还包括其他感性领域;而后,黑格尔则把美学的对象界定为艺术,更确切地说是"美的艺术"。也就是说,黑格尔的美学理论所关注的不是一般的美而是艺术的美,所以他将这门学科称为"艺术哲学","或则更为确切一点,'美的艺术的哲学'"①;自此以后,诸多美学流派虽然意识到美学所涉及的范围远远大于艺术领域,而且"许多美学家也认为审美特性并不仅仅存在于艺术之中,即使是持此观点的美学家也还是把艺术作为其讨论的主要焦点"②。也就是说,在美学中"艺术几乎总是被视为审美对象的典型范例"③。美学的这种样本分析式的概括倾向本来是无可厚非的,但当艺术的典范性演变为一种对美学的排他性的"独有"时便产生了难以预料的后果。美学被等同于艺术哲学,建立在艺术领域之上的美学理论追求的不再是一种普遍的适用性而是区分性,审美成为艺术的题中之义或必然条件,凯迪亚·曼德卡(Katya Mandoki)在《日常美学》一书中将美学与艺术之间的这种倾向称作为"艺术与美学的同义性神话"④。芬兰哲学家阿托·哈帕拉(Arto Haapala)则认为"'美学'这一术语曾被看作'艺术哲学'的同义词,甚至现在,我们在阅读时下流行的美学导读类著作时会发现,对艺术问题的强调还是如此根深蒂固地存在着而审美趣味的其他领域——自然、日常生活——却很少被提及"⑤;当代美学家诺埃尔·卡罗尔则认为美学与艺术哲学应该作为两个研究领域,不这么做已经是并且将继续是哲学上混淆的一个根源,他从艺术本身出发批判了艺术中的审美理论倾向即将审美反应看作我们对艺术品的确定性反应,从而揭示出了这种倾向给美学和艺术带来的限制与束缚。

然而,艺术与美学的同义性倾向给美学理论带来了两种不同的影响:较为明显且强烈的后果是艺术对美学的排他性占有或垄断性占有,这种排他性实则是将美学归入艺术领域之中,美学理论完全被看作关于艺术的审美理论。这种极端的表现主要表现在分析美学之中,例如分析美学

---

① [德]黑格尔:《美学》(第1卷),朱光潜译,商务印书馆1996年版,第4页。
② Thomas Leddy, "Everyday Surface Aesthetic Qualities: Neat, Messy, Clean, Dirty", *The Journal of Aesthetics and Art Criticism*, Vol. 53, July, 1995, p. 259.
③ Yuriko Saito, *Everyday Aesthetics*, New York: Oxford University Press, 2007, p. 13.
④ Katya Mandoki, *Everyday Aesthetics: Prosaics, the Play of Culture and Social Identities*, Burlington: Ashgate Publishing, 2007, p. 29.
⑤ Arto Haapala, "On the Aesthetics of the Everyday Familiarity, Strangeness, and the Meaning of Place", in Andrew Light and Jonathan M. Smith, eds. *The Aesthetics of Everyday Life*, New York: Columbia University Press, 2005, p. 39.

家比厄兹利将美学看作关于艺术、艺术批评的"元批评",其实就是一门从属于艺术的二级学科,美学被看作对艺术尤其是艺术批评的概念、术语的批判与澄清。尽管这种倾向忽视或无视了艺术之外的其他审美领域,但它除了把美学狭窄化为艺术或关于艺术的二级学科之外似乎并没有带来其他不可预测的后果,尤其是美学中的混乱局面。毕竟,我们可以用"艺术哲学"来指代美学中的这一倾向。而艺术与美学的同义性所产生的另一种后果则是相对隐蔽的,表现形式上也较为弱化,但它产生的影响不仅带有误导性,而且还极难被察觉,甚至是被理所当然地接受下来。这一后果便是"艺术的(Artistic)在美学中的排他性占有,它宣称关于美学的任何思考都必须参照艺术"①。也就是说,美学并不否认艺术领域之外的其他领域中存在的审美现象、审美活动,但是对这些审美现象的考察必须严格地遵循"艺术的"方面来进行,"艺术为审美对象提供了一个范例,而那些处在艺术领域之外的东西的审美地位则是由其与艺术之间的密切程度决定的"②。可以说,这一诉求完全主导了当前美学中的理论生产,无论是作为景观的美学还是作为园林艺术、茶艺的美学等,都是将其与艺术相比对进而把其纳入美学中来,艺术性甚至成为美学的唯一衡量标准。它们自身的美学特性被掩盖在艺术性之下,"正是这一错误的观点阻碍了日常美学的出现,并将其长期地阻隔在美学的讨论范围之外"③。此外,这些美学现象往往被看作边缘性的或者次于艺术的或者富有"异域色彩"的,美学因此也就体现出一种以"艺术"为中心的理论取向。或许康德并没有像我们今天这样使用"审美"这个词,但他确实为这一词的基本用法——作为一个描述艺术品和自然界的某种形式和感官性质的词——奠定了基础。然而,如今对这个词的使用方式却趋于仅仅把它作为"艺术的",属于"作为艺术的艺术"的同义词。

由此可见,艺术不仅在西方美学中占据着核心地位,同时也是阐释、界定美学的必然条件和主要依据。日裔美籍学者斋藤百合子在其代表性

---

① Katya Mandoki, *Everyday Aesthetics: Prosaics, the Play of Culture and Social Identities*, Burlington: Ashgate Publishing, 2007, p. 30.
② Yuriko Saito, *Everyday Aesthetics*, New York: Oxford University Press, 2007, p. 14.
③ Katya Mandoki, *Everyday Aesthetics: Prosaics, the Play of Culture and Social Identities*, Burlington: Ashgate Publishing, 2007, p. 30.

著作《日常美学》一书中将美学中的这一倾向称为"以艺术为中心的美学"(Art-centered Aesthetics),"因为它把艺术和艺术欣赏看作美学生活的中心之所在,艺术以及与其相关的经验则是它的本质性内容"[①]。除了作为审美对象的艺术之外,美学中讨论的最多的话题则是审美经验问题。然而,对审美经验的论述也往往以我们对艺术作品的经验作为典型的范例。既然艺术是美学研究的主要领域或潜在审美对象,那么由欣赏艺术所产生的审美经验则必然富有代表性和典范性。一般来说,在艺术欣赏活动中,艺术经验产生于欣赏者全身心投入的观看活动与沉思之中,他作为一个旁观者沉浸在艺术作品所提供的世界之中。因而,审美经验的典型范式就是这种旁观者式的、静观的经验类型,这也是其区别于一般经验的关键之所在,"正如艺术被作为一个日常物体中的特例而被定义一样,审美经验被想象为一种特殊的经验同样也被看作是日常经验中的一个特例"[②]。也就是说,审美经验被看作一种特殊的经验且只能存在于无功利的审美活动尤其是艺术欣赏之中,它展现出的主要特征是静观的、距离的和无利害关系的,这些特征在康德美学中得到了最初确立和最为完整的阐释,并由此奠定了其在审美经验理论中的统治性地位。

(二) 生活美学与审美经验的多样性

毋庸置疑,以艺术为中心所建构的审美经验理论具有极强的代表性和阐释性,同时也有效地说明了审美活动的独特性之所在,这也是它为什么一直被广泛地承认并接受下来的原因之所在。然而,当这种极具典范性的审美经验模式被有意或无意地夸大乃至成为一种审美上的规定性或必然条件时,它的典范性也就演变为唯一性从而具有了极强的排外性。让人匪夷所思的是,这种审美上的规定性及其在美学中的垄断性统治一直以来都被毫不怀疑地接受下来,"美学理论对艺术尤其是现代艺术的特别关注导致了一种普遍却错误的假设,即对的艺术经验尤其是现代艺术的经验是审美经验的唯一形式"[③]。卡罗尔认为:"用'审美经验'来称呼

[①] Yuriko Saito, *Everyday Aesthetics*, New York: Oxford University Press, 2007, pp. 14–15.
[②] Ibid..
[③] Andrew Light and Jonathan M. Smith, *The Aesthetics of Everyday Life*, New York: Columbia University Press, 2005, p. xi.

所有对艺术的恰如其分的经验的诱惑可以追溯至艺术的审美理论,因为这种理论把有意地引发审美经验视为所有艺术的本质。在这种理论中,设想所有恰如其分的艺术反应都是审美经验是很自然的,因为审美理论家认为审美经验正是定义艺术的根本。"[1] 这一观点对艺术理论之狭隘之见是根深蒂固的。尽管艺术领域之外所存在的审美问题在20世纪初的美学家那里得到了一定的讨论和承认,但他们还是不自觉地信奉并维护着美学上的"艺术中心"之偏见。杜夫海纳在《审美经验现象学》中认为美的意义可以扩大至道德行为、日常生活或逻辑推理之上,而这也并不意味着美的概念一经如此扩展后就是无用的了,但他还是从艺术作品出发来阐释他的审美经验理论,并再三强调"本书的主要内容便是描述艺术引起的审美经验"[2]。杜夫海纳对审美经验的考察遵循的是现象学的路径,他把审美活动中所产生的审美对象看作审美的核心之所在,而艺术作品必然会把我们引到审美对象之上,"如果有一种美学自命对一切审美对象一视同仁,它就会忽视最有利的情况,忽视那些最富有特征的、审美存在的本质在其中最容易识别的对象。从这种意义上说,美暗含在审美思考之中。但若美不表示我们所说的艺术作品的本真性,那又表示什么呢?"[3] 由此可见,杜夫海纳的美学理论还是紧紧地束缚在艺术领域之内,艺术的典范性和独特性严重地遮蔽了美学的公平性及其存在的广泛性。相对于杜夫海纳仅仅意识到艺术之外的审美经验的存在而最终又因其不够典型将其抛弃,杜威则通过"一个经验"之概念详细地阐释了审美经验的连续性和多样性,但由于其在概念界定上的不严格、论述中的前后矛盾以及过于松散的理论架构,招致了诸多的误解和批评。从长远来看,杜威对审美经验的实用主义改造在一定程度上突破了美学中的"艺术中心论"倾向,同时也为当代美学的多元发展提供了理论基础和理论指导。

生活美学的出现和发展与杜威的审美经验理论有着密切但又隐蔽的

---

[1] Noël Carroll, *Beyond Aesthetics: Philosophical Essays*, New York: Cambridge University Press, 2001, p.401.

[2] [法]米·杜夫海纳:《审美经验现象学》,韩树站译,文化艺术出版社1992年版,第24页。

[3] 同上书,第17页。

联系。它从生活中那些确实存在且无法否认的、具体的审美现象或审美体验出发来论述生活美学的可能性和特质,"经验"而不是"艺术"成为生活美学探讨的核心之所在,它旨在"挖掘出我们生活中的那些熟悉的、共享的但又被美学理论所忽视的维度,以便能够欣赏其中所蕴含的意义、审美以及别的什么"①。托马斯·莱迪(Thomas Leddy)认为"日常美学的讨论让我们去谈论那些一般不会出现在传统美学领域内的事物,它会打开一个新的研究领域"②,它应该研究处于当今主导美学理论范围之外的所有审美经验。因而,"当我们谈论日常审美经验时,我们所思考的美学问题不再紧密地联系于高雅艺术或自然环境,或者是其他得到公认的审美领域"③,而是与此类事物或活动相关联诸如个人形象、普通房屋的设计、内部装饰、工作环境、性爱经验、应用设计、厨艺、花园、各种爱好、娱乐以及与此相类似的其他事物。很显然,生活美学很难依照这些多样、杂乱的事物来构建理论体系,毕竟这些事物之间的界限相当混乱不清。如果生活美学比照由艺术建立起来的审美经验理论去界定自身的话,那么它终究还是囿于以艺术为中心的美学理论的。那么,生活美学该如何应对这一困境呢?其实,我们对生活美学的理解往往停留在字面意义之上,而没能正确地把握到它的要旨之所在。生活美学并不是仅限于对平常之物或司空见惯的行为中蕴含的审美经验的研究,而是关注那些由人们沉思活动或表现行为所引起的不可否认的审美经验,尽管这些沉思的对象或表现行为并不是传统所规定的美学对象或行为。也就是说,生活美学把日常审美经验分离出来主要基于这一事实:它被某些事物激发出来,但这些事物根据传统的审美理论来看却不应该或不能引起这种经验。由此可以看出,生活美学是围绕"经验"建立其理论体系的,日常生活的审美特性并不存在于引起审美经验的对象之中,而存在于经验本身中的感觉与想象力之间的融合。因而,生活美学所关注的并非对象的外在的形式特征使之成为审美的经验,"而是主体与客体之间的一种

---

① Yuriko Saito, *Everyday Aesthetics*, New York: Oxford University Press, 2007, p.4.
② Tom Leddy, "The Nature of Everyday Aesthetics", in Andrew Light and Jonathan M. Smith, *The Aesthetics of Everyday Life*, New York: Columbia University Press, 2005, p.3.
③ Ibid..

怎样的关系使得对该对象的经验成为美的"①。总而言之，生活美学是对美学自身的一种扩展，它将其研究领域拓展到了更为广阔的生活世界。更重要的是，它并不依附或比照以"艺术为中心"的美学理论体系来规定自身，而是从现实生活中存在的具体的审美现象、审美经验出发并以此来建构生活美学的基本理论体系，从而使其摆脱将美学等同于"艺术哲学"的偏见。

在探究审美经验这一概念时，生活美学肯定了日常生活中存在着大量的审美体验：它不仅指出了生活中存在着与艺术欣赏中的审美体验——静观的、沉思的审美经验——相类似的情境，而且还指出生活中存在着更为多样、丰富的审美经验类型。也就是说，生活美学承认以艺术欣赏为中心而建构的审美经验的典型范式的合理性及其在生活美学中的存在，但它坚决反对这一范式在美学中的垄断性占有，并将可能存在的其他类型的审美经验完全排除在外。这种将来源于"以艺术为中心"的美学的统一性标准应用于对日常生活中存在的各种不同的审美现象的考察是很成问题的，它会带来诸多难以消除的偏见。由于把艺术欣赏活动所产生的审美经验看作审美经验自身的规定性，即使美学承认日常生活中存在着一些与艺术经验内涵相似的审美经验，"这种做法也倾向于将那些非艺术对象和非艺术现象描述为在审美上是次于艺术的"②；而那些与生活美学密切相关并且十分重要的问题却可能与艺术没有密切的关系或无关，那么它们往往因这种相异而被排除在审美之外，甚至是凭此将美学与生活区分并对立起来。因而，这种美学理论也就不能充分地阐释生活美学的某些重要方面，当这种以艺术为中心的美学理论过于"强调沉思性的经验、旁观者式的经验，那么它就错过了很大一部分的日常审美经验，因为它们更多地产生于各种各样的具体行动之中"③。

二 审美性：日常经验中被忽视的维度

由于审美经验一直以来都紧密地与艺术联系在一起，后来甚至还成

---

① Andrew Light and Jonathan M. Smith, *The Aesthetics of Everyday Life*, New York: Columbia University Press, 2005, p. x.
② Yuriko Saito, *Everyday Aesthetics*, New York: Oxford University Press, 2007, p. 5.
③ Ibid..

为艺术的专有，因而艺术欣赏活动中所产生的审美经验不仅成为审美经验的典型范式，而且以无利害、静观和距离为特征的艺术经验模式逐渐演变为审美经验唯一的、合法的模式。尽管艺术经验应该被看作典型的审美经验模式，但这并不必然意味着艺术是产生审美经验唯一的、合法的来源。值得注意的是，艺术经验的典型性被有意或无意地转化为一种专有性、排外性，传统美学理论要么对此毫不怀疑地接受下来要么在其理论中暗含着此种不言而喻的预设。然而，当代艺术和当代美学的多元化发展使得美学中的这一普遍性的预设及其自身的规定性、合法性受到了极大的挑战和质疑，生活美学便是其中的代表性理论。生活美学以审美经验的多样性作为理论建构的基石，不仅指出以艺术为代表的审美经验范式的的确确会发生日常生活等领域之中，因而其并不是艺术领域的专有，而且还揭示出审美经验模式的多样性存在之可能性与合理性。

（一）日常经验中的审美特性

一般来说，日常生活领域更多地与现实目的、功利行为紧密地联系在一起，因而也就被排斥在美学领域之外。"此外，除非在某些非常特殊的情况下或需要付出独特的努力，我们一般不需要特别注意与日常经验相对应的这些对象。因此，我们对日常对象的经验并不存在任何审美上的意义。"[①] 事实并非如此，我们在处理日常事务的过程中存在着大量的美学问题，如物体的形象与设计、场景的布置、完美的技术等，甚至日常生活的审美性正是源于它发挥的功能与作用，但我们更多地关注它的实用性、功利性而忽略了其中所蕴含的审美性。生活美学意在揭示日常生活领域中被传统美学理论所遮蔽的审美维度或被人们所忽视的审美事实，从而发掘并肯定为人所熟悉的、共享的日常对象中所包含的意义与审美价值。

我们的审美生活是多元化的和丰富的，它的对象不仅仅包括传统意义上的西方艺术形式如绘画、音乐、文学等，还包括新近的艺术形式如诸种后现代艺术形式，同时还包括自然、环境、流行音乐、电影、运动以及各种日常生活活动如衣食住行等。其实，各种各样的生活经验中都存在着某些审美维度，但它们通常并不会被认为是高雅艺术的经验，如

---

① Yuriko Saito, *Everyday Aesthetics*, New York: Oxford University Press, 2007, p. 2.

身体的装饰、修饰或通过一些技术来控制身体被看的方式。无论是否是艺术家,人们都会对身边的环境进行布置与装饰,如摆件、图片、纪念品等;在某种程度上,草坪或花园在日常生活中成为一种独特的审美努力与诉求;再比如烹饪已经远远超出满足消除饥饿或营养的要求,它可能还会创造出一种精致的经验或完美的体验,甚至对一顿晚餐的经验、一瓶好酒的品尝之中也蕴含了审美之维度。让人无法理解的是,人们把大量的精力花费在这些东西之上,他们常常会令人难以置信地将注意力集中在这些事情"看起来"的方式之上,虽然这些活动被深深地怀疑能否作为艺术,但它们的存在确实证明了各种各样的审美敏感性以及审美在日常经验中的重要地位。杜威最先公开地表明了日常生活领域中存在的审美特性,然而,为了打破博物馆艺术概念所导致的区分性与隔离性,杜威意在强调艺术与日常生活以及审美经验与日常经验之间的"连续性"而非建构生活美学理论。其实,杜威是以"经验"为中心来建构其实用主义美学思想的,尤其体现在他通过"一个经验"概念来阐释审美经验,日常生活领域并非其关注的重点而只是最初的起点。与杜威的阐释逻辑不同,生活美学则是在杜威美学的启发之下完全转向了日常生活领域,它致力于探讨日常生活领域中的审美现象及其所独有的美学特性,意在打破以艺术为中心所建构的美学理论。

一般来说,审美经验往往由于紧密的或排他性的与艺术领域相联系而被描述为一种无利害关系的和沉思性的。其实,这种沉思性的审美经验也的确会发生在日常生活之中,比如偶尔沉醉于美丽的黄昏之中或被孩子脸上那灿烂的笑容所打动等。如果日常生活中的审美性仅仅只是类似于艺术欣赏式的审美体验,那么也就没必要对其进行单独的或具体的论述了,因为以艺术经验为典范的审美经验模式足以阐释出审美经验的独特性内涵与特征,它的代表性和表现的强烈性远远超出了日常生活领域中存在的类似体验。然而,"与那种典范性的旁观者式的艺术经验不同,生活美学是多样的和动态的,并且它通常会导致一些具体的行动:清洗、采购、维修和报废等"[①]。在日常生活领域中,审美经验的产生并不仅仅表现为旁观者式的审美静观模式,它还可能出现在具体的活动或目的性

---

① Yuriko Saito, *Everyday Aesthetics*, New York: Oxford University Press, 2007, p.4.

较强的实践活动之中如一顿晚餐或一场贸易谈判等，甚至审美经验的产生还是由于事物本身所具有的功能性价值所导致的，而且有时候利害关系或现实关切的存在往往能够产生印象深刻或令人难忘的审美体验。也就是说，日常生活中所存在的审美现象远比那种无利害的审美静观所产生的审美经验更为多样、复杂，甚至是与其一般的规定性截然相反，以艺术为中心而建构的审美经验内涵不仅不能有效地说明日常生活领域中存在的审美现象，甚至还在一定程度上遮蔽了日常生活中的审美特性，从而导致了美学一直以来对日常生活领域的忽视或无视。

此外，美学也会因其仅仅局限于艺术领域而显得过于单调、贫乏，当代美学的多元发展正是对美学中存在的"艺术中心"倾向的批判和反叛。然而，更深层的批判应该立足于美学的基本范畴尤其是"审美经验"概念而非研究对象上的转变或替代。如果只是类比于艺术经验来建构生活美学的基本理论，则无异于用美学理论的旧瓶来装日常生活之新酒，这种研究对象上的简单替换并不能带来美学理论上的真正进步和发展。因而，生活美学之于美学更为深远的意义在于其对审美经验概念的重新建构。

（二）审美经验：日常生活的"可能性"要素

1. 从"二分性"到"连续性"

以艺术为中心的美学理论倾向于把艺术欣赏活动作为审美经验的典型范式，艺术品则被看作最理想的审美对象，正是它的基础性存在保证了审美经验的典范性，当然审美经验的产生同时也需要恰当的审美态度或行为如无利害性和沉思性。毋庸置疑，我们可以采取无利害的态度欣赏典型的艺术并以此来获得审美经验；或者是通过出乎意料的、戏剧性的东西使我们从枯燥乏味的经验中摆脱出来，这其实就是布洛所描述的"距离"。特有的审美对象和审美态度使得审美经验从日常经验中凸显出来，它的"无利害性""沉思性"和"距离"使其成为一种独特的经验类型，从而明显地区分于包括日常经验在内的诸种非审美经验形式，这种人为的区分性最终演变为一种截然对立的"二分性"（审美经验必然是无利害、沉思性和距离的，从而有别于非审美经验）并被不加怀疑地接受下来。审美经验所独具的特征是不容置疑的，但这种独特性并不必然意味着经验类型上的二分性，更不能保证这种严格意义上的二分性的合理性。杜威的美学理论批判了传统美学理论中存在的二分性倾向，尤其是艺术与非艺术、审美经验与非审美经验的划分。杜威通过对"一个经验"概念的详细阐释而间接地描述了审美经验的特征，但他并没有在这二者之间划分出一个明晰的界限，因为审美经验并不是独立于一个经验或经验之外的另一领域，它原本就存在于一个经验之中。审美经验的这种连续性就像是一座山峰与大地的关系，它不是安放在大地之上并区分于大地的某个东西，而是蕴含在大地之中的。审美经验因其自身的连续性、统一性和完满性而得以展现出来，从而使其有别于发生前与发生后。

布洛的"距离"概念和杜威的"一个经验"概念通常不会放在一起进行讨论，它们之间似乎并无明显的联系。在某种意义上，杜威的美学理论可以被看作对以无利害、距离为特征的审美态度理论的挑战，因为他并不认为审美和实用是相互独立或排斥的。事实上，他们的美学理论还存在着一种相似性即阐明了一种比以艺术为中心的美学更为广泛的美学理论。他们都通过经验本身的特性来界定和区分审美经验而不是依赖于审美对象，并且将审美经验的范围延伸到艺术领域之外，布洛强调的审美距离所针对的不仅仅是艺术品还包括自然事物，而杜威的美学理论则更多地指向了平常之物和日常活动。

2. 从"独特性"到"可能性"

尽管他们的美学理论立足于经验自身的特性并打破了艺术对美学的束缚与限制，进而扩大了审美经验的范围而使其不仅仅局限于艺术领域，尤其是杜威还阐释了审美经验与日常生活之间的连续性。但是，他们的美学理论还包含着过多的束缚和限制，其隐含的共同倾向是将审美经验看作是那些与日常经验的枯燥无味形成对比的独特经验。对于杜威来说，此种由单调乏味、目的不明而导致的懈怠以及诸种行为惯例才是审美的真正敌人，因而审美经验则被描述为一个具有完整性的统一单元，每一个连续的部分都畅通无阻地流入下一个部分，"在一个单一特性的指引之下，瞬间流入了瞬间，直到它们到达终点，或者如杜威所说的那样，获得圆满成功。瞬间像情节一样结合成一个统一体，相连续的瞬间的一致性使得经验从其没有特征的千篇一律或嘈杂混乱的背景中凸显出来"①。总之,杜威将审美经验看作对一个经验的集中与强化。布洛则将审美经验描述为"从事物的实用方面和我们所采取的实用目的中孤立出来"②,因而也就与一般的日常经验存在着显著的不同。尽管杜威强调了它与日常生活之间的连续性,甚至还触及了日常经验中所蕴含的审美性,但由于他过于强调这种连续性,因此并未对此展开详细论述。对于他们来说,审美经验因其自身的某些特性而从日常生活领域中凸显出来,并作为一种独特的经验类型而区别于日常经验,"正如艺术被必然地定义为日常物体中的一个例外一样,审美经验作为一种特殊的经验也被认为是日常经验中的一个特例"③。

事实上,对此提出质疑并非否定审美经验的存在及其自身所具有的独特性可以使其从日常生活中凸显出来这一事实,而是认为它并不能全面和充分地阐释审美生活的复杂性和多样性,尤其是在面对日常生活领域时则显得过于武断、专制。尽管杜威的审美经验理论打破了艺术经验在审美上的中心地位,但是他所强调的经验的连续性、统一性和完满性特征却被看作一种必要条件,这种必要条件的限制过于狭窄、过于强硬了。毕竟有些艺术品的存在似乎只是在强调经验的瞬间性、混乱性而非持续性、统一性,比如约翰·凯奇的"4 分 33 秒"反映了其对艺术经验与日常经验之间界限的模糊。也就是说,日常生活领域中存在的分散、混乱、松散、任意结局的经验都存在着成为审美经验的可能性,从而模糊了杜威所强调的大写的经验(Experience)与更为散漫的、不连贯的日常经验之间的差别。美学理论一味彰显审美经验的独特性导致了其对日常经验的批判和排斥,纵使意识到日常经验中存在着审美特性,在很大程度上也只是将其比附于艺术经验进行阐释。其实,美学理论对日常生活领域的疏离源于其对纯洁性、确定性的追求,它惧怕日常生活的易变性、多样性和复杂性会稀释理论自身的纯洁性和稳固性。然而,我们不能因为追求概念的确定性、明晰性以及理论上的统一性而无视或排斥日

---

① Noël Carroll, *Beyond Aesthetics: Philosophical Essays*, New York: Cambridge University Press, 2001, p. 50.

② Edward Bullough, "Psychical Distance as a Factor in Art and an Aesthetic Principle", *British Journal of Psychology*, Vol. 5, Oct., 1912, p. 89.

③ Yuriko Saito, *Everyday Aesthetics*, New York: Oxford University Press, 2007, pp. 44–45.

常生活中存在的诸多审美事实，这种单纯的理论自洽的诉求无异于削足适履。如果理论失去了阐释事实和现实事物的能力，那么理论终将沦落为自我娱乐的文字游戏。因此，面对日常生活领域中存在的纷繁多样的审美事实和审美现象，美学理论需要做出积极的回应和调整，生活美学理论的建构可以很好地解决美学在面对日常生活领域时所遭遇的困境。

在生活美学中，审美经验不再仅仅被看作是艺术领域所独有的。或许以艺术经验代表的审美经验具有极强的典范性，但它并不能独占或主宰审美经验所蕴含的丰富内涵和多元形式。审美在当前社会生活中扮演着越来越重要的角色，从个人的着装到产品的设计再到城市的规划无一不将审美因素考虑在内。尽管这些审美体验是如此的常见、如此的熟悉，"但是我们中的绝大多数甚至包括那些美学家在内，几乎都不会停下来去反思这些日常行为和决策背后所隐含的审美因素和审美关注"[1]。这背后的原因一方面在于这些经验与艺术没有任何关系，另一方面则在于它们通常不能产生某种特殊的、独特性的经验以便使其从日常生活中脱颖而出，它们因此只是被看作与审美无涉的平常之物了。然而，生活美学则意在挖掘日常生活领域中所独有的却被忽视或压制的审美要素并肯定其存在的合理性，审美经验概念则是其理论建构的重要概念。正如杜威认为"一个经验"存在着成为审美经验的可能性一样，生活美学不再强调审美经验的独特性而是将其作为日常生活领域中的一种可能性因素，日常经验中同样也可能蕴含着审美性。

生活美学转而从"经验自身"层面来探究审美经验问题，它将审美经验看作是日常经验中的一种可能性因素，而影响这一"可能性"的因素有很多如主体、对象和环境等。由此来看，以艺术经验为典范模型而建构的审美经验理论只是对这种可能性的一种具体化和阐释，因而也就不能覆盖审美经验的诸多可能性。也就是说，生活美学是从更为根本的层次来讨论审美经验的，它把审美经验的独特性存在转化为一种经验的可能性因素，从而赋予其更为复杂、多元的内涵与意义。总而言之，审美经验不再只是一种基于艺术经验的经验类型，也不只是作为一种独特的经验类型而存在的区分性经验，它是日常生活中所存在的一种可能性

---

[1] Yuriko Saito, *Everyday Aesthetics*, New York: Oxford University Press, 2007, p.47.

要素。生活美学不仅转变了当代美学研究的方向和内容,更重要的是它突破了此前以艺术为中心而建立起来的美学范畴和美学体系,尤其表现在它对审美经验概念的阐释之上。毫不夸张地说,生活美学打破了自康德以来所确立的审美经验的基本内涵在美学领域中的垄断性统治,为审美经验的丰富内涵和多元化模式提供了合理的说明和阐释。

三 生活美学与审美经验的新维度

生活美学理论的建构并不能仅仅停留在研究对象变更的层面上,它在转向一直以来被美学所忽视的日常生活领域的同时还应体现出更为深远的理论诉求。也就是说,生活美学之于美学的意义远比所谓的美学的"生活转向"深远得多,其理论的关键之处并不在于审美对象即对日常生活领域的发现和重视,而在于其能否揭示出日常生活领域中所蕴含的审美性,以及其所体现出的独特性,并以此来重新审视、建构美学理论。由此观之,我们不能仅仅依据或将其类比于作为审美经验的典型范式的艺术经验并以此对其进行界定,而是要从日常经验本身的特性出发对其进行具体的探讨并分析生活美学所独有的审美特性。

(一) 被遮蔽的审美特性

在 20 世纪之前的美学甚至是哲学中,日常生活领域并未得到应有的关注和重视,它因其自身所具有的"单调""重复"和"平庸"等形而下的特质而被看作是次要的、非本质性的领域。尽管日常生活在 19 世纪末 20 世纪初受到了关注,但它往往被视为哲学批判和美学救赎的对象。因此,我们很难在此前的哲学、艺术领域中找到日常生活所应有的位置。最初由胡塞尔所开启的生活世界的哲学研究途经阿尔弗雷德·舒茨、海德格尔等人的零星论述,最终在阿格妮丝·赫勒和亨利·列斐伏尔那里得到了系统的阐释,关于日常生活的哲学批判理论也得以完善。与之相应,美学对日常生活的关注是更为晚近的事情,除了批判或救赎的理论诉求之外,还存在另外一种倾向即强调美学与日常生活之间的联系。杜威最先阐释了美学与日常生活之间的连续性,他的实用主义美学思想启发了后来的美学家对日常生活的关注——费瑟斯通论述了日常生活的审美呈现,韦尔施则抛出了日常生活的审美化,以及舒斯特曼的"生活即审美"等思想。尽管他们都意识到了美学与日常生活之间的密切联系,并在各自的美学理论中对此做出了有力的辩护,但他们并未真正地关注或论述日常生活本身所具有的美学特征,正如日常生活领域遭到哲学的冷遇一样,日常生活所独具的审美特性一直以来都被美学所忽视,而这恰恰成为生活美学所关注的核心问题。

或许很多人会觉得上述观点有失偏颇,毕竟杜威等人都已论述了日常生活所展现出来的审美特性如"融洽""统一性"和"完满性"等。当然,我们不是否认日常生活可能会展现出与此相似的审美特性,而只是想表明日常生活中还存有那些因美学偏见而被忽视或压制的其他审美特性。如果从更深的层面来看,杜威所论述的日常生活之审美特性其实是比照着适用于艺术的那些崇高品质如统一、优美、崇高等,这不仅体现出了美学理论中的艺术中心论取向,还暴露了现代美学所具有的一种根深蒂固的偏见即"审美特性应该是一种复杂的特征,只有经过特殊的训练才能真正把握到它"[1]。其实,正是这一固有的偏见掩盖了日常生活本身的审美特性,托马斯·莱迪将这些极易被忽略的特征称为"日常生活的表面审美品质"(Everyday Surface Aesthetic Qualities)[2],如整洁、凌乱、干净、脏等。莱迪"所用的'表面'意思是它对事物的根本形式和本质并不产生很大的影响:它既可以是字面意义上的物理表面,还可以是那些区分于根本形式和本质的其他方面"[3]。值得注意的是,这些表面的审美特性在生活中极为常见,"尽管它们紧紧地与日常生活相联系并支配着我们的日常活动,但却很少在美学中得到论述"[4],这些审美特征之所以被忽略就在于它们与艺术无关或缺乏艺术审美中所具有的那种"感性上复杂性"。因而,对生活美学的审美特性探究并不能将其仅仅类比于艺术,它还具有诸多艺术所不具有的审美品质。莱迪将其归纳为一系列显而易见的审美属性如有序的/无序的、整洁的/脏乱的、迷人的/枯燥的等,正如美学的范畴中除了"美"之外还有"丑",生活美学中的审美特性也包含着否定性的品质,如颜色上的单调枯燥或声音中的刺耳等,但

---

[1] Thomas Leddy, "Everyday Surface Aesthetic Qualities: Neat, Messy, Clean, Dirty", *The Journal of Aesthetics and Art Criticism*, Vol. 53, Sep., 1995, p. 267.

[2] Ibid., p. 259.

[3] Ibid..

[4] Yuriko Saito, *Everyday Aesthetics*, New York: Oxford University Press, 2007, p. 152.

"我们在论述这些正面的或负面的审美特性时并非假设它们的是完全对称的,积极的审美特性必须得到优先的考虑,因为美学的关键在于愉悦之情"[1]。那么,我们能否将这些表面性的审美特征看作日常生活的客观属性呢?莱迪认为除了这些显而易见的表面属性之外,生活美学"更为基础性的特征或许在于它的'恰当性'(Rightness),比如'听起来很舒服''看起来很适合'以及'感觉上很正确'"[2]。也就是说,日常生活所具有的审美特性既不可能是完全客观的,也不可能是完全主观的,"它们是被经验的事物之属性,而不是从我们的经验世界中所剥离出来的物理客体"[3]。

很显然,莱迪、斋藤百合子等人所论述的日常生活的表面审美特性是存在的,但它们能否作为一种合理的审美特性而存在呢,毕竟这些特性过于普遍化、明显化,甚至与艺术经验完全不同。莱迪从这些特性的价值意义来论述其存在的合理性,他认为生活美学所包含的表面性的审美品质在审美活动中发挥着更为基础性的作用和意义,"这可以在孩童的美感发展过程中得到说明,我们的审美经验最初都是与这些表面性的审美特性相联系的,孩童被教导着要整洁、干净、有序而非混乱、无序"[4]。由此看出,莱迪的论述缺乏足够的说服力,而且他在论证过程中不自觉地将生活美学的审美特性看作低于那些艺术指向性的审美特质,从而又重新返回到了他所批判的现代美学所固有的偏见。其实,生活美学的表面审美特性的价值、意义与其本身的显而易见性或不必花费太多智力之要求并没有必然的联系,如果只是因其可以轻易地获取而怀疑甚至是否定其存在的合理性,那么这一论断本身则值得进一步商榷。"事实上,不论是否经过特殊的训练或文化修养的高低,日常生活的这些审美特性可以被所有人识别出来,但这并不必然意味着其中没有包含有趣的、复杂

---

[1] Tom Leddy, "The Nature of Everyday Aesthetics", in Andrew Light and Jonathan M. Smith, *The Aesthetics of Everyday Life*, New York: Columbia University Press, 2005, p. 8.

[2] Ibid..

[3] Ibid..

[4] Thomas Leddy, "Everyday Surface Aesthetic Qualities: Neat, Messy, Clean, Dirty", *The Journal of Aesthetics and Art Criticism*, Vol. 53, Sep., 1995, p. 266.

的问题"①。因此，不同于以艺术为例的那些审美症候——它们只能被某些经过特殊训练的人所把握且只有极少数的人能够创造它——日常生活的审美特性则具有了普遍性的审美趣味。

　　退一步来看，即使日常生活的审美特性缺少艺术的审美特质所具有的复杂性，而它所具有现实效用则能够使其具有研究的价值和意义。然而，生活美学往往因其所关注的问题过于个人化、日常化而被看作是微不足道的，尤其是在与艺术的审美价值相较之下。艺术的审美力量在社会和生活中产生的功用是有目共睹的，它还因其所提供的挑战性、启发性、教育性而在我们的生活中占据着重要的地位，由它所产生的审美经验也远比日常生活中的审美体验复杂、深刻得多。与之相比，生活美学所关注的事情似乎显得渺小或微不足道，或许它缺乏促进深刻的洞察力和经验的能力，也无法与艺术所具有的审美力量和教育意义相提并论，但并不能因此而抹杀或否认日常审美判断所具有复杂性和价值。事实上，日常生活中的审美趣味以及依据表面审美特性所做出的审美选择产生的作用和意义远远超出了其表面上所看起来的那样。比如在当前的消费社会中，审美诉求成为左右消费时尚和购买欲望的重要因素，"风格"成为商品设计、销售的核心要素。然而，"风格"已从物品本身延伸到了商品的销售方式之上，涉及广告的摆放位置、灯光效应、商品的展示模式、搭配方案、整体的环境氛围甚至还包括销售员的外观、仪表等。然而"我们往往看到的只是那些能够被用来服务于政治或直接产生经济价值的审美形式，而完全忽略了那些潜在地影响着有时则决定了我们的生活品质和世界现状的审美因素"②。

　　让我们先抛开这些社会功用和现实效用，毕竟这不是我们所讨论的重点。如果只从美学自身的角度来看的话，日常生活中所隐含的审美价值并不在于其与行动相连以及所产生的现实效用，而在于它展现了审美的多种可能性以及它所揭示出的审美经验的新维度。

　　（二）审美经验的"行动指向性"与"功能性"维度

　　前面已经论述了日常生活中所存在的审美事实及其所产生的多样性

---

① Yuriko Saito, *Everyday Aesthetics*, New York: Oxford University Press, 2007, p. 153.
② Ibid., p. 57.

的审美体验，这里则重点指出此种情景所产生的审美经验是如何不同于以艺术为中心所建立的典范性的审美经验范式及其所展现出的无利害性、距离性和沉思性等内涵的。与艺术欣赏活动强调旁观者式的审美静观不同，日常生活的审美特性与生活中的实践活动紧密地联系在一起，它往往会导致一些具体的行动，如整理衣物、收拾房间、修缮房屋等。一般我们都会把"整洁"看作卧室的基本审美标准，这一审美特性必然与卧室的整理、布置等活动密切地联系在一起，在实际的整理、布置活动中不仅产生了现实功用——房间的清扫与重新布置，我们在此过程中还可能会产生一种审美上的愉悦或满足感。这种审美体验是如此的普通、常见，以至于我们无法否认日常生活中所存在的诸如此类的审美经验形式。从本质上来看，它与美学所一贯尊崇的旁观者式的审美经验的"沉思性指向"不同，这种审美经验是在具体的实践活动中产生的，其中内含一种"行动指向性"（action-oriented）。如果勉强把审美静观也视为一种行动（至多是一种特殊的行为活动）的话，那其与日常生活中的具体行动则有着天壤之别。假设作为典范的艺术经验可能会导致这样一些具体的行动，如去查阅一些关于艺术家的资料或是购买艺术家的唱片等。事实上，这些行为的前提是我们作为一个与其没有任何利害关系或功利性目的旁观者去欣赏艺术，先有了一个审美判断然后才以某种方式去行事。日常生活领域里存在的审美体验活动则与其完全不同，其行动的产生往往就像条件反射那样自动化，至少我们不必先要有一个旁观者式的经验然后才带领我们走向某种行动。概而言之，日常生活中所存在的审美经验并非一种前提性的要素或先在的考虑，它是作为一种现实的可能性而伴随在具体的实践活动之中的。

在日常实践活动中存在着诸多审美要素，其中还有许多活动可能会导致某些审美经验的产生，这些审美体验在效果上与艺术欣赏活动的审美经验并无本质上的差异。然而，它们在表现模式上却呈现出多元化的态势，其中有一些类似于现代美学所建立的那种典范式的审美经验模式，但更大一部分则与其明显不同甚至是截然相反。这首先表现在它与具体的实践活动密切联系之上。审美经验大多数产生于具体的实践活动之中而非无功利的审美静观活动，它在一定程度上打破了审美与实践活动之间的人为对立，揭示出了日常生活实践中所存在的审美要素及其可能产生的审美经验。这完全背离了现代美学所要求的审美经验的"距离性"和"沉思性",但事实上的存在足以将这种人为的设定或规定驳倒。其次,如果审美经验被规定为为着自身的目的而必然具有价值的经验,那么它的价值来自于所谓的内在价值还是主观的信念呢?通过对审美经验的无功利性、距离性、沉思性等内涵的考察我们可以发现,这些主观性的描述很少研究经验的具体内容,它并非根据这个状态的内部特征而是根据支持这种状态的条件来鉴别审美经验的。简单来说,这一主观性的解释并非依赖于经验自身而在于经验者相信它在本质上是有价值的,它是根据审美经验是否由正确的信念引起并得到其支持来突出审美经验的。举例来说,当我们欣赏艺术作品时往往相信或者是期待它们将提供自身令人满足的经验,正是这一信念引起或激发了我们与艺术品之间的交流,而当这一信念得到证实之后,我们的经验也就因此被认为是审美经验。事实上,我们都曾意识到审美经验可能具有工具性价值,特别是实用性的价值,却处于某种目的如美学的自律性或纯洁性而人为地将其排除在审美之外。生活美学则无情地戳穿了这一自欺欺人的把戏,将审美经验的工具性价值揭示出来并赋予其存在的合理性。我们在日常生活中都曾有过这样的体验:在实用价值或功利性推动下的实践活动同样会产生某些审美体验,而且当功利性的目的得以实现时我们所获得的审美体验具有的强烈性、深刻性并不亚于,甚至有时还会高于艺术欣赏活动中所产生的审美经验。也就是说,功利性的日常实践活动中并不必然排斥审美经验的产生,而所谓的审美经验必然是无功利性的则显得过于武断和绝对。

更重要的是,生活美学对日常生活领域中可能出现的审美经验的探讨在揭示出它所包含的"功能性"维度之后,还打破了现代美学尤其推崇的审美经验的"无利害关系"之内涵特征在美学中的必然性规定或排他性统治。审美经验往往被看作为其自身而非其他的东西存在的经验类型,正是这一自在性或自律性使其与其他经验类型相分离,它为着自身的目的而自成一体,因而也就被断定为具有本质性的价值而不是工具性的价值,"当我们审美地关注对象时,这一关注被认为是无利害的——这个词或许会让人产生误解——它实际上意味着吸引我们的注意力不需要工具性或隐蔽的目的"①。其实，认为只有根据"无利害性"才能最好地使用审美的观念在本质上是一种限制性的、概念化的理论，"几乎没有告诉我们任何东西，因为它实质上是排他性的否定的（一个关于经验不是什么的说明）"②，它在一定程度上扭曲了审美形式的多样化并遮蔽了审美经验内涵的丰富性。最后，从审美经验的存在本身来看，一直以来审美经验都被视为一种独特的经验类型，这种独特性成为美学理论争辩的焦点问题，诸多美学家围绕着独特性之所在展开了长期的阐释和争论。生活美学则有效地避开了这一预设，它认为以艺术欣赏为典范建立的审美经验内涵及其存在的独立性并不能代表或决定其在其他领域中的存在形式。因而，生活美学力图从更为原本的层次即经验本身来审视审美经验，这一点明显得益于杜威的美学理论尤其是他的经验理论。从经验本身出发，审美经验并非作为一种独特的经验类型而独立于日常实践活动，它更倾向于作为日常经验中的一种可能性要素或日常实践活动的伴随性产物。这一可能性存在解构了它的独特性存在之预设，进而从更原始的层面来剖析审美经验。凯迪亚·曼德卡在《日常美学》一书中认为现代美学对审美经验的推崇使其蒙上了一层神秘的面纱，他甚至断言现代美学所建构的审美经验概念及其内涵实则指称的是"艺术经验"，他认为："通过美学的定义可将所有的经验都看作审美的，因为经验本身可以等同于感性。但并不是所有经验都是艺术的，只有那些与艺术品有关的经验才有可能是艺术的。简言之，我们必须区分美学理论在广义上所使用的'艺术经验'与纯粹多余的'审美经验'概念。"③ 也就是说，我们没有必要将审美经验看作一个独特的经验类型，并企图从某些方面来阐释它的独特性之所在，因为这一说明很可能是建立在错误的预设之上的。

从美学自身来看，生活美学其实在很大程度上秉承了被遗忘的美学初衷，美学最初作为"感性学"的目的在于提高人的感知能力和审美能力，它所涉及的范围也就不再仅仅局限于艺术与美的事物，而是包括更

---

① Noël Carroll, *Beyond Aesthetics: Philosophical Essays*, New York: Cambridge University Press, 2001, p.44.
② Ibid., p.61.
③ Katya Mandoki, *Everyday Aesthetics: Prosaics, the Play of Culture and Social Identities*, Burlington: Ashgate Publishing, 2007, p.35.

为广阔的社会生活领域中的实践活动；从事实来看，我们无法否认日常生活中存在着大量的审美现象和审美体验，而且这种体验是如此的普遍，以至于我们都习以为常了。许多美学家注意到这一事实并把其纳入到美学讨论中来，而这种做法似乎极易导致一种误解，即美学只要把日常生活纳入它的研究范围之内就足矣了，生活美学也因此被看作专门研究日常生活领域中存在的审美现象的。如果只是用以艺术为中心而建立的审美理论来界定生活美学的话，那么生活美学的存在也就显得有些多余或者是不合理，它至多只能被看作美学所新发现的研究对象，因为它只不过是用此前的美学理论来图解新发现的、具体的审美对象罢了。其实，生活美学早已突破了研究对象的限制，它从"经验"本身出发来考察日常生活领域中的审美特性，在论证其存在的合法性与合理性的同时，进一步拓展审美领域并丰富了当前的美学理论。所以说，生活美学并不只是简单地转向日常生活领域，而是在分析日常生活所具有的审美特性之基础上对美学理论所做的审视和进一步思考。生活美学在挖掘并肯定日常生活的审美特性的同时，还打破了审美经验的现代内涵在美学领域中的长期统治，它并不是要否定艺术领域中所存在的具有典范性的审美经验，更没有否定它所特有的无利害、距离和沉思性等内涵特征，而是否定这种审美经验范式对美学的垄断性统治和排他性倾向。既然美学的研究领域不仅仅局限于艺术领域，那么以艺术为对象所建构的那套审美经验理论也就会显得过于狭窄，其所建构的审美经验之内涵也就无法对生活领域中的审美经验做出恰当的描述和阐释，因而它的普遍适用性也就需要进一步的考察。总之，生活美学为审视审美经验这一概念提供了新的角度和思路，它的出现使得审美经验的现代内涵在生活美学中失去了绝对的阐释力和统治力，同时也丰富、深化了当下的审美经验理论。

第三节　身体美学与审美经验的"感性"回归

诺埃尔·卡罗尔在讨论20世纪中后期的艺术现象时发现"解释"在艺术理论中占据了重要的地位，而"审美经验"这一概念却逐渐被遗忘，"在阐释艺术的许多新策略得到发展之时，解释也随之繁荣起来了，但是花费在审美经验概念及其所使用的词汇之上的讨论却少之又少"[1];与此相似,理查德·舒斯特曼也指出了审美经验在美学中逐渐走向衰败的迹象,"尽管审美经验一直以来被看作艺术领域内最基本的美学概念,但却在近半个世纪内招致越来越多的批评和质疑,不仅它的价值甚至连它的存在本身都受到了严重的质疑"[2]。然而,从20世纪末开始,审美经验所面临的窘困状况得到了极大的转变,许多当代美学学者纷纷转向审美经验概念并为其做出积极的理论辩护,如诺埃尔·卡罗尔、理查德·舒斯特曼等人,有的则通过对这一概念的重构来建构新的美学理论如生活美学、身体美学和生态美学等,"当后现代主义似乎成为确立的准则时,艺术家和批评家就开始寻找其他替代性的计划,其中回归审美经验便是可以预料到的一个"[3]。毫不夸张地说,审美经验在当代美学中正在经历着一场前所未有的复兴。理查德·舒斯特曼是其中最为突出的代表之一,他不仅对审美经验概念做出了较为公正的评析以及深刻的审视,还通过建构具体的艺术、美学理论尤其是身体美学理论旗帜鲜明地提出了对审美经验概念的重构和复兴。

舒斯特曼凭借其身体美学思想而为国内外学者所熟知,其实他的实用主义哲学思想、艺术理论都具有十分鲜明的特点和极强的现实意义,但并没有引起国内学者的关注和足够重视,并且他的艺术理论在很大程度上是立足于审美经验这一概念而建立的。为了将其与以理查德·罗蒂为代表的新实用主义相区别,许多人把舒斯特曼的哲学思想称为新新实用主义(Neo-neo-pragmatism),但他更倾向于将自己的哲学思想称为"新一代的新实用主义"(New neo-pragmatism)。他已然接受了分析哲学的语言观念,但他不再仅仅停留于语言使用的分析、概念分析之上,而是力图走出语言的迷雾进而回到现实实践中来,这一诉求貌似是对经典实用主义的回归。其实不然,舒斯特曼既吸收了罗蒂、普特南等人的"反本

---

[1] Noël Carroll, *Beyond Aesthetics: Philosophical Essays*, New York: Cambridge University Press, 2001, p. 43.

[2] Richard Shusterman, "The End of Aesthetic Experience", *The Journal of Aesthetics and Art Criticism*, Vol. 55, July, 1997. p. 29.

[3] Noël Carroll, *Beyond Aesthetics: Philosophical Essays*, New York: Cambridge University Press, 2001, p. 43.

质主义""反二元论""可错论"等思想,但又明显地不同于罗蒂那激进的"反"和一味的"破",而是采取一种"相容性的析取立场"进行分析,从中汲取可用的因素并在此基础上进行新的建构。反观舒斯特曼的美学思想和艺术理论,"相容性的析取立场"是多元论思想的具体体现也是其根本的理论方法,其艺术哲学所针对的就是那种基于二元论基础之上的传统美学观念即自律的、无利害的、二分的审美观念,强调的是审美经验的连续性、多样性和生动性。因此,审美经验这一概念始终贯穿其中并发挥着关键性的作用,可以说审美经验是其美学理论得以建构的支撑点。

一 "审美经验"的终结与复兴

(一)从"艺术终结"到"审美经验"的终结

从20世纪末到21世纪初,黑格尔的"艺术终结"命题成为艺术理论中的热门话题,众多理论家和艺术家纷纷加入到了这场声势浩大的争辩之中。当"艺术终结"的命题在一片混战之中被激进地描述为"艺术死亡"之时,这场争论达到了高潮,这个跨越了近三个世纪的艺术命题也得到了前所未有的关注和剖析。然而,在这场争论中受益最大的当数阿瑟·丹托以及他所推崇的艺术家们,从此丹托一跃跻身艺术哲学的大师之列,他的艺术哲学理论也自然成为艺术界的圭臬。在众声喧哗之后,一些误解和概念得以澄清,但艺术却从此被贴上了"不可界定"的标签,艺术的发展前景也令人担忧。对此舒斯特曼做了较为中肯的描述和反思,"在新千年伊始,美学令人悲哀地停留在终结理论的视域之中,这些理论将艺术当前的信任危机不是当作暂时的衰退或转变,而是当作统治我们文化的深层原埋的必然而持久的结果"[①]。他对"艺术终结"的命题以及关于它的争论进行了另一番解读,并主张一种对"艺术终结"的审美复兴。对于"艺术终结"这一命题的解读,一般聚焦于黑格尔和丹托的理论思想,毕竟黑格尔是这一理论的"始作俑者",而丹托则对这一理论进行了具体深入的演绎和宣扬。舒斯特曼在解读这一命题时,不仅仅停留

---

① Richard Shusterman, *Performing Live: Aesthetic Alternatives for the Ends of Art*, New York: Cornell University Press, 2000, p. 1.

在阐释这两位哲学家的理论观点层面，他还通过对这一命题的谱系学式的梳理揭示了"终结"的背后所蕴含的复兴之种——"审美经验"。

"艺术终结"在黑格尔的哲学体系中是一个必然的结果，艺术仅仅只是绝对精神发展的一个阶段，因而在逻辑上它不得不让位于更少受到物质条件限制的精神表现的更高阶段即宗教和哲学。除了这一理论层面上的必然性之外，黑格尔还从另外一个方面论述了"艺术终结"的现实因素，"不管这种情形究竟是怎样，艺术却已实在不再能达到过去时代和过去民族在艺术中寻找的而且只有在艺术中才能寻找到的那种精神需要的满足，至少是宗教和艺术联系得最密切的那种精神需要的满足。希腊艺术的辉煌时代以及中世纪晚期的黄金时代都已一去不复返了"①。黑格尔认为艺术已经不能满足当下时代的精神需求了，而"这种精神满足曾经使得它具有一种构成性的力量，因此艺术被贴上了'过去的事物'之标签，尽管艺术至今仍在苟延残喘"②。艺术之所以不能满足时下的精神需求是因为，处于市民社会中的人们崇尚的是理智、理性，而艺术则更多地通过形象和情感来把握世界，因而艺术的诉求是与时代精神相抵牾的。由此可以看出，黑格尔并没有说过艺术将会消失，他只是说艺术作为一种表现形式已不再是精神的最高需要，"艺术终结"不是指艺术自身的终结或消失，而是它作为满足精神最高需求的那种崇高地位与神圣使命之功能的终结。

黑格尔那自成体系的哲学论断富有极强的鼓动性和说服力，但艺术的发展似乎并没有依照黑格尔的论断走下去。19世纪中后期，随着科学技术的不断发展，宗教信仰的地位逐渐被科学所取代，艺术则呈现出了蓬勃发展的态势，黑格尔的"艺术终结"论在近一个世纪中随之黯然失色。在20世纪初的现代社会中，机械主义和工具理性充斥着整个世界，物质生产趋于过剩的状态而人们的精神生活却十分的贫乏。许多知识分子为此感到了深深的忧虑，纷纷寻找救赎之路。艺术由于自身的反思性和批判性成为现代社会的救赎之物，它带来了精神上的愉悦和解放，艺术俨然化身为现代社会的宗教。然而，以法兰克福学派为代表的知识分子们则对艺术的这种

---

① [德]黑格尔：《美学》（第1卷），朱光潜译，商务印书馆1979年版，第14页。
② Richard Shusterman, *Performing Live: Aesthetic Alternatives for the Ends of Art*, New York: Cornell University Press, 2000, p. 1.

救赎力量充满了疑虑，因为随着科学技术的发展一种新型的"文化工业"得以出现，在经济利益的刺激之下艺术逐渐沦为文化工业的附庸并丧失了自身的批判性和自律性。法兰克福学派对资本主义社会进行了总体性的批判，他们揭露了文化工业的欺骗性、娱乐性和异化统治以及它所带来的后果。阿多诺以他的"否定辩证法"为理论出发点，认为艺术应该走向"反艺术"才能实现救赎的功用，而这种"反艺术"的出现意味着古典艺术的终结。同样，本雅明也认为在机械复制的时代，复制的艺术品的出现和流行彻底消除了它的独特性和神秘性，艺术品失去了自身的"光晕"。所谓"光晕"指的是"一定距离以外独一无二的显现，哪怕仅有咫尺之遥"[1]，也就是说，传统艺术所具有的膜拜价值、距离感和真实性在机械复制时代已消失殆尽。舒斯特曼认为艺术"光晕"的消失意味着艺术品的神秘性和独特性的消失，也就是说在机械复制技术时代艺术失去了其神圣的光环，作为具有崇高价值的传统艺术似乎走到了尽头。

丹托在20世纪80年代开始，围绕"艺术终结"这一命题写了大量的文章，表面上他似乎是在重申黑格尔的论调，但他们的出发点截然不同。黑格尔从其哲学体系出发，逻辑地演绎出这一结论；丹托则是从当时的艺术作品出发，认为时下的某些艺术创作（马塞尔·杜尚和安迪·沃霍尔的艺术品）解构了艺术观念而具有了哲学的特性，"黑格尔惊人的历史哲学图景在杜尚作品中得到了或几乎得到了惊人的确认，杜尚作品在艺术之内提出了艺术的哲学性质这个问题，它暗示着艺术已经是形式生动的哲学"[2]，也就是说，丹托通过具体的艺术作品阐释了艺术已经进化为关于它自身的哲学——艺术哲学，"通过集中关注究竟什么使得一个对象成为艺术以及为何使它成为一个艺术这个重要的问题，艺术不是把审美而是把哲学作为它的关注中心"[3]。丹托又进一步地推进他的艺术理论，他把理论阐释看作构成艺术的核心要素，而对艺术的阐释必然要依靠艺术史或艺术理论中的某些结构或语境，当艺术史无法提供相应的阐

---

[1] Walter Benjamin, *Illuminations*, New York: Harcourt, 1968, p. 222.
[2] ［美］阿瑟·丹托：《艺术的终结》，王春辰译，江苏人民出版社2005年版，第18—19页。
[3] Richard Shusterman, *Performing Live: Aesthetic Alternatives for the Ends of Art*, New York: Cornell University Press, 2000, p. 1.

释来面对艺术作品时，艺术也就终结了它的历史性探索。尽管艺术还是会被陆续生产出来，但其不断界定的自我进步的历史已经结束了。通过对以上"艺术终结"观点的阐述和分析，我们可以发现在艺术终结理论之中还隐含着更深一层含义——审美经验的终结。

（二）"艺术终结"抑或审美经验的终结？

众所周知，本雅明在其作品中论述了在机械复制时代艺术品的"光晕"消失这一现象，形象而又深刻地揭示出：在工业社会中具有崇高价值的艺术正在走向灭亡，取而代之的是一种具有强大吞噬力的"文化工业"。机械复制技术对艺术形象的复制使艺术走出了圣殿，成为人们随时随地都能观赏到的对象，随着距离感的消失，艺术自身的神秘性和人们的崇拜情感也逐渐丧失。而舒斯特曼则认为复制技术对艺术的这种冲击只是表面上的一种联系，"光晕的消失"只是艺术走向衰败的一种具体体现，导致艺术衰败的真正原因并不是艺术形象的可复制性，而是其背后所隐含的传统的审美经验的消失。

舒斯特曼主要从以下三个方面阐述了他的观点：首先，他把"光晕"和本雅明的另一术语——"震惊"相联系，本雅明认为现代社会的急剧发展和新事物的不断出现给人们带来了巨大的心理冲击，在缺乏心理准备的状态之中的人们会很自然地产生一种现代社会所独有的"震惊"体验。这种震惊体验既是突如其来的，又是支离破碎的，它的存在打碎了传统艺术所蕴含的那种整体统一、和谐自然的审美经验。其次，舒斯特曼认为本雅明所描绘的震惊体验同时也意味着"经验"的丧失。本雅明认为当下社会的震惊体验并非传统的"经验"（Erfahrung）行为而是一种"经历"（Erlebnis），这种经历只是一种生活过的而不是被有意义地经验的东西。由于技术发展和信息的泛滥以及新事物的剧增，现代生活被肢解为破碎的片段和令人惊颤的瞬间，人们对于世界和事物的经验已经很难再形成一个有意义的、连贯如一的整体了。最后，本雅明在《讲故事的人》一文中补充并深化了此前的主题，他认为科学技术的不断发展，使得报纸杂志、小说和电影等艺术形式层出不穷，它们在丰富人们生活的同时，也带来了过量的信息。在随时随地即可获得诸多信息的当下社会中，讲故事的人踪迹难寻，讲故事的艺术也走向了衰落。在本雅明看来，讲故事的人是社会经验和人生阅历的集中体现，讲故事的艺术则是体验和保存这种经验的传统形式，它具有一种直接性和亲近性，但机械复制技术带来的信息传播形式彻底改变了这一现状，随着故事日趋贬值，经验也逐渐走向衰败，艺术的光晕也逐渐消失。舒斯特曼认为这种机械复制技术带来的超额信息瓦解了传统艺术的经验形式，泛滥的信息把整一、和谐的传统经验分解为瞬间的、破碎的震惊体验。总之，艺术的"光晕"的消失背后意味着传统审美经验的终结。概而言之，审美经验的终结并不是指审美经验就此消失或对其弃而不用，而是指自康德以来所确立起来的那种形式的、自律的和二分性的审美经验受到了巨大的冲击，其在定义和界定艺术之上的合法性受到质疑，它在艺术中所具有的那种决定性的崇高地位终结了。

此外，舒斯特曼还通过对丹托的艺术理论的批判，对自己的审美经验理论做了进一步的阐述。舒斯特曼认为丹托的艺术理论主要受到了分析哲学的影响，丹托对"审美经验"这一概念避而不用，因为他认为审美经验这个概念对于定义艺术的概念是无能为力的。在丹托看来，我们的经验应该对作为艺术品的事物和只能表明自己是真实的事物而有不同的反应，但是"我们不能为了获得关于艺术的定义而诉诸这种不同，因为我们首先需要有一个定义，然后才能识别用来适用于艺术品的审美反应"[①]。丹托指出了通过审美经验来定义艺术这一传统做法中所蕴含的悖论，对于这一点舒斯特曼是赞同的，但他不同意丹托就此而对审美经验弃而不用。因为丹托在论述"艺术终结"时隐含着对审美经验的抛弃，他用解释取代了审美经验的概念，认为解释才是构成艺术作品的东西。也就是说，在丹托的艺术理论中艺术不是把审美而是把哲学解释作为它的关注中心，后来他甚至认为审美经验的概念不仅无用而且还是非常危险的，因为它对艺术的描述使艺术显得过于简单，进而使艺术更适用于愉悦层面而不是意义和真理的领域。在舒斯特曼看来，尽管审美经验概念已不能恰当地定义艺术，但这并不必然意味着它在艺术或美学中不再起任何作用或是起到相反的作用。舒斯特曼通过具体的事例论证了审美经验的有效性，并指出了丹托艺术理论中的武断性。审美经验的重要作

---

① Arthur Danto, *The Transfiguration of the Commenplace*, Cambridge: Harvard University Press, 1981, pp. 94 – 95.

用就在于让人们去"感受或品味艺术自身的可感知的特性和意义,而不是让人们根据作品表露出来的信号和艺术界的语境去计算出一个必然的解释"①。

通过以上的论述可以看出,舒斯特曼所提出的审美经验的终结是从以下三个层面去描述的:从表面来看,审美经验的终结是对当代所谓的"艺术终结"理论的描述和分析,以及分析美学家对审美经验这一概念的批评乃至取消等主张。从较为深层次上来看,舒斯特曼认为这种审美经验的终结所指的是那种静观的、非功利的与无目的的审美经验之内涵受到了极大的挑战,它的适用性越来越窄,它无法解释当前的某些审美现象,因而诸多分析美学家对其弃之不用。在本质上来看,舒斯特曼通过对以上两个层面的分析,旨在提出自己的建设性构想,他一方面反对传统审美经验的狭窄内涵,另一方面又反对分析美学所主张的纯粹描述性的、语义学的审美经验,以及对审美经验的弃用;他既强调审美经验的重要性,又旨在恢复审美经验的连续性、生动性和丰富性,他所要终结的不仅是传统审美经验的内涵在艺术中的功用和地位,还包括那种所谓的"艺术终结"或"审美经验终结"的论调。审美经验的终结并不意味摒弃这个概念或弃之不用,而是要面对现实的复杂多变的审美活动、审美现象来对此概念进行重构和复兴,在传统审美经验耗尽自身的地方找寻审美复兴的萌芽。

(三) 审美经验的重构与复兴

在对审美经验概念进行了简略的谱系学的说明之后,舒斯特曼利用现象学的方法概括出了审美经验的四个至关重要的特征:"第一,审美经验在本质上是有价值的且令人愉悦的;可以将其称为它的价值评介维度。第二,审美经验是那种可以被鲜活、生动地感受以及主观体验到的东西,它从情感上抓住我们并促使我们将目光聚焦于它的当下在场性之上,进而使其自身从平庸的日常经验之流中凸显出来;可以将此称为它的现象学维度。第三,审美经验是一种有意义的经验,而不仅仅是感官上的知觉;可以将其称为它的语义学维度(审美经验的情感性力量和意义共同

---

① Richard Shusterman, "The End of Aesthetic Experience", *The Journal of Aesthetics and Art Criticism*, Vol. 55, July, 1997, p. 34.

解释了其为何会具有如此巨大的美化能力)。第四,审美经验是一种独特的经验,它与美的艺术的独特性和根本目的密切相连,可以将此称为区分—定义的维度。"[1] 此前关于审美经验的诸多争论主要源于它们在不同层面对其做出的界定,分析美学对审美经验的批评与否定正是由于其对这一概念本身所包含的多义性以及由其产生的混乱的认识不足所导致的。舒斯特曼认为审美经验具有重要的价值意义,因此需要对其进行重新阐释,他旨在调和两种极端的、封闭性的审美经验观,即静观的、无目的的传统审美经验观和纯粹描述性的、语义学的审美经验。他一方面在杜威的经验概念基础之上,强调审美经验的连续性、生动性和动态性,恢复它与一般经验的联系;另一方面他又不满于杜威把审美经验作为定义艺术的手段,因为审美经验并不限于艺术领域,这种定义法会对艺术造成极为混乱的影响。因而,舒斯特曼认为审美经验是一个有着多重含义的概念,它既是一种提升的、有意义的现象学经验,也是一种内在的、情感的经验;它既是主体被动的接受反应,也是主体的主动体验;它不仅仅是一种感觉,也是一种有意义的经验。审美经验的真正价值不在于定义艺术或是证明评判的正确性,它是指导性的,提醒我们在艺术和生活中其他方面什么是值得追求的。

在舒斯特曼看来,当代美学应该打破传统的审美经验观并对其内涵进行重新建构,但这并不意味着要彻底否定传统的审美经验或对其弃而不用,比如像许多分析哲学家那样彻底解构审美经验或将美学看成是对艺术品和艺术体制的语言分析。舒斯特曼受到实用主义思想尤其是杜威的自然主义经验观念的启发,主张恢复审美经验与日常生活之间的连续性,让美学重新回归到感性经验领域中来。在通俗艺术中则更为清晰地呈现出这感性经验的维度,主要表现在对经验体验的直接性和多样性(以身体体验为代表),以及与现实生活相联结的实用性和功能性。美学为了保持其自身的纯粹性,一直以来都对这些特质进行排斥、批判,但这种因噎废食的做法最终会使美学陷入困境之中,从而使其沦为智识阶层自娱自乐的工具。舒斯特曼对审美经验的重构思想和复兴策略鲜明地

---

[1] Richard Shusterman, "The End of Aesthetic Experience", *The Journal of Aesthetics and Art Criticism*, Vol. 55, July, 1997, p. 30.

体现在了艺术理论和身体美学思想之上：在艺术理论上，他认为对审美经验的重构有利于界定艺术自身以及展开对艺术内涵的讨论，也为重新理解艺术提供了一个较好的契机，同时还能更为恰切地解释当下的艺术活动。

二　艺术理论的建构与审美经验的重构策略

（一）艺术定义的"经验"指向性

当代的艺术创作和艺术形式的发展远远地超出了传统艺术理论的辐射范围，艺术理论的滞后性表现得极为突出，传统艺术概念无力去解释当下的某些艺术活动。固守传统的理论家打着维护传统艺术之纯洁性的旗号，大力地批判、质疑这些所谓的"艺术品"；激进的理论家则声讨传统艺术理论，否定对艺术定义的可能性；还有一些理论家则处在这两种态度之间，他们试图从新的视角去阐释艺术、界定艺术。由此可以看出，当下的艺术活动把艺术定义的问题推到了艺术理论的中心，对于当代的艺术理论家来说，艺术的定义问题是一个无法回避也回避不了的问题。因而，有必要回顾一下历史上的关于艺术的定义问题。

1. 艺术的定义与问题

关于艺术的本质主义定义。历史中存在着诸多关于艺术的定义，这些杂多的定义无不在寻求一个关于艺术的本质性规定。无论是柏拉图的"模仿说"，还是克罗齐的"直觉说"，以及克莱夫·贝尔的"有意味的形式"，都是本质主义观点的具体体现，只是他们所理解的本质有所不同而已。本质主义所寻求的是艺术本身所具有的那种区分性的或独特的本质特征，实际上那种区分性的特征并不是那么的独一无二，模仿、表现、直觉和形式等特征之于艺术本身来说要么失之于过宽，要么失之于过窄，这种本质主义的诉求是传统哲学根深蒂固的观念——寻求确定性和统一性——的具体体现。本质主义的艺术定义方式在20世纪之前一直占据着艺术领域的主导地位，直到后现代主义的出现（如达达主义、抽象表现主义、波普艺术等艺术创作形式），这种定义方式才受到了巨大的挑战。传统的艺术定义方式无法解释这些现代艺术，以杜尚的作品《泉》（1917年）为例，无论是"模仿说"还是"表现说"都无法解释这幅作品，这些本质主义的定义方式无法解释作为艺术品的物品与物品本身到底有何区别。传统的本质主义定义在现实面前的无力和失效，使其陷入了危机之中，一种反本质主义的倾向开始出现。

反本质主义的艺术定义。维特根斯坦的哲学在 20 世纪受到了广泛的关注，他的思想具有鲜明的反本质主义倾向，如"语言游戏""家族相似"和"生活形式"等概念。这种哲学思想让艺术理论家们兴奋不已，他们纷纷从维特根斯坦的哲学思想中寻求立论的根据。在反本质主义的阵营里存在着两种不同的声音：一种是彻底的反本质主义，最终走向了艺术不可定义之路，以莫里斯·韦茨、威廉姆·肯尼克为代表；另一种也反对寻求艺术的本质主义定义，但他们认为艺术是可以定义的，只是他们寻求的不再是区别性的显著特征而是艺术之为艺术的生成条件和生成机制，主要以阿瑟·丹托、乔治·迪基和莱文森为代表。

维特根斯坦认为传统美学中所说的那种作为本质的"美"是不存在的，存在的只是对"美的"的各种用法，用法即意义。韦茨和肯尼克受到了维特根斯坦的启发，他们认为艺术是没有本质的，存在的只是对艺术这一概念的具体运用和艺术的诸种意义，所以定义艺术是不可能的。韦茨认为艺术是一个开放的、易变动的概念，新的艺术形式和艺术范例不断涌现，从而不断地挑战既有的艺术概念。既有的艺术概念要么选择否定这一变革以维护自身的地位，要么接受这一事实而改变概念的内核或外延。不管怎样，定义艺术的想法都是不现实的，试图寻找一个充分必要的条件来定义艺术（作为艺术品的"艺术"）与艺术实践活动（作为实践的"艺术"）本身是矛盾的，因为后者呈现出变革、拓展的态势，所以说在本质上或充分必要属性层面之上的艺术定义从逻辑上来看是矛盾的、不可能的。韦茨又类比了维特根斯坦对游戏进行描述时所运用的"家族相似"的概念，认为艺术的概念和游戏概念一样都具有开放性，各种艺术形式之间具有家族式的相似性，正是各种艺术形式、意义之间的盘根错节的关系构成了"艺术"的家族。在艺术这个家族中并不存在着一个始终贯穿于其中的线，存在的只是许多相互交织、叠加在一起的线。也就是说，并不存在一个要素足以宣称艺术是什么东西，存在的只是艺术的各种相似的意义、用法之间相互交叉、重叠的关系这一事实，这些相似的关系并不构成艺术的本质而只是描述、解释的要素。韦茨的论点强调的是艺术这个概念本身在逻辑上否定其存在一个共同的本质，因而没有理由也不可能用一个公式将艺术囊括其中。本质主义的定义在韦茨看来并不是没有任何意义的，其在艺术的分类和评价层面上具有极大的价值。也就是说，这种定义应被看作是致力于艺术标准、艺术评价的有益尝试而不是逻辑上的描述。因而，应该放弃对艺术的本质性定义，用对艺术的概念性分析取代本质主义式的界定。不难看出，韦茨受维特根斯坦哲学影响之深，他认为问题的关键不在于艺术是什么，而在于艺术这个概念本身的用法，因而应在逻辑上对艺术概念的实际运用和与之相对应的具体条件进行描述、厘清，他分析了艺术概念的开放性特征，区分了艺术概念的不同用法——描述性、评价性，艺术不可定义理论体现了分析哲学对传统哲学思维模式的一种颠覆，具有极强的阐释力和生产性。

  韦茨主张艺术不可定义的观点引起了不少学者的批评和质疑，不少学者对"家族相似"的概念进行发难，莫里斯·曼德尔鲍姆认为韦茨误用了"家族相似"的概念，因为在这一概念之中隐含着一种起源上的基础——血缘关系，但维特根斯坦或韦茨等人都未对这一隐含的必要条件进行说明；另外对"相似性"的感知并不必然是定义艺术的本质因素，而且相似性的概念过于含糊和松散，不足以显示出区分的维度。曼德尔鲍姆的批评启发了丹托和迪基从非显性的、不可感知的因素来定义艺术，他们从艺术品的资格入手探讨艺术的起源问题，类似于追寻家族相似概念中隐含的"家族"这一根源。也就是说，艺术之为艺术的本质特征并不在其所展现的特征之中而是隐含在其产生过程之中。以往的艺术定义或立足于艺术的显性的感知之上，或立足于艺术的内在意蕴之中。因而，这些定义要么过于含糊、肤浅，要么过于玄虚、空洞，都不能恰切地体现艺术之为艺术的本源所在。丹托认为这些关于艺术的定义都忽略了艺术的语境特征，无一例外地把历史、社会和文化等因素从艺术中剔除出去。丹托以安迪·沃霍尔的《布里奥盒子》为例，说明了以往的艺术定义在这类艺术作品面前的无能为力，无论是从感知的相似性，还是从内在的情感意蕴角度，都无法解释作为艺术品的布里奥盒子与超市里的布里奥盒子之间的区别。因此，他认为艺术品的界定不能单单根据外在感知等显性因素或内在的情感意蕴来确定，而是要根据"一种关于艺术的理论氛围和艺术史的知识：一个艺术界"[①]来确定的。也就是说，艺术史和艺术理论的阐释构成了艺术。迪基也认为艺术的普遍性特质不应局限于可感知的显性因素之中，而应从艺术所隐含的非显性因素（社会、历史、文化）中去寻求，他在丹托的基础上进一步提出了"艺术惯例论"，他认为"艺术品首先是一件人工制品，其次还得被社会惯例的代表者授予它具有欣赏对象资格的地位"[②]。这种艺术定义的方法既不关注艺术的内在情感意蕴等特质，也不关注艺术的外在感知等显性特征，而是基于历史、文化的社会语境对艺术进行定义，把其看成一种社会和文化实践，同时历史的延展性也保证了艺术定义的开放性和"可修订性"。如果说丹托的对艺术的定义是一种观念上的界定，他立足于艺术史、艺术理论去阐释艺术，那么迪基对艺术的界定则更加社会化、语境化，他从社会、历史与文化等因素入手探讨艺术的内在特征。丹托和迪基等人基于历史的反思而对艺术所做出的界定，不仅为定义艺术开启了一种新的路径和思维模式，还深化了对艺术内涵的探讨。

通过以上的分析可以看出，传统的本质主义的定义方法具有"自然主义"的色彩，它们倾向于将艺术定义为"某种深刻植根于人类本性的东西，因为这种东西实际上在每一种文化中都以一种或另一种形式找到表达"[③]，艺术是人的自然需求和本能冲动，它产生于人类的这种需要和冲动之中。这种定义寻求的是一种内在的、普遍的属性，体现的是一种寻求有意义的表达、形式的统一的自然要求，其中蕴含着人们对审美经验的渴望。而丹托、迪基等人的艺术定义归纳为具有"历史主义"色彩的方法，他们将"艺术概念更加狭隘地定义为由西方现代性计划造成的一种特定的历史文化惯例"[④]，这种带有"历史主义"色彩的定义剔除了艺术中的情感和经验等因素，将其看成是历史性的艺术惯例解释的结果。舒斯特曼认为这两种观点都具有局限性，如果说自然主义的观点不能充分地说明构造艺术实践和决定艺术接受的社会体制和艺术惯例的话，那

---

① Arthur Danto, "The Artworld", *The Journal of Philosophy*, Vol. 61, Oct., 1964, p. 580.
② George Dickie, *Art and the Aesthetics*, New York: Cornell University Press, 1974, p. 34.
③ ［美］理查德·舒斯特曼：《表面与深度：批评与文化的辩证法》，李鲁宁译，北京大学出版社 2014 年版，第 288 页。
④ 同上书，第 291 页。

么历史主义的观点则不能充分地解释艺术的自然属性和其对于人类的益处。在汲取这两种方法的基础之上，舒斯特曼对艺术及其界定做出了自己的尝试。

2. 艺术定义的指向性

本质主义的艺术定义方法是自柏拉图以来确立的传统，意在寻求一种本质性的规定性和确定性。其实，柏拉图定义艺术的目的不是发展艺术和提升艺术鉴赏力，而是控制和限制艺术，从而使其为"理想国"服务。柏拉图的艺术定义体现了哲学对艺术的排挤和剥夺，艺术被看成是一种感性的愉悦，同时艺术的理性化只是低级阶段的，因为它是对理念的摹仿的摹仿，与真理隔了两层。此外，柏拉图还把艺术从日常生活中分离了出来，把艺术看作一种摹仿生活的拙劣品。此后，柏拉图定义艺术的后两个策略分别被康德和黑格尔所强化，康德将审美看成一个形式的、无功利的自律性王国，因而艺术也是自律的且与日常生活领域无关的，艺术本身意味着纯形式、无利害等特性；黑格尔则把美看成是理念的感性显现，艺术仅仅是理念的具体显形，而且还只是理念发展的最低阶段，最终要经过宗教让位于哲学。本质主义的艺术定义方案意在把艺术作为一个自律的王国去看待，通过某些界定来实现区分的目的，并展现其特殊性之所在。舒斯特曼认为这种定义下的艺术是一种"盒子里的艺术"，它"意味着将艺术放入一个盒子里，限制它，并且使它与其余的生活隔开"[①]。而以丹托为代表的具有"历史主义"色彩的定义方式则回避了艺术的审美特质、情感特质，只将目光聚集到艺术惯例、艺术史和艺术理论之中。艺术史或艺术理论的阐释成了艺术的构成性因素，因此艺术应由持续的历史来定义。舒斯特曼认为这种定义方式是一种程序性的、身份赋予模式，它把那些实质性的问题（审美、情感、意义）留给了艺术界或惯例，因而无法展示、分享艺术的审美、情感等特性。这种定义回避了艺术自身的特质、美学价值和评价标准等问题，并一股脑地把它抛给了所谓的"艺术界"或艺术史，因而最终我们从中得到的是关于艺术界、艺术史的知识和认可，而对于艺术本身的价值和意义似乎并

[①] [美] 理查德·舒斯特曼：《表面与深度：批评与文化的辩证法》，李鲁宁译，北京大学出版社2014年版，第224页。

无任何收益。此外，根据艺术史的解释来定义艺术不免带上了历史的束缚性和排他性，从而导致了艺术失去丰富多彩的内容而趋于贫乏，使艺术越发的抽象，越来越远离生活实践。

通过对艺术定义的代表性观点的分析，舒斯特曼认为对于艺术定义的根本指向不应聚焦在艺术的本质特征或区分界限之上，而是要聚焦于深化和改进对艺术的理解、欣赏这一维度之上。那种企图把艺术作为一个特殊领域孤立出来的理论诉求，旨在寻找一个通用的语言公式来定义、涵盖艺术，"这种语言公式要么错误地包含，要么没有成功地包含，因而是要么错误地包括、要么错误地排除了艺术领域中的东西，它所追求的理想是完美的覆盖和清楚的区分，是一种包装型的理论，这就像是食品包装纸，意在展现、囊括、保存对象，才从根本上看并没有加深我们对于对象的经验与理解"[①]。舒斯特曼将这些艺术定义的方案形象地称为包装纸式的艺术理论，它们旨在呈现、保存艺术，进而维护而不是变革艺术的实践和经验。因此，舒斯特曼认为作为艺术的定义应该立足于加深我们对艺术的欣赏、理解以及提升我们的经验，进而阐明什么是艺术中重要的东西，解释艺术如何取得其效果或者艺术的意义和价值。也就是说，一个定义对于艺术或美学来说是有用的，而不必在精确划分当前艺术外延界限的形式意义上是真的，这种观点具有鲜明的实用主义色彩。

3. "作为戏剧化的艺术"

通过分析上述两类艺术定义的方案，舒斯特曼从审美自然主义中提出了"经验"这个要素，从社会历史主义中提取出了社会历史这个核心要素。他认为一个完整的、成熟的艺术定义应该调和这两种极端，处在经验与实践之间，因而他主张将"经验强度"（experiential intensity）和"社会框架"（social frame）两个因素整合进一个单一的概念之中。他为此在英语和德语中找到了一个比较贴切的概念——"戏剧化"（"to dramatise" or "dramatisieren"）——来定义艺术。据舒斯特曼的词源学考究，"戏剧化"这个动词有两层含义：首先，它指的是把某个东西搬上舞台，"意味着抓取某个事件或故事并把它放进一个剧院表演的框架之中或一个

[①] Richard Shusterman, *Surface and Depth: Dialectics of Criticism and Culture*, New York: Cornell University Press, 2002, p.179.

剧本、剧情之中"①；其次，它的另一层意思是指"把某个东西看作，或使之看上去，更令人激动或重要"②。

"艺术即戏剧化"的定义旨在强调：艺术在某一框架或场景之中的上演，并且这种上演是非常生动的和令人激动的。具体来说，艺术首先意味着把某个东西放入一个框架之中即一个特定的社会环境或舞台之上，这个框架的作用是把这件东西从日常生活领域中凸显出来，从而把其标记为艺术；但是使艺术在根本上区别于日常生活的并不是那个社会框架，而是那种生动的、富有强度的经验的上演。也就是说，艺术并非一种形式上的放入框架之中，而是一种真实的行动和经验行为。这个定义的好处在于有效地综合了"经验强度"和"社会框架"这两个因素，在定义艺术的过程中，自然主义和社会历史主义分别竞争性地支持了这两个因素中的一个。此外，舒斯特曼还指出"戏剧化"这个框架并不仅仅是一种起到区分性作用的栅栏，它还是对框架之中的物的一种聚焦，使其呈现得更为清晰；它类似于一个通过放大镜这一框架的聚焦进而使太阳的光和热加倍地显现，因而艺术的社会框架之作用就在于加强经验内容对我们的感性、理性生活所施加的力量，从而使这个经验内容更加生动、更有意义。

舒斯特曼的"艺术即戏剧化"的定义具有鲜明的实用主义色彩。首先，他调和了审美自然主义理论只注重经验强度和历史主义理论只注重社会惯例的偏见，但又不仅仅是对它们的简单折中，而是有效地把这两个因素辩证地统一于"戏剧化"的概念之中；其次，舒斯特曼对艺术的定义体现了一种介于经验和实践之间的理论倾向，更重要的是它有效地把艺术和生活二者相联结而不是让艺术自我孤立起来，作为"戏剧化"的艺术定义在恢复经验的连续性和生动性并不意味着否定二者的不同，社会框架起到了很好的区分作用但这种区分并不是隔离，同时"经验强度"的维度则强调了艺术对经验的集中和强化的特质，从而使其更好地区别于一般的经验；最后，舒斯特曼并不认为这个定义是对艺术本质的

---

① ［美］理查德·舒斯特曼：《表面与深度：批评与文化的辩证法》，李鲁宁译，北京大学出版社2014年版，第294页。

② 同上。

发现和规定，也没有声称这个定义完美包含了艺术的内涵和外延，他对艺术的定义注重的是实效性和有用性，其旨在强调艺术概念对理解艺术和经验等方面的价值。这种定义凸显了艺术中受到忽视的关键因素，联结了没有充分关联起来的艺术特质，发挥的是一种联结和呈现之功用。就像把在天空中看似毫不相关的星星相互联结使之成为一个可见的星座一样，这种定义把艺术的不同方面集中起来并相互联结起来，使之呈现成为一个清晰的、名为艺术的"星座"。这个"艺术星座"内部的要素或成员并不是固定不变的，而是随着社会环境和艺术惯例的变化，处在一种不断的变动和生成状态之中。"艺术即戏剧化"的定义有效地包含了艺术的两个关键维度——经验和历史，它一方面既承认艺术的审美特性，强调艺术的经验内容；另一方面又成功地囊括了艺术的社会历史因素，把这些因素作为一个有效的框架。这一定义提供的不是一个认识论上的理论模型，为如何判定艺术提供必要且充分的条件；也不是一个形而上的质的规定性，从而把艺术浓缩为某一特性或要素；而是提供了一个关于艺术因何成为艺术的形象描述和定位，意在阐明什么是艺术中的关键因素、解释艺术是如何取得其效果以及加深对艺术的理解和体验。

（二）审美经验的连续性与"通俗艺术"之辨

一直以来，通俗艺术（Popular Art）在美学和艺术理论中处于非常尴尬的地位，虽然名义上属于艺术但却被轻蔑地冠以"通俗"之名，它不仅受到理论家和美学家的不断攻击，而且它的合法性也受到了普遍的质疑。舒斯特曼对通俗艺术的遭遇深表同情，他承认通俗艺术在某些方面存在严重的缺陷和弊端，但它的优点和潜能往往被无视。现代艺术重视自身的独立性和自律性，把艺术看成一个独立自足的领域从而区别于日常生活等领域，作为艺术的特质—审美经验—概念则集中地体现了这种区分性。具有自律性、无功利性和形式化的审美经验不仅使艺术区别于日常生活进而使其自绝于日常生活领域，还使得通俗艺术陷入被质疑和批判的尴尬境遇。在艺术内部，通俗艺术往往被指责为缺乏审美经验和审美自律性而被排除在审美领域之外。舒斯持曼对通俗艺术持一种改良主义的态度，因而并不否认通俗艺术所带有的缺陷和不足，但他反对现代美学对通俗艺术的排斥和淹没。现代美学过于重视自身的纯粹性和形式化，从而把生活领域、通俗艺术等都拒斥在门外，切断了艺术与生活经验、身体感知等非艺术经验之间的连续性。而通俗艺术则保留了这种经验上的连续性和丰富性,这些特性正是复兴审美经验的关键之所在,也是艺术理论走出困境的有益尝试。

首先,舒斯特曼认为通俗艺术遭受的这些谴责归根结底来源于一个简单化的二分术语——"高雅/通俗艺术"(High/Popular Art)。正是这个术语让人们想当然地把高雅与通俗简单地等同于好的与坏的,进而质疑通俗艺术的审美价值和艺术价值,这种逻辑未免过于简单、武断。再次,"高雅"和"通俗"两个词是在一种描述意义上的使用,它们并不是对艺术价值的评估,更不是对艺术本身的定性,因而没有理由把高雅和通俗看成是艺术的本质特征和区别。最后,不可否认在高雅艺术/通俗艺术之间存在诸种差别,但这种区别并不是一种本质的和不可逾越的划分。希腊戏剧在当时是一种最通俗不过的娱乐形式,正像伊丽莎白时代的戏剧一样,可如今却被人们视为高雅的艺术。总之,高雅艺术/通俗艺术之间并不是截然对立或永恒不变的,因而我们不应把它看成一种本质性的判定或是断然地轻视通俗艺术,而是要更多地关注具体的艺术形式和艺术手法。

在为通俗艺术正名之后,舒斯特曼开始逐一反驳对通俗艺术所做出的批评性观点,他将这些批评和质疑的观点进行了归纳、总结,并将其中的误解一一澄清。第一,对通俗艺术最普遍的美学指责在于"它根本不能提供任何真正的审美满足"[1]。也就是说,欣赏通俗艺术时所带来的那种明显的满足感、愉悦感以及情感体验,被看作一种虚假的满足而非真正的审美满足。在批评者看来,通俗艺术本身所带来的满足感是暂时性的,很快就会消失得无影无踪;这种短暂性还体现在通俗艺术的流传时间上,即它经不住时间的考验。针对由短暂性而带来的虚假性的批评,舒斯特曼一针见血地指出了批评中存在的逻辑问题,因为暂时性的满足并不意味着是一种虚假的满足。批评者之所以会把暂时性的满足与虚假性相关联,是因为我们内心有一种对稳定性的渴求,而且这种稳定性自柏拉图以来就被误解为是一种永恒的确定性。因而,与之相对立的暂时

---

[1] Richard Shusterman, "Don't Believe the Hype: Animadversions on the Critique of Popular Art", *Poetics Today*, Vol. 14, Sep., 1993, p. 104.

性满足就自然而然地被判定为一种虚假的东西。至于对通俗艺术经不住时间的考验这一指责，舒斯特曼认为这也和虚假性没有必然的联系，而且做出这种断言也为时过早。其实，这个问题背后还有一个关键的因素——社会文化制度——还未被揭示出来，在经典流传的背后发挥关键作用的，除了艺术自身之外还有社会制度的干涉和教育系统的选择。总而言之，对通俗艺术的虚假性的断言是一种站不住脚的指控，这种指控背后影射的是文化精英阶层的专断、专横和惧怕之情，面对席卷而来的快感和破坏性，他们十分警惕，力图通过权威的规定和舆论的声讨来质疑、否定通俗艺术的满足感。第二，某些批评者认为真正的审美满足必须是经过知性上的努力才能获得的，而通俗艺术带来的审美满足通常是被动的或不费智力的努力就可获得的，"它过于肤浅以至于很难获得知性上的满足，因而它也就无法在审美上提供应有的挑战"[①]。不可否认，某些通俗艺术带来的满足或经验确实有些简单、肤浅，但问题的关键不在于这些显而易见的缺陷而在于批评者的理论指向。舒斯特曼认为把审美经验的获得归结为"知性上的努力"是有问题的：审美经验的获得除了知性上的努力外，还有可能通过身体的感知和运动的参与，比如摇滚音乐的欣赏更多依赖于身体动作的投入。其实，在获得审美经验的过程中，感性和知性并不是相互对立的，感性上的努力也不应被看成是无效的。此外，即使欣赏通俗艺术的时候不需要智识上的艰难努力，但这并不意味这种欣赏和享受不能被理性地分析或思考。第三，还有一些批评者指责通俗艺术缺乏创造性，通俗艺术"被诋毁为不仅仅是非原创的和单调的，而且必然如此"[②]。他们认为通俗艺术的标准化、技术化的批量式生产必然会压制创造性。舒斯特曼认为批评者对通俗艺术的生产机制的揭示不无道理，这种生产机制在一定程度上会阻碍作者的创造性，但是这种带有强制性的论断是有失偏颇的。标准化的生产或创造并非仅仅存在于通俗艺术中，高雅艺术中也有标准化的规定，最为突出的代表就是十四行诗。因而，这种标准化的模式并不排斥创造性，或许"戴着镣铐跳

[①] Richard Shusterman, "Don't Believe the Hype: Animadversions on the Critique of Popular Art", *Poetics Today*, Vol. 14, July, 1993, p. 112.

[②] Ibid..

舞"会更加刚劲有力。不可回避的是，通俗艺术中的模式化倾向和雷同的情节比较严重，但这种模式化背后其实隐含着极大的创造性空间。此外，批评者还把获得更多受众之目的和个人的创造性相对立，他们认为通俗艺术为了获得更多的受众群体，不得不牺牲创新性和实验性。这种推论逻辑是有问题的，创造性地表达自我和让更多受众满意之间并没有必然的矛盾，而将两者对立起来的逻辑是对精英阶层的价值取向，它根源于天才的浪漫主义神话，其强调的是与现实生活相隔离，蔑视普通人的价值观和信仰。这种个人主义的神话早已破灭，因而这种指控也是没有说服力的。最后，关于通俗艺术的诸种指控，其实最终都指向了它缺乏审美的自律性和反抗性，并由此判定通俗艺术不具有审美的合法性。布尔迪厄认为"在艺术中，形式、方法、风格是占主要地位的，而不是表现、说出某种东西的功用的'主体'、外在关涉的基本对象"[1]。也就是说，自律性对艺术和审美来说是最为根本性的，艺术除了对自身之外不对别的任何事物产生功用性，具有娱乐、满足大众功能的艺术不是纯粹的艺术，通俗艺术因此也就被排除在审美之外。在舒斯特曼看来，这些批评者将艺术看成是本质上与生活、现实相反甚至是相隔绝的东西，阿多诺尤其坚持这一点，他认为艺术只有通过"不同于我们的现实世界"并"从现实功用的需求中解放出来，才能证明和确定自身的正当性"[2]，自律性将艺术和现实生活严格地分离开来。这种自律性艺术其实是特定时期的历史产物，尽管艺术由此被认为是纯粹的，其实背后隐含着诸多社会动机和利益；再者，滋生它的社会环境早已改变，艺术和审美的概念不可能自绝于日常生活领域。将艺术与生活相隔离不仅仅是一种哲学上的偏见，还是对哲学对艺术的剥夺，它源于柏拉图对艺术的定义。我们应该超越这种偏见，将艺术与生活实践相联结，把艺术既作为欣赏对象又作为经验之物，让艺术栖居于日常生活和现实功用之中。正如实用主义者所主张的那样，联结审美和日常生活领域，恢复审美经验与日常

---

[1] Pierre Bourdieu, *Distinction: A Social Critique of the Judgment of Taste*, Cambridge: Harvard University Press, 1984, p. 3.

[2] Theodor W. Adorno, *Aesthetic Theory*, trans. Robert Hullot-Kentor, London and New York: Continuum, 2002, p. 310.

生活经验之间的连续性。

此外，针对布尔迪厄等人对通俗艺术的彻底质疑和取消策略，舒斯特曼认为这些批评过于偏激，更有失偏颇。批评者忽略了审美话语、艺术话语的公共性和共享性，审美、艺术等话语形式并非专属于高雅艺术，他的论断假定了高雅艺术对艺术话语的合法性使用以及排他性的占有。另外，高雅艺术的统治地位的确立并不是来自通俗艺术的肯定，在其背后发生关键作用的是社会制度、文化权力的运作。高雅艺术在权力、权威的保障之下，垄断着艺术的话语权，进而排他性地占有艺术的合法性资格。正是在这种权威的保障之下以及作为批判的对象——通俗艺术——在事实上的缺席现状，才使得高雅艺术的统治地位得以维持下去。

有的批评者认为舒斯特曼的美学辩护实质上是在挑战高雅艺术的权威，否定高雅艺术的价值。这种批评完全是对舒斯特曼的误解，其受到笛卡儿以来所确立的那种"二元对立"观点的影响，而这种相互对立的"二元论"思维正是实用主义者所极力反对的。在这里，可以借用舒斯特曼的"相容性的析取立场"（Inclusively Disjunctive Stance）对此进行澄清，舒斯特曼认为逻辑中的析取性立场包含着极强的二元对立、相互排斥的含义，"非 p 即 q"式的逻辑应该被多元性地理解为"p""q"以及"p 与 q"在内的多种选择。因此，尽管舒斯特曼欣赏通俗艺术，但这并不意味着他否定高雅艺术。他为通俗艺术作美学辩护并不意味着要抵制高雅艺术，他所针对的并不是高雅艺术本身，更不是为了否定高雅艺术的价值，而是批评高雅艺术对审美合法性地位的垄断以及它对通俗艺术形式的排他性抵制。

（三）通俗艺术与审美经验的复兴

舒斯特曼为通俗艺术进行美学辩护的另一个重要的原因在于：通俗艺术所独具的审美特质，他认为通俗艺术是复兴审美经验这一美学概念的重要维度，它所体现出来的那种审美经验符合美学建立之初的目的。美学的建立并非依赖于艺术，艺术当时只是它的研究对象之一，而后来美学和审美经验却被狭隘地归属到艺术领域之中，艺术和美学相互专属于对方，紧紧地吸附在一起，由此诞生了自律性的现代艺术和美学。那么美学和艺术之间的联结是如何发生的呢？而这种联结又分别对艺术、美学的发展产生了哪些影响？这些正是舒斯特曼试图在其艺术理论和美学思想着力解决的问题。

美学在 18 世纪中期作为一门学科而出现，鲍姆嘉通把它界定为与理性认识相对的"感性学"，是一门关于感性认识的科学。作为体现感性经验的艺术只是美学研究的对象之一，后来康德在《判断力批判》中分别从质、量、关系和模态四个方面对审美判断进行了深入、详尽的分析，最终得出美是只涉及对象的形式而与内容、目的、功用无关的结论；此后，黑格尔在他的《美学》中开宗明义地将美的对象界定为艺术，"或则毋宁说，就是美的艺术"；黑格尔对于鲍姆嘉通等人所界定的美学（关涉感性、情感）极为不满，他认为这种定义过于肤浅不能恰当地表达其美学思想。他讨论的是艺术的美，所以他将这门学科称为"艺术哲学"，"或则更为确切一点，美的艺术的哲学"。黑格尔的美学思想标志着艺术和美学的相互依附的关系得以确立，美学被困在了艺术之中，同样艺术也被囚禁于美学的神殿之内。在之后的一个多世纪里，艺术成为美学的唯一研究对象，美学也成为艺术的权威解释者。但二者是截然不同的，作为研究艺术的美学本身并不是艺术，同样被美学研究的艺术本身也不是美学，黑格尔意识到了这两者的不同，但却将艺术与美学的其他研究对象——美、审美相混淆，从而把美学看成是专门研究美（美的艺术）的哲学，美、审美也因此成为艺术的根本属性和宗旨。这种观点对美和艺术产生的影响是：美学的研究对象被狭隘地局限于艺术领域，艺术则完全被美所占有和统治。

从艺术自身来看，把艺术与美相等同的观点似乎就是在承认艺术的根本特性在于美或审美，美才是艺术的常态。因而，无功利的、审美愉悦性不仅是美学的特质，也成为艺术最为突出的特征。处于美统辖之下的艺术逐渐演变为自律的艺术，它的自律性和审美性来源于同日常生活和现实社会的疏离，甚至是隔绝。舒斯特曼认为这种自律性的艺术在当时具有其存在的必然性和合理性，但这并不意味着今天的艺术仍然必须停留在那种观念之中；况且自律性的艺术具有极强的排斥性，它完全垄断了审美的合法性领域。从美学自身来看，美学把研究的对象限定在了与美相等同的艺术领域之中，美学俨然变成了一门严肃的"艺术哲学"。毋庸置疑，美学的内涵在艺术之中得到了很好的体现，美学也在艺术中找到了永久的归宿；与此同时，美学却双重地远离了它的初衷：曾经作为一门研究感性领域的科学如今却成为艺术殿堂的"守门人",曾经以研究感性认识为己任的美学如今却以肤浅的感性认识为耻,美学在摒弃了现实生活和感性经验之后上升为理性化的科学——艺术哲学。这种观念再次确认了自康德哲学以来所建立的那种纯形式的愉悦和无功利的审美观念的有效性,对纯粹性的审美经验的渴求成为美学的首要标准和最高目的。然而,美学的这一举措无异于作茧自缚,审美经验自绝于现实生活无异于切断了曾经滋养美学的生命脐带。

舒斯特曼认为应该打破这种传统的审美经验观并对其内涵进行重新建构,但这并不意味着要彻底否定传统的审美经验或对其弃而不用,像许多分析哲学家那样彻底解构审美经验,将美学看成是对艺术品和艺术体制的语言分析。舒斯特曼受到实用主义思想尤其是杜威的自然主义经验观念的启发,主张恢复审美经验与日常生活之间的连续性,让美学重新回归到感性经验领域中来。在通俗艺术中则更为清晰地呈现出这感性经验的维度,主要表现在对经验体验的直接性和多样性(以身体体验为代表),以及与现实生活相联结的实用性和功能性。美学为了保持其自身的纯粹性,一直以来都对这些特质进行排斥、批判,但这种因噎废食的做法最终会使美学陷入困境之中,从而使其沦为智识阶层自娱自乐的工具。保守主义者批评舒斯特曼将审美经验的重建奠基在通俗艺术之上的举措无异于泛化审美的概念,混淆审美经验与一般性经验的差别,最终使美学失去其自身的特性走向灭亡。然而,这种批评是对舒斯特曼的艺术和美学思想的严重误读。首先,舒斯特曼并没有否认审美经验和一般经验之间的区别,他否认的是那种将审美经验与一般经验相对立起来的观点,因为承认审美经验的区分性并不必然意味着审美经验与一般经验是二分或对立的。其次,审美经验与一般经验之间具有天然的连续性。我们可以用杜威的观点来进行说明,"一个经验"不一定就是审美经验,但它的确是一种具有整一性、丰富性、圆满性等审美性质的经验,而审美经验只是"一个经验"的集中与强化而已。因而,舒斯特曼是在此层次意义上恢复二者之间的连续性,并没有将二者相混淆。最后,审美经验和感官体验等感性认识并不是相互对立冲突的,将二者对立起来的观点是一种二元论的偏见。身体感知、感官体验在一定程度上可以加强审美经验的体验,正如欣赏音乐时我们会不自觉地晃动手或腿等身体部位,如通常被看作通俗艺术的"饶舌""摇滚"音乐等。可当要求你必须正襟危坐欣赏音乐时，你对音乐的审美经验必定会大打折扣，甚至可能会让你觉得索然无味，最后，美学建立的初衷是为了研究和完善人的感性认识，因而把审美经验同感性认识的各领域相联结是对其初衷的回归，更不会因此而消解美学的特性。

可以说，通俗艺术最为成功地利用了这一点并达到了很好的效果，却因为美学上的固有偏见而被完全否定或视而不见。通俗艺术对感性的重视尤其是对身体感知的依赖与现代审美经验内涵相违背，因而过分地依赖于感性知觉成为其遭受美学批判的关键之所在。舒斯特曼认为现代美学对感官感受的过分敌视导致了它无视通俗艺术中所蕴含的审美要素，而这一感性诉求恰恰成为审美经验的当代复兴之所在，他借用了杜威的经验理论对此做了详细的阐释和说明。舒斯特曼把杜威的经验观念做了进一步的推进和具体化，把它具体运用到艺术思想之中，从而把杜威的这种基于经验自然主义的一元论之上的"经验"概念改造成为其多元论美学思想中富有连续性、生动性的审美经验，并通过这种改造后的审美经验来扩充艺术领域，进而推动艺术的发展。他的艺术理论体现了实用主义哲学的权变色彩，富有极强的灵活性和建构性。如在艺术的定义问题的讨论上，将定义的指向性转到指导性和有用性等功能之上，即旨在强调艺术概念对理解艺术和经验等方面的价值。他调和了审美自然主义理论只注重经验强度和历史主义理论只注重社会惯例的狭隘的偏见，并有效地将这两个因素辩证地统一于"戏剧化"的概念之中；更重要的是，他把艺术和生活有效地相联结起来而不是让艺术自我孤立起来。作为"戏剧化"的艺术定义在恢复经验的连续性和生动性的同时，又强调了艺术对经验的集中和强化的特质，体现了一种介于经验和实践之间的理论倾向。

总而言之，舒斯特曼的艺术思想以审美经验的重新建构为基点，对艺术的定义和"艺术终结"等问题做了重新的阐释和解读，并为通俗艺术做了美学上的辩护。此外，舒斯特曼还对艺术与"娱乐"、艺术与生活的关系以及艺术的边界等问题进行过深入的分析和讨论。"他从艺术自身赖以存在的各种内容和形式上审美的内部规律出发，但突破封闭的'自律论'与杜威同样反对精英主义'博物馆'式的'为艺术而艺术'，坚持为人生、为社会的艺术'他律'。"① 因而,他的艺术哲学思想体现了鲜明的实用主义哲学色彩,旨在调节两种极端的理论倾向,沟通审美经验与一般经验、艺术与生活之间的联系,遵循的是一条处于理论与实践、分析与解构两极之间的路径。

三 身体美学与审美经验的"身体介入"

(一) 身体的审美潜能

在传统哲学中,精神、灵魂被赋予了本体论的地位,并且在知识领域中理念和精神也是最终的诉求,而与之相对的身体则处于被压制的地位。柏拉图把灵魂视为高贵的而与之相对的身体则是卑贱的,灵魂在本质上是理性的而身体则是通向这种理性知识的障碍,"如果我们要想获得关于某事物的纯粹的知识,我们就必须摆脱肉体,由灵魂本身来对事物本身进行沉思"②。由柏拉图开始,身、心二分的格局和"抑身扬心"的基调得以奠定。此后的基督教神学进一步强化了这种身、心绝对二分,在神学统治下的伦理生活中身体被直接等同为一种本能的肉欲,因而与身体有关的一切欲望、感知都应受到限制或压抑。在传统哲学中,"身体"成为一个敏感而又忌讳的语词,它被赋予了阴暗的甚至邪恶的形象。在理论话语之中,身体只是作为一个理论上的"他者"形象,是身、心二元对立中被压制的那一极,更是需要被拯救的那一极。笛卡儿之后的现代认识论哲学并未改变这种身、心二分的格局,而是把这种观念作为一种默认的东西接受了下来。认识论哲学致力于探讨认识何以可能和寻求能够确保认识的可靠性和普遍性的理论支点。精神、理性最终成为认识论所寻求的那个支点,而感性知识则只是低级的认识,只有扬弃这种感性认识的阶段才能达到理性、精神,而身体感觉充其量不过是构成这种感性知识的初级形式之一。可以说,身体一直以来处在灵魂、理性和精神的阴影之下,它并未真正进入哲学家的视野进而成为一个真切、实在的分析对象,从本质上来看只是一个"他者"形象。

---

① 毛崇杰:《实用主义美学的重新崛起》,《艺术百家》2009 年第 1 期。
② [古希腊]柏拉图:《柏拉图全集·斐多篇》(第 1 卷),王晓朝译,人民出版社 2002 年版,第 64 页。

这种论断可能会被这样的事实所推翻：自尼采以来，后经福柯、德勒兹等人的发展，哲学开始转向身体，他们认为身体才真正具有本体论的性质。毋庸置疑，尼采对传统的形而上学进行了激烈的批判，它企图重估一切价值，进而颠倒了形而上学的二元对立，"我完完全全是身体，此外无有，灵魂不过是身体上的某物的称呼。身体是一大理智，是一多者，而只有一义……所谓'心灵'者，也是你身体的一种工具，你的大理智中一个工具，玩具"①。福柯试图解构"主体""理性"等传统哲学的核心概念，从权力维度方面对身体进行了系谱学分析，从而把身体推到了哲学的前景，使身体成为哲学的中心，灵魂、主体和理性则被丢到了哲学的墙隅。如果说进步仅仅指改变传统哲学的关注焦点（即改变身体被压抑的地位，使身体从背景之列跻身至前景之中），那么我们可以说尼采和福柯等人的哲学理论是一种极大的进步。但若从本质上来深究的话，尼采、福柯等人在哲学上做的这种研究焦点的位移和转换只不过是一种形式上的颠倒，并没有改变理论的内核，因而恐怕不能算作真正的进步，它并没有逃离出传统哲学的"二元对立"的思维模式，其只不过是一种颠倒了的身、心二元论。正是基于这种现状：对身体似是而非的定位以及杂乱纷呈的身体理论、身体形象，理查德·舒斯特曼觉得建立一门跨学科性的关于身体的学科势在必行："尽管当代理论对于身体的关注取得了明显进展，但是，我们会发现当代身体理论缺少两个重要特征。其一，缺少一个结构性的整体框架，无法将那些非常不同的、似乎毫不相关的话语整合成一个更加富有成果的系统领域……二是当前大多数哲学性的身体理论缺少一个明确的实用主义取向，通过它，个体可以直接将理论转化成改良身体训练的实践。"② 他所倡导的身体美学的立足点和用力之处就在于对身体在哲学、美学中的角色进行重新定位。

为了有力地阐释身体美学的合理性，舒斯特曼首先对身体做出了哲学和美学上的辩护，他尤其强调了身体所具有的审美潜能及其在审美经验中所起到的基础性作用。一般来说，身体的审美潜能可以从两个方面

---

① ［德］尼采：《苏鲁支语录》，徐梵澄译，商务印书馆1992年版，第27—28页。
② ［美］理查德·舒斯特曼：《身体意识与身体美学》，程相占译，商务印书馆2011年版，第38页。

进行把握：首先，"作为被我们的外在感觉所把握的对象，身体（别人的甚至是自己的）可以提供一种美德感官享受或'表象'（康德的术语）"[1]。然而，这种表面上的身体美往往被看作肤浅的或个人化的，这种肤浅化的呈现主要源于市场经济的广告策略，它企图用表面性的却又标准化的漂亮来获取更多的经济效益；其实，身体美不仅仅在于这种修饰性的美，而"存在于内部自身肉体的美感经验——心血管系统的高度运动导致的内啡肽式的神采奕奕，迟钝的味觉得到增进以及深呼吸等"[2]，这种个人身体体验的生理感受的美却一直被我们所忽视，"深深地呼吸，在于空气的接触中感觉到血液的净化和整个循环系统所呈现出的新的活力，这差不多是一种真正令人陶醉的愉悦，其审美价值是绝对不能否定的"[3]。由于人们过度地专注于身体表面的修饰与美化，身体美往往被视为私人化的或个人主义的表现，弗雷德里克·詹姆逊就曾将对身体的专注看作利己主义的。其实，身体并不是完全私人的东西，从反面来看它已经被历史上占统治地位的意识形态所有效地塑造并留下了被抑制的痕迹；更重要的是，"身体不仅被社会所塑造，它还对社会有所贡献。我们可以像分享彼此的心灵一样来分享身体以及身体上的愉悦，身体还可以像我们的思想一样成为公共的"[4]。所以说，身体美学不仅限于它的表面形式和性的美化，更加关注身体自身的运动与经验诸如如何更好地平衡呼吸与身体姿势、肌肉运动在知觉中的和谐以及更强的身体意识，它们在增进感觉经验的质量和意识方面丰富着我们的生活。

除此之外，舒斯特曼还从伦理学方面强调了身体在审美生活中的重要性。他认为哲学应该作为一种实践而不仅仅是理论，"哲学实践"其实是一种自我认识、自我改造的重要工具，更是一种生活艺术，但这并不意味着要抛弃哲学的理论性和思辨性，而是将这种生活之艺术建立在我们对世界的知识和洞察力之上，并相应地去探寻服务于生活艺术的知识。

---

[1] Richard Shusterman, "Somaesthetics: A Disciplinary Proposal", *The Journal of Aesthetics and Art Criticism*, Vol. 57, Aug., 1999, p. 299.

[2] Ibid..

[3] J. M. Guyau, *Problems of Contemporary Aesthetics*, Los Angeles: Devorss, 1947, p. 23.

[4] Richard Shusterman, *Pragmatist Aesthetics: Living Beauty, Rethinking Art*, New York: Rowman & Littlefield Publishers, 2000, p. 260.

尽管理查德·罗蒂明确倡导把"审美生活"作为善的生活的典型，但他却未能摆脱理性主义的偏见因而无视或轻蔑身体的感知愉悦，审美生活也应该培养身体的愉悦和规范。也许这种身体经验不能够还原为语言表述，但它对心灵和自我形成的贡献是毋庸置疑的，并且它还显示出了那种将心灵与身体相分离并将自我狭隘等同于前者的传统观念的错误。因而，真正的审美生活将包括通过语言的、认识的、社会的以及身体的改变——如果不是合作也是相互支持的自我和社会的丰富。

(二) 审美经验的"身体"维度

哲学家关注的是凭借高级认识能力把握的理性知识，而基于身体感知的感性认识则被看作低级的、肤浅的，因而一直以来都被哲学家所忽略甚至是排斥。尽管鲍姆嘉通建立的"感性学"把感性认识作为一种知识来看待，但它也只不过是一种低级的认识，而且身体感知还被排除在外。受到这种传统哲学观念的影响，"身体意识"一般被看作反思性的意识，即心灵对于作为外在对象的身体的一种反思、批判意识。身体意识的存在实则暗示了身体自身的缺陷，而身体意识的另一维度——"身体自身的意识"则被忽略了。舒斯特曼则仅仅抓住身体自身的意识这一维度，并借用"身体"和"身体意识"这两个关键要素建构了身体美学的大厦。身体意识"不仅是心灵对于作为对象的身体的意识，而且也包括'身体化的意识'（Embodied Consciousness）：活生生的身体直接与世界接触、在世界之内体验它"[1]。也就是说，身体意识不仅仅是把身体看作一个外在的对象客体，更是把身体本身体验为一个主体。身体美学对于身体意识的探讨是一种现象学式的研究，"它旨在探究身体自我意识的不同种类、层次和价值"[2]，它涉及无反思的身体习性、反思性的身体内省、无意识的行为、自动反应等。具体来说，身体美学通过分析身体意识的类型和层次，进而在实践中有意识地改善某些不适当的身体意识，从而达到提高身体的审美感知力之目的，并最终促进自我对外部世界的感知与融合。

---

[1] ［美］理查德·舒斯特曼：《身体意识与身体美学》，程相占译，商务印书馆2011年版，第1页。

[2] 同上书，第20页。

很多美学家对身体意识避而远之,他们倾向于把身体感知看成一种令人不安的而且是不必要的因素,因为它既不是审美的对象,也不能对审美活动进行阐释。舒斯特曼认为感性学的目标之一就是要"增强人的感知能力与感官意识以便能够提高欣赏和表演,而欣赏和表演的范围则包括艺术、美的事物与生活中的实践事务"[①]。身体美学关于改善身体意识和身体感知的诉求暗合了美学的这种目标,从而为身体美学这门学科找到了理论上的合法性。但从反对者的立场来看,这种理论上的合法性不能保证其实践中的有效性,因为在审美活动中,更为常见的是身体感知阻碍审美的发生与进行,他们怀疑身体美学致力于身体意识和身体感知的改善这一方法的有效性。在审美活动中,身体感知确实不是审美活动的对象,也不是对审美活动的一种阐释,但这并不必然意味着身体感知在审美活动中毫无用处甚至会产生一种阻碍作用。不可否认的是,审美感知是通过各种身体感官获得的,而且在某些情况下伴随着局部的身体感知或身体运动可以加强我们的审美体验和感受。维特根斯坦在《文化与价值》中曾谈到一个非常有趣的事例:"当我构思一首乐曲时,像我每天经常做的那样,我总是有节奏地摩擦我的上部前牙和下部前牙。我以前就注意到这一点,尽管我通常是下意识地这样做的。不仅如此,我的想象中的音符似乎是由这种摩擦产生的。我认为用以听见内心音乐的方式也许是非常普通的。当然,我不移动牙齿也能构思乐曲,但在那种场合,音符就变得更加像幽灵那样模糊得多,较不明显。"[②] 也就是说,这种身体上的感知和动作往往可以使审美感知、审美想象等活动变得更为丰富,诸如我们在欣赏音乐的时候手或脚会不自觉地伴随着节奏做拍打性的动作,这种轻微的身体动作可以使我们的审美经验、审美体验更加丰富、强烈。

在阐释身体意识这一概念时,舒斯特曼更为强调的是"身体化的意识"这一层面,就是那种活生生的身体直接与世界的交融。舒斯特曼在

[①] [美] 理查德·舒斯特曼:《身体意识与身体美学》,程相占译,商务印书馆2011年版,第3页。

[②] [奥地利] 维特根斯坦:《文化与价值》,涂纪亮译,北京大学出版社2012年版,第41—42页。

其论文集中具体地阐释了"身体化"(embodiment)① 的含义:"身体化的哲学不只是在理论上肯定并明确概述身体在所有的感知、活动和思考中所发挥的关键性作用;也不只是在阅读、写作和文本探讨之类的推论形式中对身体主题的细化。身体化的哲学还意味着:通过身体风格与身体行为进行真正的身体思考,通过个体的切身实践来体现其身体化的哲学,通过个体的生活态度来表达这一哲学内涵。更进一步,身体化还意味着:身心融合一体,通俗地说,就是要真正做言行一致而不是夸夸其谈。"②"活生生的身体"指的是"身心"交织、融合的身体,但这种身心的融合并不是逻辑上的对立统一,而是身心一体的身体。本章的第一部分勾勒了理论话语中的身体形象,可以很明显地看出在此前的理论架构之中,身体始终是处于身、心绝对分离的二元对立的模式之中,这种定位下的身体角色是他者形象,是被动的、无生机的;即使是那种颠倒了的本体论性质的身体哲学,也是处在二元论的窠臼之中,身体的本体论地位或身体的前景化并未改变传统的身、心二分结构。而舒斯特曼建立身体美学这门学科的出发点则是"身心一体",他要在根本上破除传统的身、心二元论,身体不是处于心灵对面的另一极而是相互交融的身心一体。

身体美学的身心一元论秉承了杜威的实用主义哲学观念,身心交融一体的观念也是对杜威"经验"概念的一种具体化和推进。在杜威看来,传统哲学把本来作为整体的世界人为地划分为物质与精神、主体与客体等两相对立的两个世界,又试图通过诸种路径来连接相对立的主、客关系,实现一种所谓的对立统一。杜威认为哲学应该超越这种人为的二分,

---

① 学界对于 embodied 和 embodiment 的翻译并不统一,在认知科学、社会学诸领域中 embodied 经常被翻译为"具身""缘身""寓身"和"涉身"等,相应的名词形式 embodiment 翻译为"具身化""缘身化""寓身化""涉身化";对于这个词的翻译都具有较强的针对性和侧重点,自然也有各自的利弊,很难找到一个令人满意的汉语词语统一于各学科之中。因此,最为重要的是要阐明和限定该词在某一学科领域中的具体含义。在身体美学中,embodied 和 embodiment 的主要内涵指的是:既包括人类的认知是以身体为基础的,肯定身体在认知活动中所起的积极作用;也包括身心关系的融合一体即在认知活动中身心交织为一体;更重要的是它蕴含着实践的维度,即它是活生生的身体与世界接触、互动的结果。鉴于身体美学对身体作用的重视,因此用"身体化"来指示这一概念的基本意义,相对于"肉体化"所带有的肤浅、贬义之色彩,它具有更加积极和深刻的意义。当其作为形容词时,可将 embodied 翻译为"身体化的"。

② Richard Shusterman, *Thinking through the Body: Essays in Somaesthetics*, New York: Cambridge University Press, 2012, p. 4.

回到先前整一的世界之中。他认为人作为一种"活的生物"（live creature）与世界是融为一体的，人无法从世界中分离出来，世界并非人的对立面而是人的环境，活的生物与环境之间呈现为一种共生、交融状态。而经验正是在人与世界的接触、互动之中出现的，它既有主动的一面也有被动的一面，但既不是纯粹主观的也不是纯粹客观的，它是在这一过程之中自然而然伴随出现的。舒斯特曼把杜威的经验自然主义做了进一步的具体化和推进，他把"身体"概念推到了美学的中心位置，类似于杜威哲学中的"活的生物"，而"身体意识"则是对杜威"经验"概念的一种具体化。身体美学赋予了身体一种敏锐性、动态性的感知能力，其与世界之间的关系不是对立的二分而是处于一种相互作用的交融过程之中，审美经验正是在这一基础之上所产生的那种更为统一、强化的经验。活生生的身体不仅是身体美学的基石，还是审美经验的基础性维度，它显示出了身体感知在审美经验中的基础性作用。

在西方哲学领域中，梅洛·庞蒂对身体在所有人类经验、生存意义中的首要性进行了系统而严谨的论证，他认为身体不仅是所有知觉和行动的根本来源，而且也是我们表现能力的核心。受到梅洛·庞蒂身体感知现象学的影响，舒斯特曼尤其强调身体以及身体感知在审美经验中的基础性作用，但他反对庞蒂将身体看作一种"沉默的意识"或"沉默的背景"，因而给予身体意识或身体反思以更多的关注，他不仅要在理论上把身体恢复为哲学的核心概念，而且要使活生生的身体得以更加实用地、富有疗效地恢复，从而使之成为哲学生活的一部分。由此，他提出将身体美学作为一个美学分支学科的构想，"在对身体在审美经验中的关键和复杂作用的讨论中，我预先提议一个以身体为中心的学科概念，我称之为'身体美学'"[1]，而身体美学具体指的是"对一个人的身体——作为感觉审美欣赏及创造性的自我塑造场所——经验和作用的批判的、改善的研究"[2]，也就是说，居于我们审美感受和愉快的核心的是活生生的、

---

[1] ［美］理查德·舒斯特曼：《实用主义美学》，彭锋译，商务印书馆2002年版，第348页。

[2] Richard Shusterman, "Somaesthetics: A Disciplinary Proposal", *The Journal of Aesthetics and Art Criticism*, Vol. 57, June, 1999, p. 302.

富有敏感性的身体，它是作为审美经验和艺术塑造的基本场所而存在的。因而，身体在美学以及审美经验中扮演着重要的角色。

（三）审美经验的"感性"回归

身体美学有着更为深厚的理论渊源和哲学基础。舒斯特曼认为身体美学的诉求其实早已隐含在了美学自身的传统之中，但身体由于自身的缺陷而遭到了美学的严重忽视。最初，亚历山大·鲍姆嘉通将美学定义为"感性认识的完善"并将其作为逻辑的补充，从而建构出一种全面的知识理论。尽管鲍姆嘉通追随"莱布尼茨主义"并将其看作一种"低级能力"，但他的目的并非如其老师沃尔夫那样批判它的低级性；相反，他在《美学》中给予了感性认识在认识论中所应有的价值和意义，指出了其中所存在的丰富潜能和广泛的效用。由此可见，"鲍姆嘉通最初的美学方案比我们今天认作美学的东西，具有远为广大的范围和远为重要的实践意义，它涉及在生活艺术中的哲学自我完善的总体方案"①。然而，现代美学的发展却逐渐背离了它的初衷，美学越来越趋向于理性化、思辨化而感性则往往被视为表面性的甚至是肤浅的，审美经验由此也就被看作不同于感官愉悦的一种独特的审美体验即无涉利害关系的、距离的和沉思性的，以感官感知为代表的身体体验还未得以出场便被排除在审美领域之外。当美学被等同于"艺术哲学"时，美学的感性维度也就被彻底抽空了，这尤其表现在分析美学理论之中。分析美学讨论的不再是感性而是词语的用法以及语义的澄清，审美经验则因其自身的含混和多义性尤其是不能为艺术提供一个"非价值评判"的定义而被弃之不用。如果美学仅仅被看作是关于艺术及艺术批评的元哲学，那么它对于体验、理解具体的艺术品又有何益处呢？恐怕对感性特质的忽视或无视最终会导致艺术理解与审美经验上的一种贫乏。

既然美学被界定为感性认识的科学且旨在完善感性认识，那么美学的最终任务则在于感性的恢复与提升。正是在这一理念的促使之下，舒斯特曼认为身体作为影响感觉的基础性因素——感性认识在很大程度上依赖于身体怎样感觉和运行，依赖于身体的所欲、所受和所为——理应

---

① ［美］理查德·舒斯特曼：《实用主义美学》，彭锋译，商务印书馆2002年版，第349页。

受到极大关注。然而，在具体论述和实际操作中鲍姆嘉通并没有将身体的研究和完善包含在他的美学项目中，甚至还明确地抨击了肉体所具有的邪恶性，"当我们认识到鲍姆嘉通在本质上将身体等同于感觉的低级官能，而刚好是这些官能的认识构成美学的真正对象的时候，这种否定美学的身体训练和理论就显得更为令人震惊了"①。其实，鲍姆嘉通用罪孽深重的"肉体"（flesh）来指称"身体"就足以看出其对身体的厌恶和否定，这显示了他将身体排斥在"感性学"之外的宗教动机，这种明确地将身体从心灵认知中排挤出去的哲学，在很大程度上是受那种将身体贬低为非实质性的且只用来保存和展示灵魂的宗教学说的影响。除此之外，其中还包含着更为深刻的哲学原因。虽然意识到了感性认识的基础性作用和意义，但鲍姆嘉通自始至终并未逃离出理性主义传统的束缚，"从笛卡儿通过莱布尼茨至沃尔夫继承下来的理性主义传统中，身体仅仅被视为一种机器。因此，它从来不能真正成为感觉能力或感性认识的场所，更不用说知识了"②。正是基于宗教、哲学上对身体的偏见，美学的研究范围才逐渐从感性认识的广大领域缩减甚至等同于美或美的艺术等狭窄的范围。不管美学出于何种动机、原因而否定身体感知或身体经验，它们再也不能确保其继续忽略或无视身体的正当性存在，因为身体在当下社会生活中受到了史无前例的关注。与此相应，美学也应当复兴并践行鲍姆嘉通将美学作为超越美和美的艺术问题之上的观念，使其既富有理论维度也包含实践的维度，从而真正达到感性认识的完善之目的。正是基于此种诉求，舒斯特曼"提议建立一个扩大的、身体中心的领域，即身体美学，它能对许多至关重要的哲学关怀做出重要的贡献，因而使哲学能够更成功地恢复它最初作为一种生活艺术的角色"③。此外，身体美学除了追求鲍姆嘉通为美学设计的广阔的实践图景之外，还借助包含在美学的最初方案中却又被不幸遗漏的中心特征——身体的培养——走得更远。身体美学不仅关注身体的外在形式，更加注重那活生生的身体经

---

① ［美］理查德·舒斯特曼：《实用主义美学》，彭锋译，商务印书馆2002年版，第352页。
② 同上书，第353页。
③ 同上。

验。他通过培养对身体运行的高度关注和掌握，从而改善我们对身体状态和感受的意识，同时也使我们从那些损害感觉性能的习惯中解放出来。这种身体美学并不是否定我们的身体感知，相反，是由对它们的完善而增进对世界的认识。

身体美学是对美学初衷的再次强调与回归，它旨在完善与提升人们的感性经验以及审美体验，以身体经验为代表的感性经验则是其关注的重点之所在。身体经验作为一种直接的、非推论性的经验具有基础性的作用，它是审美经验中所不可或缺的因素，尽管它具有诸多的缺陷和不足。现代美学越来越把感性的认知自动地缩减到了艺术甚至是美的艺术领域之中，从而使审美经验等同为艺术经验，审美经验与一般性的生活经验之间不只是分离，甚至是相互对立。固然二者是应该得到区分的，但这种区分逐渐演变成了一种二元对立关系，审美经验是对生活经验的强化、提升，割断两者之间的连续性会限制美学自身的发展。现代美学的基本范畴和基本内涵在康德的美学思想中得以确立，"无利害""距离"和"静观"成为审美经验概念的内核，这一内涵在此后的美学和艺术领域中占据着统治性的地位。不可否认，以"无利害""距离"和"静观"为内核的现代审美经验观在现代美学和现代艺术的发展中发挥了重要的作用，但这种区分性的审美观却在强调区分的过程中逐渐发展为一种严格的、彻底的"二分性"。因而，这种过于凸显的"区分性"一方面，造成了审美经验与日常经验、身体经验等非审美经验之间的长期隔离甚至是对立，审美经验与非审美经验之间被人为地设置出一条隔离性的沟壑；另一方面，现代审美观的合法性地位不仅是不容置疑的，而且还占据着垄断性的地位，因而它具有极强的排他性。然而，这种一成不变的、狭隘地等同于美的艺术的纯粹自律的审美观越来越受到当代美学的质疑和挑战，舒斯特曼所建立的身体美学打破了这种审美观在审美合法性上的垄断性地位，同时也批判了现代审美观的排他性和二分性。在杜威的"经验"概念的基础之上，舒斯特曼对审美经验这一概念做了进一步的推进：他认为审美经验概念不仅与非审美经验具有天然的连续性，其本身还富有丰富性、多元性，生活体验、身体感知等经验形式并不必然阻碍或破坏审美活动，因而没有必要将这二者对立起来。事实上，我们很难在审美活动中将日常经验、身体感知完全剔除出去，而且在某些情况下日常体验、身体感知还能加深审美体验，如上文中引用维特根斯坦所举的那个例子。因而，有必要将身体感知与身体经验纳入审美活动之中。不可否认，审美经验的现代内涵曾在现代美学中发挥了重要的作用和意义，这与其时代背景、现实条件有很大关系。如果从美学自身的发展来看，审美经验的作用就不仅仅在于它区分以及去定义艺术，它更为根本的作用则是恢复、提升我们的感性能力，恢复我们曾在艺术中所寻求的那种生动、感人、共享经验的能力和倾向。也就是说，审美经验具有一种指导性的意义，他作为一种提升的、有意义的、有价值的现象学经验提醒我们在生活、艺术中什么是值得追求的东西。

在当前社会中，新媒介在很大程度上重塑了我们的环境、社会、生活和行为甚至是世界本身，主体受时间和空间的限制越来越小。新媒介将我们从肉体到场的需要中解除得越多，我们的身体体验也就显得越发重要了。在身体美学思想中，身体感知、身体经验、身体意识成为审美活动中的新元素，身体在审美活动中表现出的"参与性"与"介入性"冲击了静观的、无功利的审美观，从而使现代审美观呈现出更为多元、丰富的形态，也使其呈现出前所未有的包容性。身体美学在审美观上的这种诉求并不是有意模糊审美经验与一般经验之间的界限，更不是否定审美经验的价值和意义，而是为了强调两者之间的联系性和连续性。尽管审美经验和一般经验是应该区分开的，但这种区分性并不必然意味着二元对立，一般经验在更多的时候会加强对审美经验的体验。现代审美观更多的是在强调其自身的纯洁性、自律性，这种内在的诉求具有一种强烈的排他性，因而不利于审美经验的扩展和丰富，久而久之还会造成审美上的单一和贫乏。而身体美学则打破了这种静观的现代审美观，它用身体的感知、参与等多样性的形态充盈并加强了美感体验，扩充了现代审美观的基本内涵。同时，这种审美观的改变也将会塑造出一种多元化的审美形态和审美观念，进而推动当代美学的多元发展。

本章小结

走出分析美学成为当代美学的主要诉求之一，但这并不意味着要抛弃分析美学思想。其实，分析美学之于美学不仅仅是一个美学流派或一种美学思潮,更是一种基础性的研究方法。许多当代美学家都是在分析哲学或分析美学的滋养之下开始其学术生涯的,分析的方法早已内含于美学家的思想之中并成为美学研究的主流趋势。确切地说,走出分析美学是当代美学家在对分析美学进行反思的基础上的进一步发展、完善与变革,尽管他们早已摆脱了作为一个美学流派的分析美学之限制,但当代美学的诸种发展倾向无一不是在分析美学的启示(或批判或完善)之下得以发展出来的。在当代美学思潮之中,自然美学、环境美学和生活美学以及身体美学的出现与发展与分析美学有着密切的联系,甚至可以说这些发展倾向深深地植根于分析美学思想之中。分析美学所倚赖的独特性越突出,其中所暗含的偏颇也就越为明显。也就是说,恰恰是分析美学所彰显的独特性成为其理论中的软肋,因为对某一方面的过于强调必然伴随着对其他方面的有意或无意的漠视与贬低。

分析美学最为突出的特点在于它的研究方法——语言分析方法。分析美学致力于清除美学理论中的概念混淆和误用,即便其最终达到了这一澄清之目的,然而它对具体的审美活动、审美现象的体验又有多大的帮助呢?如果美学只是意味着语言上的"求真"而将"感性"特征和"经验"维度被排除在外,那么美学的独特性又是什么呢?当代分析美学家纷纷反思语言分析方法给美学带来的利与弊,并试图借用实用主义哲学思想对分析美学进行改造。从最初的"实用主义"复兴到当代美学中的"审美经验"之复兴再到"身体美学"的全球风靡,当代美学越来越重视美学的"感性"和"经验"之维度。从研究内容上来看,由于分析美学专注于艺术领域,其往往被等同于艺术哲学,艺术问题在美学中的垄断性地位完全排斥了其他美学问题,尤其是自然领域被彻底漠视或遗忘。在当代分析美学家的自身反思之中自然、自然美问题逐渐得到关注:从罗纳德·赫伯恩对分析美学最初的反思,到阿伦·卡尔松所高扬的"自然全美"之思想,再到自然美学、环境美学的蓬勃发展,以"艺术"为中心的分析美学传统被当代美学的多元发展倾向所超越。此外,分析美学在重视艺术问题并将艺术等同于美学的同时,进一步强化了艺术与生活之间的不同,尤其是后现代艺术中存在的"现成物"和"装置艺术"等现象迫使美学家从艺术制度、艺术史、解释等方面来将其与一般日常生活行为区分开来,美学对"区分性"地强调彻底掩盖了其与日常生活之间的密切联系。当代美学则试图打破分析美学中所残存的"区分"倾向和"二元对立"模式,纷纷转向日常生活领域并以此来重构美学思想。从最初对日常生活领域中存在的"审美泛化"现象的批判,到为日常生活中的审美问题的辩护策略,再到"日常美学"或"生活美学"在新世纪美学中的蔚然兴起,美学与日常生活之间的联系得到了再次恢复和进一步发展。

当代美学中的多元发展倾向为重新审视审美经验概念提供了新的契机,同时推动了审美经验在当代美学中的复兴和变革。受到实用主义哲学和美学思想的影响,当代美学恢复了对美学的"经验"维度的关注,从而使得审美经验概念在美学中得到了再次重视,舒斯特曼所倡导的"身体美学"强调了感知经验尤其是身体经验之于美学的重要性;生活美学在继承杜威美学思想对审美经验"连续性"的强调之同时,还探讨了日常生活领域所具有的审美属性及其产生的审美经验,并进一步指出了审美经验中所可能具有的"功能性"和"行动指向性";当代美学对"自然"和"自然美"问题的关注逐渐发展为美学的一个新分支即"自然美学",此后自然问题逐渐被扩展到了环境问题之中,"自然"与"自然美"也被纳入了更为新近的"环境美学"之中,"我们的鉴赏活动超出了质朴的大自然领域,从而进入到更为世俗的环境之中"[①]。在环境美学中,审美经验的"参与性"或"介入性"得到了前所未有的明确强调,从而打破了一直以来占统治性地位的审美经验之内涵即"静观""距离"和"无功利"。

---

① Allen Carlson, *Aesthetics and the Environment: The Appreciation of Nature, Art and Architecture*, London and New York: Routledge, 2000, p. 73.

结　语

"介入"之维的遮蔽与凸显

　　随着美学发展到当代，其所面临的挑战也逐渐增多，现代美学体系中所隐藏的人为规定性、固有偏见以及所导致的束缚性也逐渐地暴露出来。无论是美学的研究范围、研究对象，还是美学自身的概念如审美、审美经验以及审美价值等都在发生着明显的变迁，现代美学所追逐的审美的本质、二分性、自律性以及界限的明晰性都受到极大的怀疑，人们也逐渐从对现代美学的盲目信仰中走出。经过两个多世纪的思想沉淀，加之当代艺术的巨大冲击，人们更加意识到现代美学本身所固有的时代局限性和思想上的保守性并对此进行深入的反思。

　　当我们将美学放置在更为广阔的社会背景中进行考察时，就会发现美学的自律性、规定性在很大程度上是对艺术特性的复制，而归根结底还是贵族阶级出于自身的需要而人为设定的。从理论方法上来看，现代美学其实是建立在科学世界观的基础之上的，主体与对象之间是认识与被认识的关系且二者是分离的，但由于主体具有理性等认识能力。因而，主体能够获得关于客观对象的永恒知识。正是基于这一认识论的基本框架，现代美学才将主体与对象相分离并鼓吹静观的或沉思的理性，从而悬置感官、身体等感性因素和实用目的以及功利性的实践活动，由此也就形成了现代美学的基本观点和体系。然而，现代美学的基本模式具有一种难以消除的两面性：美学在赋予美学、艺术独特的身份以及独立的文化地位的同时，还迫使美学、艺术远离了其与社会文化母体之间的联系。与此同时，美学的理性化诉求也促使其逐渐远离了感知领域，从而失去了与经验基础之间的联系。最早对现代美学的规定与束缚发起挑战的是艺术家们的艺术创作活动以及相应的艺术作品，艺术领域中的这股反抗潮流萌芽于 19 世纪末的现代主义艺术，后经后现代主义艺术的蓬勃发展而引起了广泛的关注和深远的影响，并且一直延续到当代艺术之中，如今与"距离""静观"与"无功利"等现代审美特征相对立的"连续性""介入"与"功利性"等因素在当代艺术中得到了普遍的承认。与此同时，美学理论的发展却远远滞后于艺术的发展，它在很大程度上还是停留在现代美学的假设和教条之中，当代美学思潮的多元化发展如身体美学、环境美学、生态美学以及生活美学等正是对社会发展的新要求以及当代艺术的挑战而做出的积极回应。因而，美学理论更应该从当前的美学现象和艺术发展出发，从而建立一套适宜的审美理论而非由历史、社会和教条主义来决定的美学理论。

一　当代艺术的"介入"之维

尽管把美学看作艺术哲学已成为一段历史，它的褊狭之见也招致了诸多质疑与批判，但这并不能阻止我们从艺术出发来考虑美学问题，毕竟艺术还是美学的主要研究对象和领域之一，而且艺术在某种程度上还最为突出地展现了美学的诸多特性，甚至还在一定程度上代表了美学的基本走向。因而，通过对当代艺术的发展与变化的考察可以为当代美学理论的发展提供一个有益的视角或一种理论上的可能性。

当代艺术随着科技的发展尤其是网络媒介的普及性应用而呈现出更为多元化的发展态势，现代美学的基本原则早已被当代艺术抛之脑后。近年来，"数字艺术"和"VR（虚拟现实）艺术"的出现和盛行在很大程度上打破了现代美学所极力推崇的距离的、静观的艺术形式，艺术的"介入性"得到了前所未有的呈现与凸显。当代艺术的这一特性和发展倾向主要体现在艺术创作、艺术欣赏方面以及艺术与社会生活之间的关系上。

首先，从艺术创作过程和艺术作品的形成来看，当代艺术的创作体现出一种"未完成性"。当前社会、文化以及科技的发展促使我们不断地超越独特与分离的艺术对象，进入艺术家与欣赏者共同创造的情境之中。因而，当代艺术更加注重调动读者或欣赏者在艺术活动中的参与性。艺术创作的未完成性主要表现在艺术作品的生成需要有读者或欣赏者的参与才能完成，这尤其表现在"应用戏剧""数字艺术"之中。比如在应用戏剧中，作为观看者的观众成为剧中的关键因素，他们不再是被动的接受者而是剧中的行动者，他们在相关情境的引导下自由地、能动地推动剧情的进展，并在剧中发出自己的声音、意见而不是依照角色的规定去表演或图解。因而，应用戏剧中的观众往往被称为"观—演者"（spect-actor），剧本的创作和意义的建构过程也在表演中合而为一。再如，在数字艺术之中，观看者的参与成为艺术作品得以呈现的必然条件，数字艺术会随着观看者的参与性体验而呈现出不同的样式或形态。

其次，从艺术欣赏活动来看，当代艺术更加注重欣赏者的积极参与以及他们的切身感受、感性体验。一般来说，对艺术内在价值的"无利害"关注也许会显得十分合适，因为在人类经验的范围内，我们很难在其他方面仅仅因为自身的缘故而专注地思量一个对象或完全凭其内在性质而欣赏一个对象。然而，当这一典型的艺术欣赏模式最终发展为一种唯一性或垄断性时，它就必然会对艺术欣赏以及艺术自身的发展产生不利的影响与束缚。与现代美学鼓吹的距离的、静观的欣赏不同，当代艺术则更需要观众直接性的、近距离的切身体验。其实，在最为普通的艺术欣赏活动中也需要欣赏者的各种"介入"，比如在欣赏雕塑时，往往要求观者围绕着雕塑以便从不同的角度进行观察或要求观者进行触摸感受等，观看者的这些身体行动其实就是一种介入行为，现代美学往往为了突出或强调"静观""距离"在欣赏活动中的重要性而完全无视这些因素。现代派小说体现了较为强烈的介入性，它需要读者的参与、合作，因为原本由叙述者提供的一连串事件所组成的清晰有序的线索不再存在，读者必须把小说中那些不连贯的情境、事件组织起来。当代艺术的发展更加注重观众的参与性体验，因而在欣赏活动中必然表现出一种新的取向——对"在场经验"的诉求。近十多年来，艺术的发展逐渐突破了有距离的视觉观察的局限，更加趋向于多感官感知的并重以及对诸种艺术要素的"在场"体验。比如在2011年的第54届威尼斯国际艺术双年展上，中国馆以"弥漫"为主题，通过视觉、味觉、听觉、嗅觉和触觉的综合创造了一种多感官的审美知觉和审美感受，同时它也强调了审美主体的在场体验的重要性。

最后，从艺术的社会功用来看，现代艺术因其自身的距离性、无利害关系而具有批判性和救赎作用。然而，在当前社会中，艺术不仅仅存在于固定的、独特的聚集场所如博物馆、艺术馆,也不只是那种具有离散形式且供以膜拜的对象,艺术已经走进了城市、公园、街头巷尾和商品活动以及人们的日常生活之中。以"应用戏剧"为例:应用戏剧不同于传统意义上的戏剧,它体现出较强的参与性和实践品质,并致力于通过吸引观—演者的参与以及相互之间的互动来实现既定的目的——相关现实问题的探讨和解决。作为艺术形式的应用戏剧直接介入具体的现实生活,并通过某一开放性的情境的设置来吸引观众的积极参与和互动交流,在这一过程中观众不再是剧场环境下的欣赏者,而是具有互动性和体验性的观—演者;与此同时,在这一情境的激发之下生发或建构出诸种具体的现实意义和功效,从而真正实现了戏剧在现实社会中的价值和意义。因而,应用戏剧所发生的社会功用并不停留在剧本之内或剧场之上,它打破了舞台的距离、隔离等方面的限制,戏剧从高雅的剧场和舞台走进了现实生活中的具体环境,比如学校、社区、监狱等。应用戏剧的这种现实介入性在产生积极的社会效用的同时,还体现了其与社会、政治、日常生活等领域之间的密切联系,这种介入和联系体现出艺术与社会生活之间的一种天然的连续性。它不同于那些标榜自律性和纯粹性的艺术,也不同于那些以批判和救赎社会生活为目的而与生活相隔离的艺术,它恢复了戏剧与社会生活之间的连续性,重新开启了戏剧在社会生活中的直接的现实功能。

从艺术自身来看,把艺术与美相等同的观点似乎就是在承认艺术的根本特性在于美或审美,"美"才是艺术的常态。因而,无功利的、审美愉悦性不仅是美学的特质,更重要的是,它成为艺术的最为突出的特征。处于美所统辖之下的艺术逐渐演变为自律的艺术,它的自律性和审美性来源于同日常生活和现实社会的疏离,甚至是隔绝。艺术在艺术哲学的统治之下成为一种自律的、形式化的和区分性的艺术,艺术成为美的诠释者和实践者。不可否认,现代艺术的批判性在资本主义社会中所发挥的积极作用以及它对现代日常生活的救赎功用,这种自律性的现代艺术在当时具有其存在的必然性和合理性,但这并不意味着今天的艺术仍然必须停留在那种观念之中;况且自律性的艺术具有极强的排斥性,它完全垄断了审美的合法性领域。然而,当代艺术的"介入性"打破了现代美学所推崇的"距离""静观"与"无利害"等要素在艺术领域中的排他性统治,它对现代美学和艺术的冲击主要体现在两个方面:审美的无利害性与自律的、纯粹的艺术观念。总而言之,当代艺术所体现出来的介入性具有一种崭新的美学价值和意义,它是对现代美学所确立的无功利性的审美静观模式的反抗和冲击,它代表了一种新的美学发展方向和审美观念——"审美介入"的思想。

二 当代美学与"介入"之维的凸显

美学作为时代思想的产物必然深深地打上了社会的烙印,社会生产的变革尤其是以网络为代表的媒介革命促使审美对象、感知方式、经验内容以及人们对现实的理解发生了诸多新变,这些方面的变革必然会引起以感性经验为基础的美学发生变革。因而,我们需要一种新的美学理论来应对、解释当下社会中的新事物、新感知以及新经验。也就是说,当代美学的发展变革是对现代美学的更新与扩展而非表面上所显示出的背叛。

美学虽然是作为一门独立的学科而存在,却是哲学中的一个不太重要的分支。自从康德将审美置于认识论的基础之上,并建立了一套联结知识领域与道德领域的审美理论,关于美学的基本看法也就在此形成。尽管康德所建立的关于审美的基本观点、理论占据着支配性的地位,尤其是审美的"非功利性"观念——不仅是审美的关键之所在,更是现代美学所恪守的核心准则之一,但是对现代美学的批判与质疑之声就未曾停止过。

最早打破美学艺术论倾向的席勒,他由艺术转到政治,再转到教育而最终回到"生活的艺术";尼采曾激烈地批判现代美学所极力推崇的无功利性、无目的性的虚假,"美学家从未停止往康德的天平上添加砝码,他们认为美的魔力甚至能够使得人们'无功利地'观看女性裸体画像。听到此说,我们或许会为他们的用心良苦而忍俊不禁"[1];与其相似,杜威则指出了现代美学中的片面性和荒谬,他认为整个 18 世纪是一个"理性"而非"激情"的世纪,因为客观的秩序与规则即那种不变的因素成

---

[1] Friedrich Nietzsche, *On the Genealogy of Morality*, New York: Cambridge University Press, 1997, p. 74.

为审美满足的仅有源泉，由此也就形成了静观的审美判断以及与其相联系的情感乃是审美经验所独具的特征。"如果我们将这种思想普遍化，将之扩展到艺术努力的所有时期，其荒谬性就很明显了。它不仅忽略了与艺术生产有关的做与造的过程（以及相应的在欣赏反映中的积极因素），仿佛它们与此无关，而且陷入一种极端片面的关于知觉性质的思想之中。它暗示出将知觉理解为仅仅属于认识活动，而只是对后者有所增益，将认识延长与扩展时所伴随的快感包括进去。"① 其实，专注的观察在包括审美在内的所有真正的知觉中，无疑是一个本质的因素，但是这个因素却在康德美学中被化约为仅属于静观行为。如果将审美知觉中的情感因素仅仅定义为在静观行为中的愉悦，并且这种愉悦独立于静观的质料所激发的东西，那么就会导致一种十分贫乏的艺术概念。但是，这些相反的倾向并不真正想改变美学学科的格局，在某种程度上，它们甚至同意艺术构成了美学的核心这一现代美学的基本假定。受到这些批判性思想的影响，20世纪末的美学家对现代美学的"非功利性"与"无目的性"观念做了较为彻底的批判，改变了美学中的这一现状。

特里·伊格尔顿在《审美意识形态》一书中明确地指出了美学在现代欧洲思想中的重要性，他把审美置于"中产阶级争夺政治领导权的斗争中的中心问题。美学著作的现代观念的建构与现代阶级社会的主流意识形态的各种形式的建构，与适合于那种社会秩序的人类主体性的新形式都是密不可分的"②。在他看来，美学话语在18世纪的诞生并不是对政治权威的挑战，却可以被看作专制主义内在的意识形态的困境的预兆，为了自身的目的这种统治需要考虑"感性的"生活，因为不理解这一点，任何统治都不可能是安稳的。"鲍姆加登的美学试图达到的正是这种巧妙的平衡。如果说他的《美学》以改革的姿态开拓了整个感觉领域，它所开拓的实际上是理性的殖民化。"③ 尽管美学本身存在着自治的倾向和要求，但审美仍然是文化和政治演变的窗口。因为审美的自治在伊格尔顿

---

① [美] 杜威：《艺术即经验》，高建平译，商务印书馆2013年版，第294页。
② [英] 特里·伊格尔顿：《审美意识形态》，王杰、傅德根、麦永雄译，广西师范大学出版社2001年版，第3页。
③ 同上。

看来其中隐含着资产阶级的自治要求,体现了资产阶级个人主义的巨大政治野心。"审美为中产阶级提供了其政治理想的通用模式,例证了自律和自我决定的新形式,改善了法律和欲望、道德和知识之间的关系,重建了个体和总体之间的联系,在风俗、情感和同情的基础上调整了各种社会关系。另一方面,审美预示了马克思·霍克海默所称的'内化的压抑',把社会统治更深地置于被征服者的肉体中,并因此作为一种最有效的政治领导权模式而发挥作用。"① 也就是说,所谓的审美自治其实是一个虚假的口号,其背后隐藏着更大的政治性目的,这正是伊格尔顿在美学的背后所发现的秘密,也是其对康德美学尤其是"非功利性"观点的一种反叛。

与伊格尔顿将美学与政治、历史相联结起来不同,沃尔夫冈·韦尔施将美学置于更大的文化背景之中,并将其看作一种强大的文化影响力。在韦尔施看来,审美化过程不但覆盖到世界的浅表层面,"同样到达了更深的层次,它影响到现实本身的基础结构,诸如紧随新材料技术的物质现实、作为传媒传递结果的社会现实,以及作为由自我设计导致的道德规范解体的结果的主体现实"②;美学也不仅仅关涉艺术而是延伸到更为广泛的人类社会、经济、文化之中,它渗透到社会生活的方方面面,"它从个人风格、都市规划和经济一直延伸到理论。现实中,越来越多的要素正在披上美学的外衣,现实作为一个整体,也愈益被我们视为一种美学的建构"③;更重要的是,审美不仅弥漫在整个社会生活之中,还存在于认识论、伦理学之中,"我们只是和现实范畴的审美化,包括被现代性指导权威、被科学颁布的真理范畴"④。也就是说,审美与现实、意义以及真理相互交织在一起。因而,他最终倡导一种"超越美学的美学",其意在超越艺术论,超越这一限于艺术的美学理解。他对美学的建构主要表现在以下几个方面:首先将审美感知延伸至所有感性之中;其次将艺

---

① [英]特里·伊格尔顿:《审美意识形态》,王杰、傅德根、麦永雄译,广西师范大学出版社2001年版,第17页。
② [德]沃尔夫冈·韦尔施:《重构美学》,陆扬、张岩冰译,上海译文出版社2006年版,第11页。
③ 同上书,第3—4页。
④ 同上书,第27页。

术的范围不断地延展，使其包括更多的内容，尤其是其自身的文化氛围；最后，美学要超越传统的研究视域，从艺术、美学等学科走向现实生活与社会问题。由此可见，现代美学核心概念"非功利性"以及其所产生的规定性、束缚性在当代美学中受到了极大的挑战，美学的"介入性"在伊格尔顿和韦尔施的美学论述中得以明确地呈现：美学不仅涉及对现实政治的批判，还包括对当代文化的批判。但是，他们的相关论述在总体上还是显得过于宽泛，伊格尔顿把美学限定在了政治历史语境之中，而韦尔施则把美学看作一种强大的文化影响力，他们都没有集中到审美本身。其实，对此还须做出进一步的讨论，不是从政治或文化的角度而是从审美自身的角度来探讨。因为美学既具有艺术基础，也具有哲学基础，但首要的则是经验基础。

三　审美经验的"介入"之维

（一）"非功利性"的设定

现代美学理论源于18世纪的艺术理论和美学观点，并在其基础之上发展成为一套"为审美确定了一种独特的经验模式"的理论，由此审美经验得到了特别的重视，并获得了独特的身份。审美经验的独特性自然要求一种独特的注意或态度即"非功利性"的注意，而这一态度最终被看作仅属于审美领域。非功利性本来是用来描述一种独特的注意方式，这种注意作为一种独特的感知能力只是为了更好地去欣赏艺术、服务于艺术的，现在却反转过来成为审美、艺术的规定性条件：无论什么东西，只要无法满足这一点就会被拒之于艺术与审美之外。由此，非功利性成为审美的关键所在，同时也成为审美经验的基本内涵。

然而，审美经验的这种独特性并不意味着必然的孤立性以及存在论意义上的区分性，把审美经验看作是对具有独特属性的对象所做的非功利性静观，这种理论远离了经验的事实。从美学自身来看，美学的非功利性设置其实是为了确保审美的自律性与独立自足性；从更深层面来看，美学的非功利性对应于艺术的自律性，它是艺术出于自身的批判性需要而有意设定出来的，正是非功利性给艺术对象划定了明确的界限并使艺术远离了我们的日常生活，还使艺术与人类世界的其余部分分离开来，艺术最终通过无利害、静观的欣赏模式而得以从社会生活中解脱出来；

从根本上来看，现代审美理论的非功利性设置有着更为深远的哲学基础，它在很大程度上源于那种以本体论和认识论为基本框架的西方哲学传统：它不仅把事物进行对象化处理，还鼓吹静观的、沉思性的理性，在贬低感性的同时甚至悬置感官经验、身体体验等感觉能力。更为严重的是，这种哲学上的认知模式还被直接移植到了艺术欣赏或审美鉴赏活动之中，从而遮蔽了直接经验、感官经验以及身体体验在审美中的基础性作用。毋庸置疑，审美非功利性在艺术、审美领域中曾起过巨大的作用和意义，但如今这一规定性已经失去了其所产生的时代背景与现实条件，或许我们只能将其看作是美学史中的一个阶段，当代社会的变革尤其是当代艺术的发展已经对其提出了挑战，对各种艺术的所独有的技巧的强烈意识已经引起了艺术家对美学理论的不满，无功利的普遍假设所基于的是一种不再存在的条件，它的抽象性掩盖了具体的艺术感受和审美体验。

值得注意的是，非功利性并不是一个孤零零的概念，静观、沉思、距离、孤立等都簇拥在它的周围，很难将这些概念分离开来，它们相互交织在一起并构成了审美经验的基本内容。然而，当代社会的发展所带来的诸多变革冲击了这些要素在审美领域中所享有的不容置疑的统治性地位，最终打破了非功利性在审美经验以及审美中的垄断性统治。

（二）"介入"之维的显现

当代社会最大的变革就是媒介信息的革命，从互联网的更新换代与普及到智能技术的飞速发展，再到数字技术、虚拟技术的广泛应用，这些巨变在带来新的事物、新的现象的同时还深深地改变着人们的审美感知能力，甚至还重塑了人们的感知体验方式。在新技术、新媒介的推动之下，人们的感知经验得到了极大关注，印刷时代所建立的视觉中心地位被新媒介时代的多感官的综合性体验所取代。信息化时代的审美体验不再局限于距离性的审美静观，我们可以置身于其中并切身感受艺术的风采与美的魅力，并且那些曾经被排除在审美之外的身体体验、接触性的感觉等非审美感觉得以凸显出来。在数字艺术中，我们可以全方位地感受到艺术的特性或捕捉到艺术的瞬间变化，甚至还能填充并呈现艺术所引起的诸多想象；在VR艺术中，我们可以产生相应的触觉、痛感等切身的体验，它还可以将现实与虚拟相融合，从而为我们提供一个较为完整、真实的审美世界。因而，技术革新带来的不仅仅是艺术创作、艺术形式以及艺术风格上的变化，它还重新塑造了我们欣赏艺术的方式进而丰富了我们的审美体验。与此同时，它也在悄悄地改变着审美经验所赖以存在的基本内涵。

1. 沉思与静观

"静观的"与"沉思的"是对艺术所采用的态度的普遍性描述，哈奇生最早将静观与美相联系，之后康德在论述鉴赏判断时再次强调了这一点，静观的欣赏在后来的美学家那里演变为具有特殊内涵的审美态度即"对仅仅因其自身缘故而意识到的任何对象的非功利性注意和静观"[①]，由此静观也就成为审美欣赏的基本特征。当然，我们不能否认静观在艺术欣赏中的作用和价值，"并且我们确实会安静、专注地观察某个艺术对象，但这一欣赏模式并没有表现出通常与哲学反思的认知模式联系在一起的非人格性和客观性。事实上，哲学上的这种认知模式几乎与审美经验无关"[②]。也就是说，静观作为欣赏活动中的观察或注意方式是普遍存在的，但由于审美静观过于强调态度的专注而逐渐发展为一种分离、隔绝式的注意——其意在切断与审美之外的所有东西的联系而非注意行为本身。事实上，静观是现代美学中的一个假设，它根本不是艺术欣赏或审美体验活动的结果，而是理性主义传统的产物。

静观源于理性主义的经验传统，亚里士多德曾将积极的理性称为静观，在非参与性的理性中实现知识的发展与人的完善成为哲学的传统。美学受理性主义传统的影响，假定一个人可以无视艺术家和欣赏者实际的所作所为而侈谈艺术，从而静观也就被看作审美欣赏的基本条件。如果我们能够从自己的感受体验出发而不是从哲学传统出发的话，静观就比我们所能够意识到的其他审美特征更加缺乏说服力。因为在具体的审美活动中，我们无法排除与外在事物、环境之间的联系，当我们欣赏雕塑、建筑物时我们可能会采取不同的姿势、距离或借助于某些设备对其进行欣赏，因而，沉思性的审美静观并不具有普遍的规定性，在当代艺术和审美中这一点表现得尤为突出。欣赏者的积极参与、互动成为当下

[①] Jerome Stolnitz, *Aesthetics and Philosophy of Art Criticism*, Boston: Houghton Mifflin, 1960, p. 35.

[②] John Dewey, *Reconstruction in Philosophy*, Boston: Beacon, 1957, p. 110.

艺术活动的重要环节，比如数字艺术创作中的交互式体验。

总而言之，静观的设定其实是美学对理性主义传统的因袭，是把审美中存在的语境性的东西完全剔除的必然结果。当代艺术创作则彻底打破了美学的这种规定性的预设，将参与、互动等要素拉回到了审美活动之中。然而，审美静观的不合时宜并不意味着可以将其抛弃，因为其中还蕴含着合理性的因素即那种接受上的直接和聚焦式的注意。

2. 距离

与静观相似，距离这一概念在美学中起到的作用也是用来确保审美活动与具体的功利性活动相分离，从而被看作审美欣赏的题中之意。爱德华·布洛最早对审美距离做了详细论述，他认为距离在美学体验中更多的是"心理距离"，即跟实际事物没有利害关系的那种感觉而非一般所说的物理距离。观赏者在心理或情感上与艺术中所呈现的对象保持一定的距离，正是这一距离消除了现实社会中存在的实用态度或利害关系，从而使得我们能够产生一种崭新的体验。其实，艺术对距离的应用是最为突出的，从画框的设计到戏剧舞台的高高在上再到博物馆的展览，这些都在为艺术提供一个自治性的空间而服务。它们在起到隔离作用并将艺术孤立起来的同时，还警示欣赏者要在欣赏过程中摆脱现实目的、利害关系的纠缠。

事实上，对于具体的审美欣赏活动来说，保持一定距离的审美感知固然重要，但这并不必然意味着要把艺术对象隔离开来或是孤立出来，也并不必然意味着要将目的、功用完全排除在外，因为它们早已渗透到对现场的感知之中。根据布洛和伯克的论述，我们确实需要保持一定的距离才可能欣赏到海浪、风暴的美或崇高，但这些现象的存在并不能否认切身体验所带来的审美愉悦；再退一步，尽管我们在距离中获得了对对象和情境的强调，获得了对内在感知的专注，但这种专注可能会联系着功利和目的，审美并不必然排斥目的。正如艺术家创作的目的是创造或提供某种经验，其目的并不外在于而是蕴含在实际的创作行为之中，因而，也就没有必要将艺术与其他行为、其他情景分离开来，更无须在外在和内在的思考之间做出选择。

现代美学对"距离"的信奉与坚守超过了其他学科。然而，当代艺术早已放弃了距离上的诉求，戏剧对距离的放弃是最为明显的。高高的舞台被拆除，演员混入观众之中甚至观众也可以成为演员，时下较为盛行的互动戏剧、应用戏剧通过具体的现实事件消解了演员与观众、艺术与现实之间的鸿沟。距离所带来的人为割裂与隔绝在审美欣赏中显得有些多余，在VR艺术中距离成为被消解的东西，头盔、手套、紧身衣等设备可以让人切身感受到相应的刺激，从而唤起强烈的审美体验。

3. 非功利性

其实，"静观"与"距离"这些因素的设定都是为"非功利性"服务的，它们并不是出自于具体的艺术活动或审美体验活动，而是源于更深的哲学诉求。其实，"非功利性"在康德美学中只不过是一个前提性条件，它的最终目的在于获得审美判断上的普遍性。对于康德来说，审美判断的无利害性自然会导向一种普遍性，这种普遍性是主体间的普遍性，而这种理性主义的诉求可能会把美学引上歧途。因而，现代美学所推崇的这些抽象性的规定就与康德关于美的定义一样，缺乏真实的审美体验内容。

除了哲学上的诉求之外，美学对非功利性的设置意在强调审美的自足与自律，使其隔绝于普通的社会生活。事实上，审美的内在价值经常与器具的使用价值共存如建筑物，其本身的使用价值和社会功能往往会增强它的审美魅力或者是成为审美的一部分，而当一座建筑物不能如人所愿地实现其所应有的社会功能时，往往会被斥责为流于华丽或庸俗不堪。其实，在艺术中一直都存在着目的、功能等因素，正是它们把艺术与社会、生活联结在一起。当我们把对审美对象的直接性的静观看作审美经验根本之所在时，作为其背景存在的诸种因素如情境、文化性、历史和回忆等都已包孕其中，构成了审美活动的前提性条件。正如在其他领域中的事物一样，直接显现的东西背后蕴含着更多的不为人所见的东西。然而，审美非功利性的规定一方面把审美经验主体化、心理化，另一方面又把审美感知的对象看作是分离的独立的。然而，审美经验中的感知者和对象并不能相互分离而存在，它们共同组成了相互依赖、相互创造的方式。无利害关系或非功利性所给予我们的并不是一种独有心理态度，也不是对功利和目的的一味排斥，而是那种直接且集中的专注，是对"感知"本身的强调。事实上，我们往往关注它的表面性条件而恰恰忽略了"感知"本身。

鉴于以上这些因素的变化与发展，尽管非功利性观念曾在历史上发挥了重要的作用，但现在它已明显地妨碍了审美理解，或许有人认为抛弃这种具有时代局限性的非功利性观念是理所当然的。实则不然，非功利性的设定虽然遗留着传统哲学的诉求，但它作为代表性的审美模式较为深刻地揭示出了审美的重要特征，展现出了审美的一种可能性。其实，我们应该抛弃的是这一审美模式对审美合法性的排他性占有，审美理论应该体现出一种包容性而不是强制的规定性。

（三）审美经验的"介入"内涵

以"静观""距离"和"非功利性"为特征的审美模式揭示出了美学的重要特征，但这种规定性的标准难免会使艺术经验、审美体验受到外在的限制。此外，非功利性的审美静观还会阻碍审美力量的发挥与实现，并误导我们对审美与艺术实际上如何发挥作用的理解。与之相反，审美介入则是从具体的审美感受出发，在审美活动最突出且强烈的时刻直接对其做出反应，它并不是去判断或规定什么是美学、艺术，而是对具体的审美现象做出恰当的描述与解释。因而，"介入"观念是审美理论中的一条解释性原则，它挑战了现代美学中的二分性、客观性和确定性诉求，追求的是连续性、语境的相关性和整体性以及本体论上平等性。总的来说，审美介入一方面表现在欣赏者的参与姿态与美学的社会功用性之上，它把审美价值看作是一种弥漫性的存在而非纯粹性的存在；另一方面，审美介入还不仅仅是一个外在因素，它更为集中、更为深刻地表现在审美经验的内涵之中，知觉、连续、参与和功能性成为审美经验的题中之意，从而彻底颠覆了现代审美经验的基本内涵在美学中的垄断性统治。

具体来说，审美经验的介入内涵主要体现为两个维度即审美主体和审美创造物本身。然而，这两个维度并不像现代美学所设定的那样将审美主体与审美客体严格地区分开来。相反，它们在审美经验的产生过程中彼此紧密地联系在一起：审美主体既包含欣赏者的欣赏活动，也包括其与审美情境的创造者之间的间接交流与互动；审美创造物则直接联系着这两者，它再不是一个被欣赏的客体而是一个有待完成过程，正是在这一过程中审美经验得以产生；更重要的是，由此产生的创造物本身往往带有一定的社会功效。由此，审美经验的介入内涵主要表现为以下紧密联系的三个方面。

首先，在审美经验中知觉经验呈现出"一体化"的倾向。尽管美学的目的在于描述和解释我们的审美感受与体验，但现代美学由于受到哲学思辨传统的影响，更倾向于将审美经验看作是意识、心灵或理智投入的结果，具体的感性经验尤其是感官经验则往往被看作是有害的东西。事实上，对于审美经验来说，并不是精神上的投入那么简单，它还包括整个人以及作为整体的环境。20世纪以来，这一传统观念遭到极大的质疑，杜威用"一个经验"这一概念阐述了经验的综合性与整体性倾向；此后，梅洛·庞蒂对知觉进行了现象学的解读，知觉被看作一个统一体，其中包含了作为知觉和行动领域的身体，却超越了直接感知到的东西而最终达到一个整体。更重要的是，身体感知在经验与认识中的基础性作用在庞蒂的论述中得以呈现。后来，杜夫海纳对知觉的重要性做了进一步的论述，他认为审美对象是通过感知者而存在的，只有通过知觉才能意识到审美对象的存在。因而，在审美欣赏中，欣赏者必须积极地深入到艺术作品之中，不是作为纯粹的旁观者而是作为投入其中的观看者。

当下社会的变革与科技的发展更加突出了这一点，在当代多媒体艺术如数字艺术、VR艺术中知觉经验得到了前所未有的关注与综合，它们有意地使艺术脱离简单的感官对应，那些基于感官上的区别而划分的艺术类型如视觉艺术、听觉艺术等遭到了质疑与批判，因为它们完全忽略了各种感官知觉之间的联合与整体性。当代艺术实践展现了审美经验中不同知觉要素之间的联合以及它们在审美中所发挥的积极作用，但知觉一体化并非诸元素之间的简单结合，而是一种新的综合体。这一知觉活动不仅包含着对各种感觉受体的自由运用基础上实实在在的结合而形成的经验统一体，还超越了直接的感觉性而将观念、意义与文化包含在内，它们并非理性的构造物而是与感觉经验密切联系在一起的。总之，审美经验并不只是主体性的或精神性的，它还需要整个主体的投入，从感官、身体到情感、心灵；审美经验不仅调动了整个范围内的感觉接收器，同时还调动了作为全部经验的一部分的身体介入。意识到审美经验中的"知觉一体化"倾向具有重要的意义：它不仅扩展了审美经验，使其范围从精神、情感延伸到多种感觉的综合以及身体活动，而且在强调高度专注的同时，还使其超越了那种独立于审美对象并与其迥然有别的心理态度或心灵状态。

其次，审美经验的介入内涵主要体现它的积极"参与性"之上。与现代美学推崇的沉思性或静观的欣赏不同，当代美学与艺术更加注重欣赏者的参与性，这种参与性既包括主体的精神、意识与情感投入，也涉及感觉、行动、身体等方面的参与。欣赏者的参与和互动在当代艺术创作和欣赏活动中得到了极大的展现，也得到了普遍性的承认和认可；与此同时，审美经验中的参与性内容也得到了前所未有的呈现，尤其是审美经验中的身体维度。身体作为感觉经验的接收器和发生场，"不仅是感知到的/其他身体中的一个，它还是所有身体的尺度，是世界全部维度的起点"[1]，它并不是完全被动的或静态的，而是拥有着自己的活力与独特个性。其实，人的身体在审美经验中的积极出场可以在舞蹈中略知一二，它代表了艺术的某种强烈形式。舒斯特曼所建立的身体美学正是揭示身体在审美中的重要作用，他将之称为"审美的身体化"，这一概念意在提醒我们应该基于身体的维度来理解审美经验。反过来，这一概念又拓展了我们对审美欣赏的理解，由此审美欣赏不能再仅仅局限于静观或使意识客观化的行为，而应包含更为广阔的知觉活动、参与行为以及实践活动。

与审美静观相比，审美参与意味一系列欣赏行为的介入，它可以更准确地抓住感知、认知因素以及审美欣赏中的身体介入，从而更好地反映出审美欣赏与审美对象在事实上的结合。也就是说，我们的审美体验并不是完全被动地接受，而是在参与和互动之中建构出具体的审美对象。一直以来，审美经验的参与性本质却被淹没在理性主义经验观——鼓吹静观的理性，悬置感觉能力、身体行为——的哲学传统之中；当代艺术的参与性和互动性提示了我们在审美活动的重要因素的存在，而这些因素却被传统美学的审美原则有意或无意地遮蔽了。

最后，审美经验的介入内涵根本地体现在美学或艺术的"功能性"之上。现代美学继承了现代哲学的二元论思维模式，我们把人与世界的区分强加给经验，从而对经验做了先入为主的判断，而不是从经验自身出发来考察它。因而，经验被归纳、理解为主体的主观反应，审美经验

---

[1] Maurice Merleau-Ponty, *The Visible and the Invisible*, trans. Alphonso Lingis, Evanston: Northwestern University Press, 1968, p. 249.

更是如此。因为审美经验的独特性正在于它对审美对象的主观反应是不涉及利害关系的,审美知觉由此也就区别于一般的感知活动;除了主体与审美知觉的分离之外,审美经验本身也遭受了二元论思维的影响,它的独特性演变为一种与一般经验之间的二分性、隔绝性,最终导致了美学、艺术与社会生活之间的分离。杜威最早批判了经验中所存在的这种人为的割裂,他揭示出经验中各种要素之间的相互作用关系,尤其是经验的"做"与"受"两个方面,"完全排除人的使用(像叔本华所说的那样)表明将'使用'局限于一个狭窄的目的,而且它依赖于忽视这样一个事实,即美的艺术总是人类与其环境的一种相互作用的经验的产物"[1];在此基础上,他还主张恢复审美经验与经验以及艺术与生活之间的连续性。其实,古代艺术中很好地保存了这种连续性的诉求,在原始社会中艺术作为一种把人与宇宙联结在一起的仪式而起作用,它的影响力既证明了也象征了对艺术的社会意义与功能的认可。

在当代社会中,美学和艺术的社会功用得到了最大限度的利用:审美渗透到社会中的每一个角落,艺术也从供人膜拜的神坛走进日常生活之中。当代美学与艺术在恢复其与社会生活之间的连续性的同时,还将审美经验拉回到感知世界之中,并将其看作人类经验整体的一部分:感知者与世界在一种复杂的相互关系中联系在一起,审美知觉也与渗透在知觉中的意义、文化、想象、记忆等相互关联,审美经验模式与人类的其他经验类型,如日常经验、宗教经验和社会经验之间,是相互联系的,而不是彼此隔绝。也就是说,审美经验的独特性并等于它的分离性,也不意味着它可以从社会生活中完全剥离出来。总之,审美经验的功能性体现了这样一种理解:美学与艺术的对象与那些通常被排除在审美领域之外的事物一样都是起源于人类的社会生活,它们并没有与其他人类活动相隔离,而是被包含在个人的和文化的整体经验之中。然而,审美经验并没有因此而丧失其作为一种经验模式的独有特征。

总而言之,随着当下社会的巨大变革、科技的突飞猛进以及当代艺术的多元化发展,新的审美现象、审美事物层出不穷,人类的感知方式也得到了极大的改变与丰富,根植于哲学传统的现代美学理论失去了昔

---

[1] [美]杜威:《艺术即经验》,高建平译,商务印书馆2013年版,第268页。

日的统治效力，我们迫切地需要一套新的美学理论，一套根植于经验本身而不是哲学传统的美学理论。审美介入理论是从具体的审美活动出发，返回到了活生生的经验事实，将现代美学的规定性与普遍性替换为描述性与多元化的解释；在阐释具体的审美过程中摆脱本质主义的影响，抛弃了那种企图通过某种单一因素、力量来规定审美的倾向，而代之以复杂性、特征间的相互联系以及语境性方面的相关解释；在论述审美经验问题时，它旨在对审美经验所包含的所有重要因素进行说明，而不是去预先判断它们的重要性或将某一要素看作独一无二的，它主张的是审美经验的连续性而非隔绝性；在论述审美价值时，它抛弃了那种似是而非的非功利性论断，将审美看作弥漫于人类世界的重要因素，在承认它的独特性价值的同时并不将其看作孤立的、分离的，在强调它的重要性的同时并没有将其看作纯粹性的。事实上，认识到美学所应有的时代背景和社会功能并不会削弱它们重要性和力量，而且把握更大范围的审美会使得我们更好地理解审美的运作方式，甚至具有更大的启发性：在某种程度上，它可以促使我们认识到审美理论并不是从哲学或理性主义派生出来或将其严格地限制在哲学学科之内，或是促使我们抛弃那种把审美看作是实用性研究的一个无关紧要的附属品的认识倾向。

　　无论是缘起于 18 世纪的审美静观论传统，还是诞生于新世纪的审美介入论观念，它们都是美学理论的重要形态之一，某一审美模式可能主导了美学历史中的一个阶段，如审美静观在现代美学中的统治性地位，但它不可能主宰整个美学历史。因而，对于现代美学传统我们不能一味地固守，而是要立足于具体的经验事实对其进行必要的增补或修正，从而丰富当下的审美理论和美学图景。

参考文献

一 中文著作

北京大学哲学系美学教研室编：《西方美学家论美和美感》，商务印书馆1981年版。

邓文华：《审美经验的守望》，世界图书出版社2015年版。

高建平：《全球与地方——比较视野下的美学与艺术》，北京大学出版社2009年版。

高建平：《美学的当代转型：文化、城市、艺术》，河北大学出版社2013年版。

洪汉鼎：《当代西方哲学两大思潮》，商务印书馆2010年版。

胡友峰：《康德美学的自然与自由观念》，浙江大学出版社2009年版。

刘悦笛：《生活美学与艺术经验》，南京出版社2007年版。

刘悦笛：《分析美学史》，北京大学出版社2009年版。

刘悦笛：《美学国际：当代国际美学家访谈录》，中国社会科学出版社2010年版。

刘悦笛：《当代艺术理论：分析美学导引》，中国社会科学出版社2015年版。

陆扬：《日常生活审美化批判》，复旦大学出版社2012年版。

毛崇杰：《实用主义的三副面孔：杜威、罗蒂和舒斯特曼的哲学、美学与文化政治学》，社会科学文献出版社2009年版。

倪梁康：《胡塞尔现象学概念通释》（修订版），生活·读书·新知三联书店2007年版。

倪梁康：《现象学的始基——胡塞尔〈逻辑研究〉释要》，中国人民大学出版社2009年版。

彭锋：《完美的自然：当代环境美学的哲学基础》，北京大学出版社 2005 年版。

彭立勋：《审美经验论》，长江文艺出版社 1989 年版。

苏宏斌：《现象学美学导论》，商务印书馆 2005 年版。

汤拥华：《西方现象学美学局限研究》，黑龙江人民出版社 2005 年版。

王峰：《美学语法——后期维特根斯坦的美学与艺术思想》，北京大学出版社 2015 年版。

王杰：《审美幻象研究：现代美学导论》，北京大学出版社 2012 年版。

王晓华：《身体美学导论》，中国社会科学出版社 2016 年版。

叶秀山：《叶秀山文集·美学卷》，重庆出版社 1999 年版。

张宝贵：《西方审美经验观念史》，上海交通大学出版社 2011 年版。

张祥龙：《朝向事情本身：现象学导论七讲》，团结出版社 2003 年版。

曾繁仁：《生态美学基本问题研究》，人民出版社 2015 年版。

朱光潜：《西方美学史》，人民文学出版社 2002 年版。

朱立元：《西方美学思想史》，上海人民出版社 2009 年版。

朱立元：《新世纪美学热点探索》，商务印书馆 2013 年版。

朱立元：《身体美学与当代中国审美文化研究》，中西书局 2015 年版。

二 中文论文

陈雪虎：《生活美学：当代意义与本土张力》，《文艺争鸣》2010 年第 13 期。

程相占：《身体美学的三个层面》，《文艺理论研究》2011 年第 6 期。

程相占：《环境美学对分析美学的承续与拓展》，《文艺研究》2012 年第 3 期。

高建平：《当代世界美学的基本走向及其影响》，《文艺争鸣》2010 年第 9 期。

高建平：《美学的超越与回归》，《上海大学学报》（社会科学版）2014 年第 1 期。

高建平：《读杜威〈艺术即经验〉》，《外国美学》2014 年第 1 期。

高建平：《新感性与美学的转型》，《社会科学战线》2015 年第 8 期。

刘悦笛：《自然美学与环境美学：生发语境和哲学贡献》，《世界哲学》

2008年第3期。

刘悦笛：《"生活美学"的兴起与康德美学的黄昏》，《文艺争鸣》2010年第5期。

刘悦笛：《从日常生活"革命"到日常生活"实践"——从情境主义国际失败看"生活美学"未来》，《文艺理论研究》2016年第3期。

刘悦笛：《当今文艺理论：复兴于"生活美学"——兼驳文艺理论新一轮"危机论"》，《文艺争鸣》2016年第5期。

刘旭光：《西方美学史概念钩沉》，《人文杂志》2016年第9期。

刘彦顺：《论后现代美学对现代美学的"身体"拓展——从康德美学的身体缺失谈起》，《文艺争鸣》2008年第5期。

陆扬：《走向一种新实用主义美学？——舒斯特曼美学与中国的"生活"热情》，《文艺争鸣》2010年第9期。

陆扬：《再论丹托的艺术终结论》，《中山大学学报》（社会科学版）2010年第6期。

毛崇杰：《实用主义美学的重新崛起》，《艺术百家》2009年第1期。

毛宣国：《现象学美学的接受与中国新时期美学基本理论的建构》，《学术月刊》2012年第2期。

彭锋：《舒斯特曼与实用主义美学》，《哲学动态》2003年第4期。

彭锋：《环境美学的审美模式分析》，《郑州大学学报》（哲学社会科学版）2006年第6期。

彭锋：《实用主义与生活美学——舒斯特曼美学述评》，《文艺争鸣》2010年第5期。

彭锋：《实用主义与生活美学——舒斯特曼美学述评》，《文艺争鸣》2010年第9期。

陶东风、朱国华：《关于消费主义与身体问题的对话》，《文艺争鸣》2011年第5期。

王德胜：《回归感性意义——日常生活美学论纲之一》，《文艺争鸣》2010年第5期。

王峰：《语言分析美学何为？——后期维特根斯坦思想对美学的启示》，《上海大学学报》（社会科学版）2015年第2期。

王茜：《杜威审美经验理论的现象学解释》，《社会科学辑刊》2016年第

1 期。

王晓华:《西方美学发生身体转向的实用主义路径》,《文艺理论研究》2014 年第 6 期。

曾繁仁:《西方 20 世纪环境美学述评》,《社会科学战线》2009 年第 2 期。

章启群:《胡塞尔意向性学说与现象学美学》,《北京大学学报》(哲学社会科学版) 1994 年第 2 期。

张法:《杜夫海纳的现象学美学思想》,《四川外语学院学报》2005 年第 4 期。

张法:《审美经验:从世界美学的背景看西方美学的特质》,《文艺争鸣》2016 年第 4 期。

张永清:《胡塞尔的现象学美学思想简论》,《外国文学研究》2001 年第 1 期。

张永清:《现象学美学解读》,《山西师大学报》(社会科学版) 2003 年第 4 期。

张再林:《舒斯特曼与实用主义美学》,《世界哲学》2011 年第 6 期。

赵奎英:《论现象学美学方法的整体性》,《山东大学学报》(哲学社会科学版) 1999 年第 4 期。

周宪:《美学的危机或复兴?》,《文艺研究》2011 年第 11 期。

周宪:《审美论回归之路》,《文艺研究》2016 年第 1 期。

朱立元:《文学研究的新思路——简评尧斯的接受美学纲领》,《学术月刊》1986 年第 5 期。

朱立元、曾仲权:《鲍姆嘉通美学的二重性和美学批评》,《江淮论坛》2014 年第 4 期。

朱立元、李琳琳:《舒斯特曼身体美学述评》,《四川戏剧》2015 年第 2 期。

三 中译著作

[美] 阿诺德·贝林特:《艺术与介入》,李媛媛译,商务印书馆 2013 年版。

[加] 埃克伯特·法阿斯:《美学谱系学》,阎嘉译,商务印书馆 2011 年版。

[德] 鲍姆嘉滕：《美学》，简明、王旭晓译，文化艺术出版社1987年版。

[英] 鲍桑葵：《美学史》，张今译，商务印书馆1985年版。

[英] 伯克：《崇高与美：伯克美学论文选》，李善庆译，上海三联书店1990年版。

[古希腊] 柏拉图：《柏拉图全集·斐多篇》（第1卷），王晓朝译，人民出版社2002年版。

[古希腊] 柏拉图：《柏拉图全集·会饮篇》（第2卷），王晓朝译，人民出版社2003年版。

[古希腊] 柏拉图：《柏拉图全集·大希庇亚篇》（第4卷），王晓朝译，人民出版社2003年版。

[法] 狄德罗：《狄德罗美学论文选》，张冠尧、桂裕芳译，人民文学出版社1984年版。

[德] 康德：《判断力批判》，邓晓芒译，杨祖陶校，人民出版社2002年版。

[美] 杜威：《确定性的寻求》，傅统先译，上海人民出版社2005年版。

[美] 杜威：《经验与自然》，傅统先译，江苏教育出版社2005年版。

[美] 杜威：《艺术即经验》，高建平译，商务印书馆2013年版。

[德] 海德格尔：《存在与时间》，陈嘉映、王庆节译，生活·读书·新知三联书店2000年版。

[德] 汉斯·罗伯特·姚斯：《审美经验论》，朱立元译，作家出版社1992年版。

[美] 赫伯特·施皮格伯格：《现象学运动》，王炳文、张金言译，商务印书馆1995年版。

[德] 黑格尔：《美学》（第1卷），朱光潜译，商务印书馆1996年版。

[德] 胡塞尔：《现象学的观念》，倪梁康译，上海译文出版社1986年版。

[德] 胡塞尔：《纯粹现象学通论：纯粹现象学和现象学观念》（第一卷），李幼蒸译，商务印书馆1996年版。

[德] 胡塞尔：《胡塞尔选集》，倪梁康选编，上海三联书店1997年版。

[美] 凯·埃·吉尔伯特、[德] 赫·库恩：《美学史》（上），夏乾丰译，上海译文出版社1989年版。

[英] 克莱夫·贝尔：《艺术》，薛华译，江苏教育出版社2004年版。

[美] 理查德·舒斯特曼:《实用主义美学》,彭锋译,商务印书馆 2002 年版。

[美] 理查德·舒斯特曼:《生活即审美》,彭锋译,北京大学出版社 2007 年版。

[美] 理查德·舒斯特曼:《身体意识与身体美学》,程相占译,商务印书馆 2011 年版。

[美] 理查德·舒斯特曼:《表面与深度:批评与文化的辩证法》,李鲁宁译,北京大学出版社 2014 年版。

[美] 李普曼编:《当代美学》,邓鹏译,光明日报出版 1986 年版。

[奥] 路德维希·维特根斯坦:《逻辑哲学论》,韩林合译,商务印书馆 2013 年版。

[奥] 路德维希·维特根斯坦:《哲学研究》,韩林合译,商务印书馆 2013 年版。

[英] 洛克:《人类理解论》(上),关文运译,商务印书馆 1983 年版。

[波兰] 罗曼·英加登:《对文学的艺术作品的认识》,陈燕谷、晓未译,中国文联出版社 1988 年版。

[美] 门罗·C. 比厄斯利:《西方美学简史》,高建平译,北京大学出版社 2006 年版。

[法] 米·杜夫海纳:《美学与哲学》,孙非译,中国社会科学出版社 1985 年版。

[法] 米·杜夫海纳:《审美经验现象学》,韩树站译,文化艺术出版社 1992 年版。

[德] 莫里茨·盖格尔:《艺术的意味》,艾彦译,译林出版社 2014 年版。

[美] 纳尔逊·古德曼:《艺术的语言:通往符号理论的道路》,彭锋译,北京大学出版社 2013 年版。

[法] 纳塔莉·勃朗:《走向环境美学》,尹航译,河南大学出版社 2015 年版。

[德] 尼采:《苏鲁支语录》,徐梵澄译,商务印书馆 1992 年版。

[美] 诺埃尔·卡罗尔:《艺术哲学:当代分析美学导论》,王祖哲、曲陆石译,南京大学出版社 2015 年版。

[德] 叔本华:《作为意志和表象的世界》,石冲白译,杨一之校,商务印

书馆 1982 年版。

［波兰］塔塔尔凯维奇:《西方六大美学观念史》,刘文潭译,上海译文出版社 2013 年版。

［英］特里·伊格尔顿:《审美意识形态》,王杰、傅德根、麦永雄译,柏敬泽校,广西师范大学出版社 2001 年版。

［美］威廉·詹姆斯:《心理学原理》,田平译,中国城市出版社 2003 年版。

［德］沃尔夫冈·韦尔施:《重构美学》,陆扬、张岩冰译,上海译文出版社 2006 年版。

［美］亚伯拉罕·马斯洛:《存在心理学探索》,李文恬译,云南人民出版社 1987 年版。

［德］姚斯、［美］霍拉勃:《接受美学与接受理论》,周宁、金元浦译,辽宁人民出版社 1987 年版。

［波兰］英伽登:《论文学作品——介于本体论、语言论和文学哲学之间的研究》,张振辉译,河南大学出版社 2008 年版。

四　外文著作

Alexander, Thomas, *John Dewey's Theory of Art, Experience and Nature: the Horizons of Feeling*, Albany: State University of New York Press, 1987.

Berleant, Arnold, *Art and Engagement*, Philadelphia: Temple University Press, 1991.

Berleant, Arnold, *Environmental and the Arts*, Burlington: Ashgate Publishing, 2002.

Berleant, Arnold, *The Aesthetics of Environment*, Philadelphia: Temple University Press, 1992.

Berys, Gaut and Lopes Dominic, *The Routledge Companion to Aesthetics*, New York: Routledge, 2000.

Beardsley, Monroe C., *Aesthetics: Problems in the Philosophy of Criticism*, New York: Hackett Publishing Company, 1981.

Carlson, Allen, *Aesthetics and the Environment: The Appreciation of Nature, Art and Architecture*, London: Routledge, 2000.

Carroll, Noël, *Beyond Aesthetics: Philosophical Essays*, New York: Cambridge University Press, 2001.

Dickie, George, *Art and the Aesthetics*, New York: Cornell University Press, 1974.

Dewey, John, *Experience and Nature*, London: George Allen &Unwin, 1929.

Elton, William, *Aesthetics and Language*, New York: Philosophical Library, 1954.

Guyau, J. M., *Problems of Contemporary Aesthetics*, Los Angeles: Devorss, 1947.

Jauss, Hans Robert, *Aesthetic Experience and Literary Hermeneutics*, Trans. by Michael Shaw, Minneapolis: University of Minnesota Press, 1982.

Kant, Immanuel, *Critique of Judgment*, Translated by Paul Guyer, New York: Cambridge University Press, 2002.

Light, Andrew and Jonathan M. Smith, *The Aesthetics of Everyday Life*, New York: Columbia University Press, 2005.

Levinso, *The Oxford Handbook of Aesthetics*, Oxford University Press. 2005.

Michael, Dummett, *Origins of Analytical Philosophy*, Cumbreland: Harvard University Press, 1994.

Mandoki, Katya, *Everyday Aesthetics: Prosaics, the Play of Culture and Social Identities*, Burlington: Ashgate Publishing, 2007.

Stolnitz, Jerome, *Aesthetics and Philosophy of Art Criticism*, Boston: Houghton Mifflin, 1960.

Shusterman, Richard, ed., *Analytic Aesthetics*, New York: Basil Blackwell, 1989.

Shusterman, Richard, *Body Consciousness: A Philosophy of Mindfulness and Somaesthetics*, New York: Cambridge University Press, 2008.

Shusterman, Richard, *Performing Live: Aesthetic Alternatives for the Ends of Art*, New York: Cornell University Press, 2000.

Shusterman, Richard, *Thinking through the Body: Essays in Somaesthetics*, New York: Cambridge University Press, 2012.

Saito, Yuriko, *Everyday Aesthetics*, New York: Oxford University Press,

2007.

Townsend, Dabney, *Hume's Aesthetic Theory: Sentiment and Taste in the History of Aesthetics*, London: Routledge, 2001.

Zahavi, Dan, *Husserl's phenomenology*, California: Stanford University Press, 2003.

五 外文期刊

Berleant, Arnold and Allen Carlson, "Introduction to Special Issue on Environmental Aesthetics", *Journal of Aesthetics and Art Criticism*, Vol. 56, No. 2, 1998.

Bullough, Edward, "Psychical Distance as a Factor in Art and an Aesthetics Principle", *British Journal of Psychology*, Vol. 5, No. 5, 1912.

Beardsley, Monroe C., "Aesthetic Experience Regained", *The Journal of Aesthetics and Art Criticism*, Vol. 28, No. 4, 1969.

Beardsley, Monroe C., "In Defense of Aesthetic Value", *Proceedings and Addresses of the American Philosophical Association*, Vol. 52, No. 4, 1979.

Carlson, Allen, "Appreciation and the Natural Environment", *The Journal of Aesthetics and Art Criticism*, Vol. 37, No. 1, 1979.

Carlson, Allen, "Nature and Positive aesthetics", *Environmental Ethics*, Vol. 6, No. 6, 1984.

Danto, Arthur, "The Artworld", *The Journal of Philosophy*, Vol. 61, No. 1, 1964.

Dickie, George, "Beardsley's Phantom Aesthetic Experience", *The Journal of Philosophy*, Vol. 62, No. 2, 1965.

Dickie, George, "Beardsley's Theory of Aesthetic Experience", *The Journal of Aesthetic Education*, Vol. 8, No. 2, 1974.

Dickie, George, "The Myth of the Aesthetic Attitude", *American Philosophical Quarterly*, Vol. 1, No. 1, 1964.

Dickie, George, "The Origins of Beardsley's Aesthetics", *The Journal of Aesthetics and Art Criticism*, Vol. 63, No. 3, 2005.

Gallie, W. B., "The Function of Philosophical Aesthetics", *Mind*, Vol. 57,

No. 3, 1948.

Kupperman, Joel, "Art and Aesthetics Experience", *The British Journal of Aesthetics*, Vol. 15, No. 3, 1975.

Kennick, William E., "Does Traditional Aesthetics Rest on a Mistake?", *Mind*, Vol. 67, No. 2, 1958.

Leddy, Thomas, "Everyday Surface Aesthetic Qualities: Neat, Messy, Clean, Dirty", *The Journal of Aesthetics and Art Criticism*, Vol. 53, No. 5, 1995.

Passmore, J. A., "The Dreariness of Aesthetics", *Mind*, Vol. 60, No. 6, 1951.

Slivers, Anita, "Letting the Sunshine In: Has Analysis Made Aesthetics Clear", *Journal of Aesthetics and Art Criticism*, Vol. 46, No. 4, 1987.

Shusterman, Richard, "Analytic Aesthetics: Retrospect and Prospect", *The Journal of Aesthetics and Art Criticism*, Vol. 46, No. 3, 1987.

Shusterman, Richard, "Don't Believe the Hype: Animadversions on the Critique of Popular Art", *Poetics Today*, Vol. 14, No. 2, 1993.

Shusterman, Richard, "Somaesthetics: A Disciplinary Proposal", *The Journal of Aesthetics and Art Criticism*, Vol. 57, No. 3, 1999.

Shusterman, Richard, "The End of Aesthetic Experience", The Journal of Aesthetics and Art Criticism, Vol. 55, No. 1, 1997.

Weitz, Morris, "The Role of Theory in Aesthetics", *The Journal of Aesthetics and Art Criticism*, Vol. 15, No. 3, 1956.

后　　记

本书是在博士学位论文的基础之上修改而成的，虽然将最后一部分的内容删去，但并不影响文本的完整性。删去的那一部分是从科技（虚拟现实）的角度来审视当下的美学的，强调其更加倚重感官知觉的体验与介入。考虑到本书是从审美经验的角度来审视西方当代美学的，故将其拿掉；还有一个私心，即将其作为日后学术研究的一个导引，期待撰写一部关于科技与审美的著作。

再次审视博士论文已是毕业的两年之后。在审视本书的同时，也唤起了博士论文写作期间的种种情境。毕业论文的写作并非像当初所设定的那样按部就班地进行。在写作过程中不仅遇到了许许多多的小问题，还将论文的中心内容做出了较大的调整。在与导师王峰教授的多次探讨之后，最后将论文的论述重点转到当代美学所建构的审美经验概念之上，从而放弃了从审美经验的角度来透视舒斯特曼的美学思想这一最初的议题。感谢王峰师在论文写作过程中的耐心指导和中肯建议，也感谢吾师对我的包容和厚爱。那时经常趁着您来闵行上课的机会向您请教，这样就使自己免于在两个校区间来回奔波，可您却要在上完四五节课后为学生指导论文。现在想起来，越发觉得自己过于懒惰和自私。自有幸拜入王师门下，诸多事情都未曾沾身，哪怕是学习本身也未曾认真地跟着您研读维特根斯坦，一味地故步自封或自以为是。现在想起来，觉得自己委实面目可憎。然而，您一再地包容学生的狂妄无知，也未曾因此而疏远学生。说来惭愧，四年的学习未曾让自己深入到您的学术思想之中。尽管如此，您的宽容和包容已让学生敬佩不已，这一点也足以让我受用一生。除了受益于王师之外，文艺学专业的诸多学者、教授更是让学生的眼界大开。除了私淑这些良师之外，还有诸多益友的陪伴，尤其是吉国兄一直以来的关照。除了华东师范大学的诸多良师益友之外，还要感谢我的硕士生导师何志钧教授，如果没有他当时的引导与教诲，学生很难在学业上更进一步。同时，还要感谢您一直以来的关心与帮助。此外，家人的陪伴和支持使得我的博士学业生活过得比较舒适、安稳，感谢一直伴我左右的程程，你那无私的爱和宽容让我的生活充满阳光；需需的出生在给我带来压力的同时，也给了我奋进的动力。

最后，感谢山东省一流学科曲阜师范大学中国语言文学对本书的资助出版。